入门很*轻松*

MySQL

入门很轻松

（微课超值版）

云尚科技◎编著

清华大学出版社

北京

内容简介

本书是针对零基础读者研发的 MySQL 入门教材，侧重实战，结合流行有趣的热点案例，详细介绍 MySQL 应用中的各项技术。全书分为 18 章，内容包括认识数据库与 MySQL，MySQL 的管理工具，数据库的创建与操作，数据表的创建与操作，数据表的完整性约束，插入、更新与删除数据记录，数据表的简单查询，数据表的复杂查询，MySQL 编程基础，内置函数与自定义函数，视图的创建与应用，索引的创建与应用，触发器的创建与应用，存储过程的创建与应用，MySQL 用户的管理，MySQL 日志的管理，MySQL 的性能优化，数据库的备份与还原。

本书通过大量案例，帮助初学者快速入门和积累数据库应用经验。读者通过微信扫码，可以快速查看对应案例的视频操作，随时解决学习中的困惑，并可以通过实战练习，检验对知识点掌握的程度。本书赠送大量超值资源，包括微视频、精美幻灯片、案例源码、教学大纲、求职资源库、面试资源库、笔试题库和小白项目实战手册，并提供技术支持 QQ 群，专为读者答疑解难，降低零基础学习数据库的门槛，让读者轻松跨入数据库应用的领域。

本书可作为 MySQL 零基础读者和 MySQL 应用技术人员的参考用书，也可供高等院校以及相关培训机构的老师和学生使用。

图书在版编目（CIP）数据

MySQL 入门很轻松：微课超值版 / 云尚科技编著. —北京：清华大学出版社，2020.4
（入门很轻松）

ISBN 978-7-302-55057-0

Ⅰ. ①M…　Ⅱ. ①云…　Ⅲ. ①SQL 语言－程序设计　Ⅳ. ①TP311.138

中国版本图书馆 CIP 数据核字（2020）第 039984 号

责任编辑：张　敏
封面设计：杨玉兰
责任校对：胡伟民
责任印制：丛怀宇

出版发行：清华大学出版社
　　　　　网　　址：http://www.tup.com.cn, http://www.wqbook.com
　　　　　地　　址：北京清华大学学研大厦 A 座　　　邮　　编：100084
　　　　　社 总 机：010-62770175　　　　　　　　邮　　购：010-62786544
　　　　　投稿与读者服务：010-62776969, c-service@tup.tsinghua.edu.cn
　　　　　质量反馈：010-62772015, zhiliang@tup.tsinghua.edu.cn
印 装 者：三河市铭诚印务有限公司
经　　销：全国新华书店
开　　本：185mm×260mm　　　印　　张：21　　字　　数：595 千字
版　　次：2020 年 8 月第 1 版　　印　　次：2020 年 8 月第 1 次印刷
定　　价：79.80 元

产品编号：084859-01

前　言 | PREFACE

　　开源 MySQL 数据库发展到今天已经具有了非常广泛的用户基础，市场的结果已经证明 MySQL 具有性价比高、灵活、广为使用和良好支持的特点。但很多 MySQL 的初学者都苦于找不到一本通俗易懂、容易入门和案例实用的参考书。本书将兼顾初学者入门和学校采购的需要，满足多数想快速入门的读者，从实际学习的流程入手，抛弃繁杂的理论，以案例实操为主，同时将案例习题、扫码学习、精美幻灯片和大量项目等实用优势融入本书。

本书内容

　　为满足初学者快速进入 MySQL 数据库殿堂的需求，本书内容注重实战，结合流行有趣的热点案例，引领读者快速学习和掌握 MySQL 数据库应用技术。本书的最佳学习模式如下图所示。

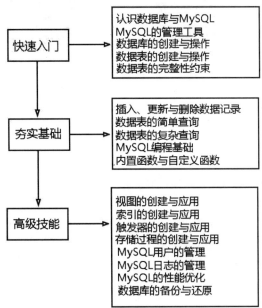

本书特色

　　由浅入深，编排合理：知识点由浅入深，结合流行有趣的热点案例，涵盖了所有 MySQL 应用的基础知识，循序渐进地讲解了 MySQL 应用技术。

扫码学习，视频精讲：为了让初学者快速入门并提高技能，本书提供了微视频，通过扫码可以快速观看视频操作，就像一个贴身老师，解决读者学习中的困惑。

项目实战，检验技能：为了更好地检验学习的效果，每章都提供了实战训练。读者可以边学习，边进行实战项目训练，强化实战开发能力。

提示技巧，积累经验：本书对读者在学习过程中可能会遇到的疑难问题以"注意"和"提示"的形式进行说明，辅助读者轻松掌握相关知识，规避数据库应用陷阱，从而让读者在自学的过程中少走弯路。

超值资源，海量赠送：本书赠送大量超值资源，包括精品教学视频、精美幻灯片、案例源码、教学大纲、求职资源库、面试资源库、笔试题库、上机实训手册和小白项目实战手册。

名师指导，学习无忧：读者在自学的过程中可以观看本书同步教学微视频。本书技术支持QQ群（912560309），欢迎读者到QQ群获取本书的赠送资源和交流技术。

案例源码　　　　　　笔试题库　　　　　　教学大纲

精美幻灯片　　　　面试资源库　　　　求职资源库　　　小白项目实战手册

读者对象

本书是一本完整介绍 MySQL 应用技术的教程，内容丰富、条理清晰、实用性强，适合以下读者学习使用：

- 零基础的 MySQL 自学者。
- 希望快速、全面掌握 MySQL 应用技术的人员。
- 高等院校的老师和学生。
- 相关培训机构的老师和学生。
- 初、中级 MySQL 数据库运维人员。
- 参加毕业设计的学生。

鸣谢

本书由云尚科技 MySQL 数据库应用技术团队策划并组织编写，主要编写人员有王秀英、刘玉萍和张泽淮。本书虽然倾注了众多编者的努力，但由于水平有限，书中难免有疏漏之处，敬请广大读者指正。

编　者

目 录 | CONTENTS

第1章

认识数据库与 MySQL

本章内容提要

随着科学技术与社会经济的飞速发展，人们需要掌握的信息量急剧增加，要充分地开发和利用这些信息资源，就必须有一种新技术能对大量的信息进行识别、存储、处理和传播。随着计算机软硬件技术的发展，数据库技术应运而生，并得到迅速的发展和广泛的应用。本章就带大家来认识什么是数据库，以及用于管理大量数据的数据库工具——MySQL 数据库。

本章知识点

- MySQL 数据库。
- 下载 MySQL 数据库软件。
- 安装与配置 MySQL 数据库软件。
- 启动并登录 MySQL 数据库软件。
- 卸载 MySQL 数据库软件。

1.1 认识数据库

数据库技术主要研究如何科学地组织和存储数据，如何高效地获取和处理数据。数据库技术作为数据管理的最新技术，目前已广泛应用于各个领域。本节就来认识数据库，包括数据库的基本概念、数据库系统的组成等。

1.1.1 数据库的基本概念

数据、数据库、数据库管理系统、数据库系统、数据库管理员等，都是数据库技术中的基本概念。了解这些基本概念，有助于更深刻地学习数据库技术。

1. 数据

数据（Data）是描述客观事物的符号记录，可以是数字、文字、图形、图像等，经过数字化后存入计算机。事物可以是可触及的对象，如一个人、一棵树、一个零件等，也可以是抽象事件，如一次球赛、一次演出等，还可以是事务之间的联系，如一张借书卡、一张订货单等。

2. 数据库

数据库（Database，DB）是存放数据的仓库，是长期存储在计算机内的、有组织的、可共享的数据集合。在数据库中集中存放了一个有组织的、完整的、有价值的数据资源，如学生管理、人事管理、图书管理等。它可以供各种用户共享，有最小冗余度、较高的数据独立性和易扩展性。

3. 数据库管理系统

数据库管理系统（Database Management System，DBMS）是指位于用户与操作系统之间的一层数据管理系统软件。数据库在建立、运行和维护时由数据库管理系统统一管理、统一控制。实际上，数据库管理系统是一组计算机程序，能够帮助用户方便地定义数据和操纵数据，并能够保证数据的安全性和完整性。用户使用数据库是有目的的，而数据库管理系统是帮助用户达到这一目的的工具和手段。

4. 数据库系统

数据库系统（Database System，DBS）是指在计算机系统中引入数据库后的系统构成，一般由数据、数据库管理系统、应用系统、数据库管理员和用户构成。

5. 数据库管理员

数据库管理员（Database Administrator，DBA）是负责数据库的建立、使用和维护的专门人员。

1.1.2　数据库系统的组成

一般情况下，数据库系统由数据、硬件、软件和用户四部分组成，其中，数据存放于数据库管理系统当中。数据库系统的示意图如图1-1所示。

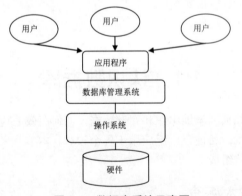

图 1-1　数据库系统示意图

（1）数据是构成数据库的主体，是数据库系统的管理对象。

（2）硬件是数据库系统的物理支撑，包括 CPU、内存、外存及 I/O 设备等。

（3）软件包括系统软件和应用软件。系统软件包括操作系统和数据库管理系统。数据库管理系统是数据库系统中最重要的核心软件。应用软件是在数据库管理系统的支持下由用户根据实际需要开发的应用程序。

（4）用户包括专业用户、非专业用户和数据库管理员。其中，专业用户是指应用程序员，主要负责设计和编制应用程序，通过应用程序存取和维护数据库，为最终用户准备应用程序；

非专业用户一般是指数据库的最终用户，他们通过应用系统提供的用户接口界面来操作数据库；数据库管理员主要负责数据库系统的管理、维护和正常使用，保持数据库始终处于最佳的工作状态。

1.1.3　数据库系统的特点

数据库系统具有自己的特点，如数据结构化、共享性高、冗余度低等，都是数据库系统所独有的特点。本节就来详细介绍数据库系统的特点。

1. 数据结构化

在数据库中，描述数据时不仅要描述数据本身，还要描述数据之间的联系。整个数据库按一定的结构形式构成，数据在记录内部和记录类型之间相互关联，用户可以通过不同的路径存取数据。数据库系统主要实现整体数据的结构化。

2. 数据的共享性高，冗余度低，易扩展

数据库系统的数据面向整个系统，所以可以为多用户、多应用共享。每个用户只与数据库中的一部分数据发生联系；用户数据可以重叠，多个用户可以同时存取数据而互不影响，因此大大提高了数据库的使用效率。数据共享可以大大减少数据的冗余度、节约存储空间，还可以避免数据之间的不一致性，这种数据的不一致性是指同一数据在每次复制时的值不一样；数据共享还能使数据库系统具有弹性大、易扩展的特点。

3. 数据独立性高

数据独立性主要从物理独立性和逻辑独立性两方面体现。从物理独立性角度来讲，用户的应用程序与存储在磁盘上的数据库是相互独立的。当数据的存储结构改变时，通过对映像的相应改变可以保持数据的逻辑结构不变，从而应用程序也不必改变。从逻辑独立性角度来讲，用户的应用程序与数据库的逻辑结构是相互独立的，应用程序是依据数据的局部逻辑结构编写的，即使数据的逻辑结构改变了，应用程序也不必修改。

4. 数据由数据库管理系统统一管理和控制

数据库管理系统提高以下几方面的数据控制功能。

（1）数据库的安全性保护。保护数据以防止不合法的使用造成数据泄密和破坏。

（2）数据的完整性检查。数据的完整性是指数据的正确性和一致性。完整性检查是指将数据控制在有效的范围内，或保证数据之间满足一定的关系。

（3）数据的并发控制。当多个用户的并发进程同时存取，修改数据库时，可能会发生相互干扰而得到错误的结果或使数据库的完整性和一致性遭到破坏，因此必须对多用户的并发操作加以控制和协调。

（4）数据库的备份与恢复。当计算机系统遭遇硬件故障、软件故障、操作员误操作或恶意破坏时，可能会导致数据错误或数据丢失，此时，要求数据库具有恢复功能。数据库恢复是指数据库管理系统将数据库从错误状态恢复到某一已知的正确的状态，即完整性状态。

1.2　认识 MySQL 数据库

MySQL 是一个关系数据库管理系统，由瑞典 MySQL AB 公司开发，目前属于 Oracle 旗下

产品。MySQL 数据库的体积小、速度快、总体拥有成本低，尤其是开放源码这一特点，目前被广泛地应用在 Internet 上的中小型网站中。

1.2.1　MySQL 系统特性

关系数据库将数据保存在不同的表中，而不是将所有数据放在一个大仓库内，这样就增加了运行速度并提高了灵活性，MySQL 是流行的关系数据库管理系统之一，具有体积小、运行速度快等特点。具体来讲，MySQL 系统主要有以下特性。

（1）速度：运行速度快。

（2）价格：MySQL 对多数个人用户来说是免费的。

（3）容易使用：与其他大型数据库的设置和管理相比，其复杂程度较低，易于学习。

（4）可移植性：能够工作在众多不同的系统平台上，如 Windows、Linux、UNIX、Mac OS 等。

（5）丰富的接口：提供了用于 C、C++、Eiffel、Java、Perl、PHP、Python、Ruby 和 Tcl 的 API。

（6）支持查询语言：MySQL 可以利用标准 SQL 语法编写支持 ODBC（开放的数据库连接）的应用程序。

（7）安全性和连接性：十分灵活和安全的权限和密码系统，允许基于主机的验证。连接到服务器时，所有的密码传输均采用加密形式，从而保证了密码安全；并且由于 MySQL 是网络化的，因此可以在 Internet 上的任何地方访问，提高数据共享的效率。

1.2.2　选择 MySQL 版本

MySQL 为用户提供了两个不同的版本，分别是 MySQL Community Server（社区版）和 MySQL Enterprise Server（企业版服务器）。

（1）社区版：完全免费，但是官方不提供技术支持，因此不建议用户选择。

（2）企业版服务器：能够高性价比地为企业提供数据仓库应用，支持 ACID 事物处理，提供完整的提交、回滚、恢复等功能。但是该版本需付费使用，官方提供电话技术支持。

注意：官方提供 MySQL Cluster 工具，该工具用于架设集群服务器，需要在社区版或企业版服务器基础上使用，有兴趣的读者在学习完本书的内容之后，可以查阅相关资料了解该工具。

另外，在 MySQL 开发过程中，同时存在多个发布系列，每个发布版本处在成熟度的不同阶段。目前，MySQL 8.0 是最新开发的发布系列。

1.2.3　MySQL 版本的命名机制

MySQL 的命名机制是由 3 个数字组成的版本号，例如 mysql-8.0.17。

（1）第一个数字（8）是主版本号，描述了文件格式，所有版本 8 的发行版都有相同的文件格式。

（2）第二个数字（0）是发行级别，主版本号和发行级别和在一起便构成了发行序列号。

（3）第三个数字（17）是在此发行系列的版本号，随每个新发布的版本递增。通常选择已经发行的最新版本。

每一个次要的更新，版本字符串的最后一个数字递增。当有主要的新功能或有微小的不兼容性时，版本字符串的第二个数字递增。当文件格式变化时，第一个数字递增。

1.3　安装与配置 MySQL 8.0

MySQL 支持多种平台，不同平台下的安装与配置过程也不相同。在 Windows 平台下，可以图形化的方式安装与配置 MySQL。图形化方式通常是通过向导一步一步地完成对 MySQL 的安装与配置。

1.3.1　下载 MySQL 软件

在下载 MySQL 数据库之前，首先需要了解操作系统的属性，然后根据系统的位数来下载对应的 MySQL 软件。下面以 32 位 Windows 操作系统为例进行讲解，具体操作步骤如下。

（1）打开 IE 浏览器，在地址栏中输入网址：http://dev.mysql.com/downloads/mysql/#downloads，单击"转到"按钮，打开 MySQL Community Server 8.0.17 下载界面，选择 Generally Available (GA) Release 类型的安装包，如图 1-2 所示。

（2）在下拉列表中选择用户的操作系统平台，这里选择 Microsoft Windows，如图 1-3 所示。

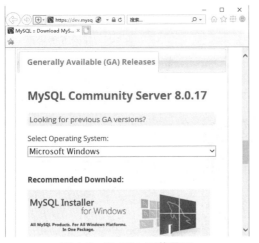

图 1-2　MySQL 下载界面

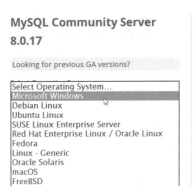

图 1-3　选择 Windows 平台

（3）根据读者的平台选择 32 位或者 64 位安装包，这里选择"Windows（x86,32&64-bit）"选项，然后单击 Go to Download Page 按钮，如图 1-4 所示。

（4）进入下载界面，选择需要的版本后，单击 Download 按钮，如图 1-5 所示。

图 1-4　选择需要下载的安装包

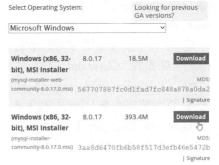

图 1-5　选择需要的版本

注意：MySQL 每隔几个月就会发布一个新版本，读者在上述页面中找到的 MySQL 均为最新发布的版本，如果读者希望与本书中使用的 MySQL 版本完全一样，可以在官方的历史版本页面中查找。

（5）在弹出的页面中提示开始下载，这里单击 Login 按钮，如图 1-6 所示。

（6）弹出用户登录界面，输入用户名和密码后，单击"登录"按钮，如图 1-7 所示。

（7）弹出开始下载界面，单击 Download Now 按钮，即可开始下载，如图 1-8 所示。

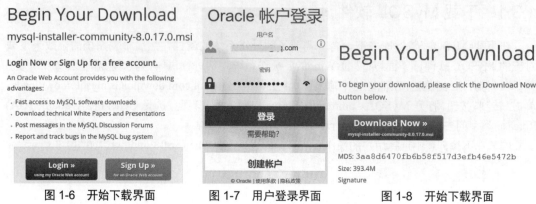

图 1-6　开始下载界面　　　　图 1-7　用户登录界面　　　　图 1-8　开始下载界面

1.3.2　安装 MySQL 软件

MySQL 下载完成后，找到下载文件，双击进行安装，具体操作步骤如下。

（1）双击下载的 mysql-installer-community-8.0.17.msi 文件。打开 License Agreement 界面，选中 I accept the license terms 复选框，单击 Next（下一步）按钮，如图 1-9 所示。

（2）打开 Choosing a Setup Type 界面，在其中列出了 5 种安装类型，分别是：Developer Default、Server only、Client only、Full 和 Custom。这里选择 Custom 单选按钮，单击 Next 按钮，如图 1-10 所示。

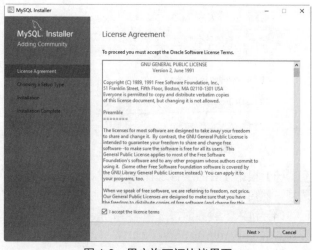

图 1-9　用户许可证协议界面

提示：安装类型共有 5 种，各项含义为：Developer Default 是默认安装类型；Server only 是仅作为服务器；Client only 是仅作为客户端；Full 是完全安装；Custom 是自定义安装类型。

（3）打开 Select Products and Features 界面，选择 MySQL Server 8.0.17-x64 后，单击"添加"按钮➡，即可选择安装 MySQL 服务器。采用同样的方法，添加 MySQL Documentation 8.0.17-x86 和 Samples and Examples 8.0.17-x86 选项，如图 1-11 所示。

（4）单击 Next 按钮，进入安装确认对话框，单击 Execute（执行）按钮，如图 1-12 所示。

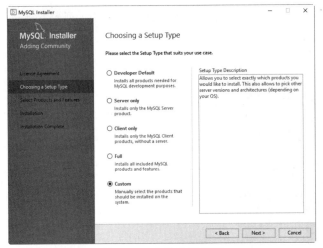

图 1-10　安装类型界面

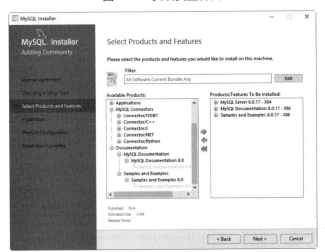

图 1-11　自定义安装组件界面

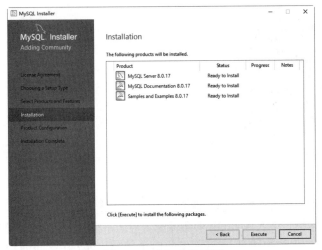

图 1-12　准备安装界面

（5）开始安装 MySQL 文件，安装完成后在 Status（状态）列表下将显示 Complete（安装完成），如图 1-13 所示。

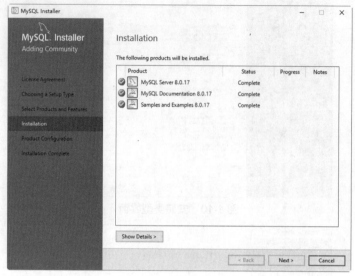

图 1-13　安装完成界面

1.3.3　配置 MySQL 软件

MySQL 安装完毕之后，需要对服务器进行配置。具体的配置步骤如下。

（1）在 1.3.2 节的最后一步中，单击 Next 按钮，进入产品信息界面，如图 1-14 所示。

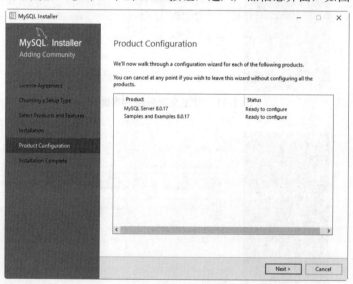

图 1-14　产品信息界面

（2）单击 Next 按钮，进入服务器配置界面，如图 1-15 所示。

（3）单击 Next 按钮，进入 MySQL 服务器配置界面，采用默认设置，如图 1-16 所示。

MySQL 服务器配置窗口中的 Server Configuration Type 用于设置服务器的类型。单击 Config Type 右侧的下拉按钮，即可在其下拉列表中看到 3 个服务器类型选项，如图 1-17 所示。

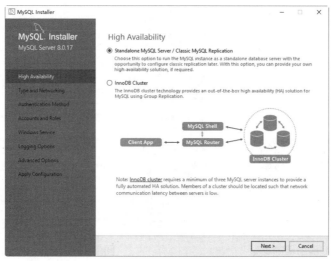

图 1-15　服务器配置界面

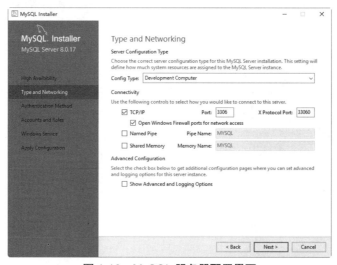

图 1-16　MySQL 服务器配置界面

图 1-17 中 3 个选项的具体含义如下。

● Development Computer（开发机器）：该选项代表典型个人用桌面工作站。假定机器上运行着多个桌面应用程序。将 MySQL 服务器配置成使用最少的系统资源。

● Server Computer（服务器）：该选项代表服务器，MySQL 服务器可以同其他应用程序一起运行，例如 FTP、Email 和 Web 服务器。MySQL 服务器配置成使用适当比例的系统资源。

● Dedicated Computer（专用服务器）：该选项代表只运行 MySQL 服务的服务器。假定没有运行其他服务程序，MySQL 服务器配置成使用所有可用系统资源。

提示：作为初学者，建议选择 Development 选项，这样占用系统的资源比较少。

（4）单击 Next 按钮，打开设置授权方式窗口。其中，第一个单选项的含义：MySQL 8.0 提供的新的授权方式，采用 SHA256 基础的密码加密方法；第二个单选项的含义：传统授权方法（保留 5.x 版本兼容性）。这里选择第一个单选项，如图 1-18 所示。

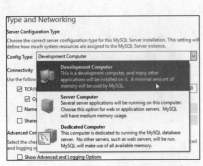

图 1-17　MySQL 服务器的类型

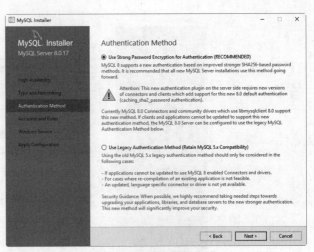

图 1-18　设置授权方式

（5）单击 Next 按钮，打开设置服务器的登录密码窗口，重复输入两次同样的登录密码后，如图 1-19 所示。

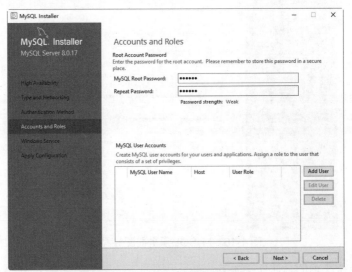

图 1-19　设置服务器的登录密码

提示：系统默认的用户名称为 root，如果想添加新用户，可以单击 Add User（添加用户）按钮进行添加。

（6）单击 Next 按钮，打开设置服务器名称窗口，本案例设置服务器名称为 MySQL，如图 1-20 所示。

（7）单击 Next 按钮，打开确认设置服务器窗口，单击 Execute 按钮，如图 1-21 所示。

（8）系统自动配置 MySQL 服务器。配置完成后，单击 Finish（完成）按钮，即可完成服务器的配置，如图 1-22 所示。

（9）按键盘上的 Ctrl+Alt+Del 组合键，打开"任务管理器"窗口，可以看到 MySQL 服务进程 mysqld.exe 已经启动了，如图 1-23 所示。

至此，就完成了在 Windows 10 操作系统环境下安装 MySQL 的操作。

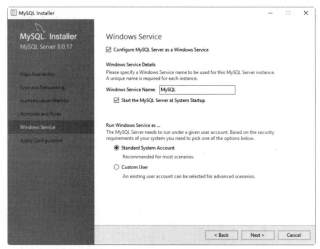

图 1-20　设置服务器的名称

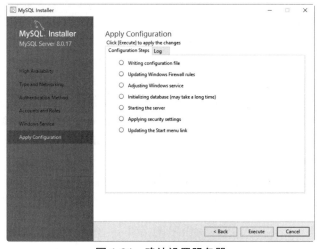

图 1-21　确认设置服务器

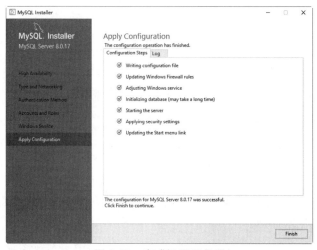

图 1-22　完成设置服务器

图 1-23　任务管理器窗口

1.4 启动并登录 MySQL 数据库

MySQL 软件安装完毕，需要启动 MySQL 服务器进程，然后才能登录 MySQL 数据库，否则客户端无法连接数据库。本节就来介绍启动 MySQL 服务和登录 MySQL 数据库的方法。

1.4.1 启动 MySQL 服务

在安装与配置 MySQL 服务的过程中，已经将 MySQL 安装为 Windows 服务，当 Windows 启动、停止时，MySQL 服务也自动启动、停止。不过，还可以使用图形服务工具来启动或停止 MySQL 服务器。

用户可以通过 Windows 的服务管理器查看 MySQL 服务是否已启动，具体的操作步骤如下。

（1）单击任务栏中的"搜索"按钮，在搜索框中输入 services.msc，按 Enter 键确认，如图 1-24 所示。

（2）打开 Windows 系统的"服务"窗口，在其中可以看到服务器名称为 MySQL 的服务项，其右边状态为"正在运行"，表明该服务已经启动，如图 1-25 所示。

由于设置了 MySQL 为自动启动，在这里可以看到，服务已经启动，而且启动类型为自动。如果没有"已启动"字样，说明 MySQL 服务未启

图 1-24　"运行"对话框

动。启动方法为：单击"开始"菜单，在搜索框中输入 cmd，按 Enter 键确认。弹出命令提示符界面，然后输入 net start MySQL，按回车键，就能启动 MySQL 服务了，停止 MySQL 服务的命令为 net stop MySQL，如图 1-26 所示。

也可以在"服务"窗口中，直接双击 MySQL 服务，打开"MySQL 的属性"对话框，在其中通过单击"启动"或"停止"按钮来更改服务状态，如图 1-27 所示。

图 1-25　服务管理器窗口　　图 1-26　命令行中启动和停止 MySQL　　图 1-27　MySQL 服务属性对话框

提示：输入的 MySQL 是服务的名字。如果读者的 MySQL 服务的名字是 DB 或其他名字，应该输入 net start DB 或其他名称。

1.4.2　登录 MySQL 数据库

当 MySQL 服务启动完成后，便可以通过客户端来登录 MySQL 数据库。在 Windows 操作系统下，可以通过两种方式登录 MySQL 数据库。

1. 以 Windows 命令行方式登录

具体的操作步骤如下。

（1）单击"开始"菜单，在搜索框中输入 cmd，按 Enter 键确认，如图 1-28 所示。

（2）打开 DOS 窗口，输入以下命令并按 Enter 键确认，如图 1-29 所示。

```
cd C:\Program Files\MySQL\MySQL Server 8.0\bin\
```

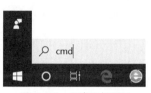

图 1-28　运行对话框

图 1-29　DOS 窗口

（3）在 DOS 窗口中可以通过登录命令连接到 MySQL 数据库，连接 MySQL 的命令格式为：

```
mysql -h hostname -u username -p
```

主要参数介绍如下。

- mysql：为登录命令。
- –h hostname：是服务器的主机地址，在这里客户端和服务器在同一台机器上，所以输入 localhost 或者 IP 地址 127.0.0.1。
- -u username：表示登录数据库的用户名称，在这里为 root。
- -p：后面是用户登录密码。

具体到实例，需要输入如下命令：

```
mysql -h localhost -u root -p
```

（4）按 Enter 键，系统会提示输入密码 Enter password，这里输入在前面配置向导中自己设置的密码。这里笔者设置的密码为 Ty0408，验证正确后，即可登录到 MySQL 数据库，如图 1-30 所示。

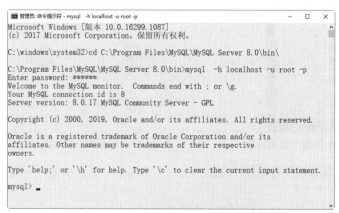

图 1-30　Windows 命令行登录窗口

提示： 当窗口中出现如图 1-27 所示的说明信息，命令提示符变为 "mysql>" 时，表明已经成功登录 MySQL 服务器了。

2. 使用 MySQL Command Line Client 登录

（1）依次选择 "开始" → "所有程序" → "MySQL" → "MySQL 8.0 Command Line Client" 菜单命令，密码输入窗口，如图 1-31 所示。

（2）输入正确的密码，按 Enter 键，就可以登录到 MySQL 数据库了，如图 1-32 所示。

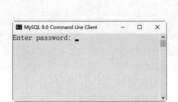

图 1-31　密码输入窗口

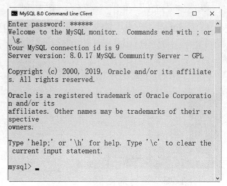

图 1-32　登录到 MySQL 数据库

1.4.3　配置 Path 变量

在前面登录 MySQL 服务器的时候，不能直接输入 MySQL 登录命令，是因为没有把 MySQL 的 bin 目录添加到系统的环境变量里面，所以不能直接使用 MySQL 命令。如果每次登录都输入 "cd C:\Program Files\MySQL\MySQL Server 8.0\bin"，才能使用 MySQL 等其他命令工具，这样比较麻烦。

下面介绍怎样手动配置 Path 变量，具体的操作步骤如下。

（1）选择桌面上的 "此电脑" 图标，右击，在弹出的快捷菜单中选择 "属性" 菜单命令，如图 1-33 所示。

（2）打开 "系统" 窗口，单击 "高级系统设置" 链接，如图 1-34 所示。

图 1-33　此电脑属性菜单

图 1-34　系统窗口

（3）打开 "系统属性" 对话框，选择 "高级" 选项卡，然后单击 "环境变量" 按钮，如图 1-35 所示。

（4）打开 "环境变量" 对话框，在系统变量列表中选择 Path 变量，如图 1-36 所示。

图 1-35　"系统属性"对话框

图 1-36　"环境变量"对话框

（5）单击"编辑"按钮，在"编辑环境变量"对话框中，将 MySQL 应用程序的 bin 目录（C:\Program Files\MySQL\MySQL Server 8.0\bin）添加到变量值中，用分号将其与其他路径分隔开，如图 1-37 所示。

图 1-37　"编辑环境变量"对话框

（6）添加完成之后，单击"确定"按钮，这样就完成了配置 Path 变量的操作，然后就可以直接输入 MySQL 命令来登录数据库了，如图 1-38 所示。

图 1-38　完成 Path 变量的配置

1.5　卸载 MySQL 数据库

如果不再需要 MySQL 了，可以将其卸载。具体操作步骤如下。

（1）选择"开始"→"Windows 系统"→"控制面板"菜单命令，打开"所有控制面板项"窗口，单击"程序和功能"图标，如图 1-39 所示。

（2）打开"程序和功能"窗口，选择 MySQL Server 8.0 选项，右击，在弹出的快捷菜单中选择"卸载"菜单命令，如图 1-40 所示。

图 1-39　"所有控制面板项"窗口

图 1-40　选择"卸载"菜单命令

（3）打开"程序和功能"信息提示框，单击"是"按钮，即可卸载 MySQL Server 8.0，如图 1-41 所示。

注意：卸载完成后，还需要删除安装目录下的 MySQL 文件夹及程序数据文件夹，如 C:\Program Files (x86)\MySQL 和 C:\ProgramData\MySQL。

（4）在"运行"中输入 regedit，进入"注册表编辑器"窗口，如图 1-42 所示。将所有的 MySQL 注册表内容完全清除，具体删除内容如下：

```
HKEY_LOCAL_MACHINE\SYSTEM\ControlSet001\Services\Eventlog\Application\MySQL
HKEY_LOCAL_MACHINE\SYSTEM\ControlSet002\Services\Eventlog\Application\MySQL
HKEY_LOCAL_MACHINE\SYSTEM\CurrentControlSet\Services\Eventlog\Application\My
```

图 1-41　信息提示框

图 1-42　"注册表编辑器"窗口

（5）上述步骤操作完成后，重新启动计算机，即可完全清除 MySQL。

1.6　课后习题与练习

一、填充题

1. 数据库（Database）简称_____，是指用来存放数据的_____。用户可以对数据库中的数据进行_____、_____、_____等操作。

答案：DB，仓库，新增，读取，删除。

2. 根据操作系统的类型来划分，MySQL 数据库大体分为_____版、UNIX 版、Mac OS 版和 Linux 版。

答案：Windows

3. MySQL 是流行的关系数据库管理系统之一，具有_____、_____等特点。

答案：体积小，速度快

4. 当需要启动 MySQL 数据库之前，首先要启动 MySQL 服务器，在"管理员:命令提示符"窗口中，输入用于启动 MySQL 服务器的语句是_____。

答案：net start MySQL

二、选择题

1. 关于数据库，下列说法中不正确的是_____。

A. 数据库避免了一切数据的重复　　　　B. 数据库中的数据可以共享

C. 数据库减少了数据的冗余　　　　　　D. 数据库中数据可以统一管理和控制

答案：A

2. 数据库系统的组成包括_____。

A. 数据库和数据库管理系统　　　　　　B. 硬件、软件和使用人员

C. 数据库、硬件、软件和使用人员　　　D. 数据库、软件和硬件

答案：C

3. 用于停止 MySQL 服务的语句是_____。

A. start MySQL　　　　B. stop MySQL　　　　C. net start MySQL　　　D. net stop MySQL

答案：D

三、简答题

1. 简述数据库系统的组成及特点。
2. 简述安装与配置 MySQL 的过程。
3. 简述删除 MySQL 数据库的过程。

1.7 新手疑难问题解答

疑问 1：为什么要使用数据库系统？

解答：使用数据库系统有以下优点。

- 查询迅速、准确，而且可以节约大量纸质文件。
- 数据结构化，并由数据库管理系统统一管理。
- 数据冗余度小。
- 具有较高的数据独立性。
- 数据的共享性比较好。
- 数据库管理系统提供了数据控制功能。

疑问 2：数据库系统与数据库管理系统的主要区别是什么？

解答：数据库系统是指在计算机系统中引入数据库后的系统构成，一般由数据库、数据库管理系统、应用系统、数据库管理员和用户构成。

数据库管理系统是位于用户与操作系统之间的一层数据管理软件，是数据库系统的一个重要组成部分。

1.8 实战训练

设计一个企业进销存管理系统数据库，包括的数据表有供应商表、商品信息表、库存表、销售表、销售人员表、进货表、客户信息表。各个表中所涉及的具体信息内容如下。

（1）供应商表：供应商编号、供应商名称、负责人名称、联系电话。

（2）商品信息表：商品编号、供应商编号、商品名称、商品价格、商品单位、详细描述。

（3）库存表：库存编号、商品编号、库存数量。

（4）销售表：销售编号、商品编号、客户编号、销售数量、金额、销售员编号。

（5）销售人员表：人员编号、姓名、联系地址、电话。

（6）进货表：进货编号、商品编号、进货数量、销售员编号、进货时间。

（7）客户信息表：客户编号、姓名、联系地址、联系电话。

第2章

MySQL 的管理工具

⏱ 本章内容提要

MySQL 安装完毕，它并没有为用户提供图形化管理工具。对于初学者来说，操作 MySQL 有一定的难度。本章就来介绍 MySQL 数据库常见的图形化管理工具，重点介绍 MySQL Workbench、phpMyAdmin 和 Navicat for MySQL 三个工具的应用。

⏱ 本章知识点

- 常用图形管理工具。
- MySQL Workbench 的应用。
- phpMyAdmin 的应用。
- Navicat for MySQL 的应用。
- 以图形方式管理 MySQL 用户。

2.1 认识常用图形管理工具

MySQL 图形化管理工具极大地方便了数据库的操作与管理。常用的图形化管理工具有：MySQL Workbench、phpMyAdmin、Navicat for MySQL 等。其中，phpMyAdmin 和 Navicat for MySQL 提供中文操作界面；MySQL Workbench 为英文界面。下面介绍几个常用的图形管理工具。

2.1.1 MySQL Workbench

MySQL Workbench 是官方客户端图形管理软件，是一款专为 MySQL 设计的 ER/数据库建模工具。用户可以利用它设计和创建新的数据库、建立数据库文档，以及进行复杂的 MySQL 备份和还原等。可以说，MySQL Workbench 是新一代可视化数据库设计和管理工具，它同时有开源和商业化两个版本。该软件支持 Windows 和 Linux 系统。图 2-1 所示为 MySQL Workbench 的工作界面。

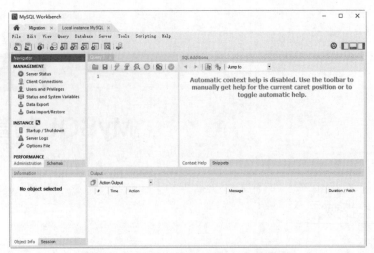

图 2-1　MySQL Workbench 的工作界面

2.1.2　phpMyAdmin

　　phpMyAdmin 是一个以 PHP 为基础，以 Web-Base 方式架构在网站主机上的 MySQL 数据库管理工具。通过 phpMyAdmin 可以完全对数据库进行操作，例如建立、复制、删除数据等，管理数据库非常方便，并支持中文。图 2-2 所示为 phpMyAdmin 的工作界面。

图 2-2　phpMyAdmin 的工作界面

2.1.3　Navicat for MySQL

　　Navicat for MySQL 是一个强大的 MySQL 数据库管理和开发工具。它可以与任何 3.21 或以上版本的 MySQL 一起工作，支持触发器、存储过程、函数、事件、视图、管理用户等。对于新手来说也易学易用。其精心设计的图形用户界面（GUI），可以让用户用一种安全简便的方式来快速方便地创建、组织、访问和共享信息。Navicat for MySQL 支持中文，提供免费版本。图 2-3 所示为 Navicat for MySQL 的工作界面。

图 2-3   Navicat for MySQL 的工作界面

2.2   MySQL Workbench 的应用

MySQL Workbench 是 MySQL 图形界面管理工具，与其他数据库图形界面管理工具一样，该工具可以对数据库进行创建数据库表、增加数据库表、删除数据库和修改数据库等操作。

2.2.1   下载 MySQL Workbench

在使用 MySQL Workbench 之前，需要下载该软件，具体操作步骤如下。

（1）在 IE 浏览器中输入 MySQL Workbench 的下载地址 http://dev. MySQL.com/downloads/workbench/，打开该软件的下载页面，单击 Go To Download Page 按钮，如图 2-4 所示。

（2）进入具体的下载页面，单击 Download Now 按钮，即可开始下载 MySQL Workbench 软件，如图 2-5 所示。

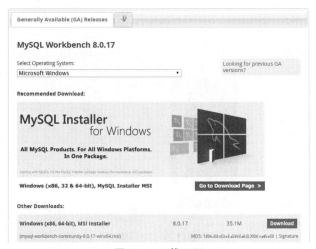

图 2-4   下载页面

图 2-5   开始下载页面

2.2.2 安装 MySQL Workbench

MySQL Workbench 下载完毕，就可以安装了，具体的安装步骤如下。

（1）双击下载的 MySQL Workbench 软件，即可打开图 2-6 所示的欢迎安装界面。

（2）单击 Next 按钮，进入 Destination Folder（目标文件夹）对话框，如图 2-7 所示。

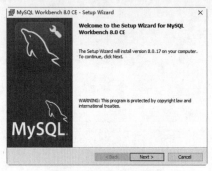

图 2-6　欢迎安装界面　　　　　　　　　图 2-7　"目标文件夹"对话框

（3）单击 Next 按钮，进入 Setup Type（安装类型）对话框，在其中选择 Complete 单选按钮，如图 2-8 所示。

（4）单击 Next 按钮，进入 Ready to Install the Program（准备好安装）对话框，如图 2-9 所示。

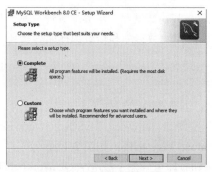

图 2-8　"安装类型"对话框　　　　　　　图 2-9　"准备好安装"对话框

（5）单击 Install（安装）按钮，即可开始安装 MySQL Workbench 软件，并显示安装进度，如图 2-10 所示。

（6）安装完毕，即可弹出 Wizard Completed（向导完成）对话框，如图 2-11 所示。

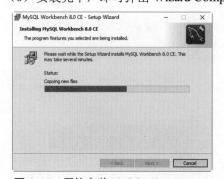
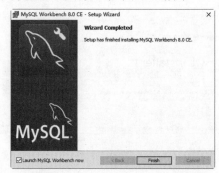

图 2-10　开始安装 MySQL Workbench　　　图 2-11　"向导完成"对话框

（7）单击 Finish（完成）按钮，即可打开 MySQL Workbench 窗口。该窗口是 MySQL Workbench 的首页界面，如图 2-12 所示。

图 2-12　MySQL Workbench 窗口

2.2.3　创建数据库连接

MySQL Workbench 工作空间下对数据库数据进行管理之前，需要先创建数据库连接。建立数据库连接的方法有两种，下面分别进行介绍。

1. 以 root 用户连接数据库

以 root 用户登录数据库是常用的一种方式，具体操作步骤如下。

（1）在 MySQL Workbench 的首页界面中单击 root 链接，如图 2-13 所示。

（2）即可弹出 Connect to MySQL Server 对话框，在 Password 文本框中输入 root 用户密码，如图 2-14 所示。

图 2-13　单击 root 链接

图 2-14　输入 root 用户密码

（3）单击 OK 按钮，即可进入 MySQL Workbench 的工作界面，如图 2-15 所示。

2. 设置新的数据库连接

在创建数据库的同时，也可以设置新的数据库连接，操作步骤如下。

（1）在 MySQL Workbench 的首页，单击 MySQL Connections 右侧的"⊕"按钮，如图 2-16 所示。

（2）弹出如图 2-17 所示的对话框，在 Connection Name（连接名称）文本框中输入数据库连接的名称，接着需要输入 MySQL 服务器的 IP 地址、用户名和密码。

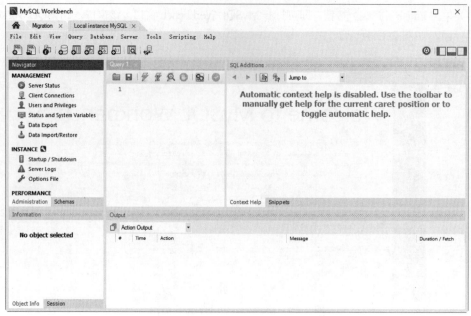

图 2-15　MySQL Workbench 的工作界面

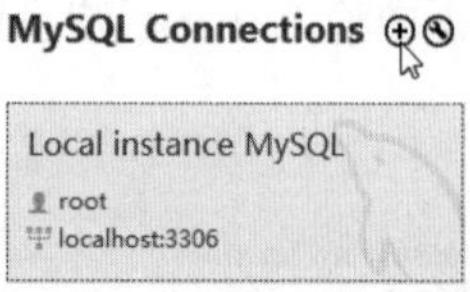

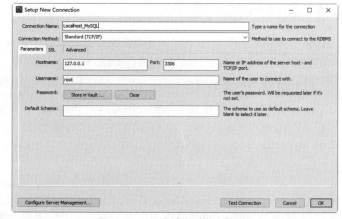

图 2-16　单击"⊕"按钮

图 2-17　"连接名称"对话框

（3）单击 OK 按钮，即可连接到 MySQL 服务器，并在 MySQL Workbench 的首页中添加相应的标志，如图 2-18 所示。

（4）单击 Localhost_MySQL 图标，即可打开 Connect to MySQL Server 对话框，在 Password 文本框中输入 root 用户密码，如图 2-19 所示。

图 2-18　单击 Localhost_MySQL 图标

图 2-19　输入用户密码

（5）单击 OK 按钮，即可进入 MySQL Workbench 的工作界面，其中，左侧窗口显示当前数

据库服务器中的数据库以及其数据库下的数据表等，Query1 窗口用来执行 SQL 语句，右侧的
SQL Additions 窗口是用来帮助用户写 SQL 语句的提示窗口，如图 2-20 所示。

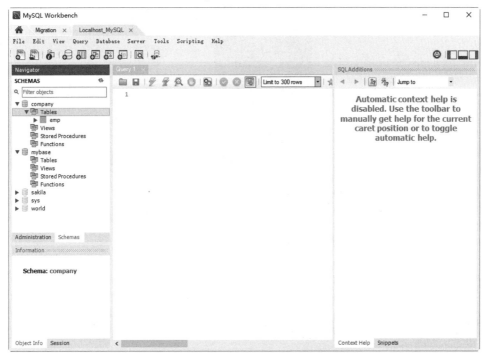

图 2-20　MySQL Workbench 的工作界面

2.2.4　创建与删除数据库

成功创建数据库连接后，在左侧的 SCHEMAS 下面可以看到当前存在的数据库。用户可以
创建新的数据库，具体操作步骤如下。

（1）单击工具栏上面的创建数据库的小图标，如图 2-21 所示。

（2）展现如图 2-22 所示的界面，此时需要输入新的数据库名字，在这里输入的是 Mydbase，
然后单击 Apply（确认）按钮。

图 2-21　创建数据库图标

图 2-22　输入数据库的名称

（3）弹出一个信息提示框，提示用户是否确认更改对象，如图 2-23 所示。

（4）单击 OK 按钮，弹出一个新的界面，即可看到创建数据库的语句，如图 2-24 所示。

（5）单击 Apply 按钮，弹出一个新的界面，然后单击 Finish 按钮，完成创建数据库的操作，
如图 2-25 所示。

（6）在 SCHEMES 下面即可看到刚才创建的 mydbase 数据库，如图 2-26 所示。

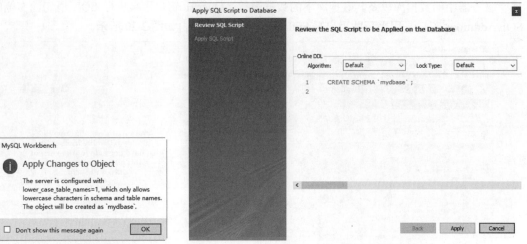

图 2-23 信息提示框　　　　　　　　图 2-24 显示创建数据库语句

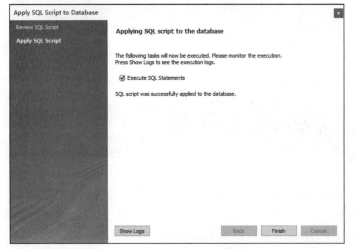

图 2-25 完成数据库的创建

图 2-26 查看新数据库

（7）如果需要删除数据库，可以在选择需要删除的数据库后（如 mydbase 数据库），右击，在弹出的快捷菜单中选择 Drop Schema 菜单命令即可，如图 2-27 所示。

2.2.5 创建和删除新的数据表

成功创建 mydbase 数据库后，就可以在该数据库下创建、编辑和删除数据表了。具体操作步骤如下。

（1）在左侧的 SCHEMAS 列表中展开 mydbase 节点，选择 Tables 选项，右击，并在弹出的快捷菜单中选择 Create Table 菜单命令，如图 2-28 所示。

图 2-27 删除新数据库

（2）在弹出的 products–Table 窗口中可以添加表的信息，例如表的名称和表中各列的相关信息，如图 2-29 所示。

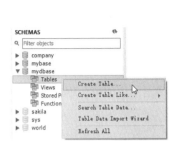

图 2-28　选择 Create Table 菜单命令

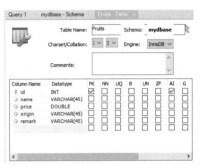

图 2-29　添加表信息

（3）设置完数据表的基本信息后，单击 Apply 按钮，弹出一个确定的对话框，该对话框上有自动生成的 SQL 语句，如图 2-30 所示。

（4）确定无误后单击 Apply 按钮，然后在弹出的对话框中单击 Finish 按钮，即可完成创建数据表的操作，如图 2-31 所示。

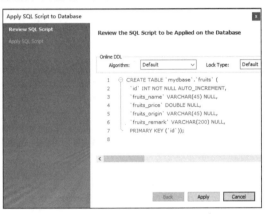

图 2-30　添加数据表的 SQL 语句

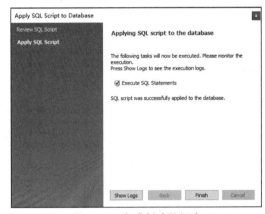

图 2-31　完成创建数据表

（5）创建完表 fruits 之后，会在 Tables 节点下面展现出来，如图 2-32 所示。

（6）如果需要删除数据表，可以在选择需要删除的数据表后（如 fruits 数据表），右击，在弹出的快捷菜单中选择 Drop Table 菜单命令即可，如图 2-33 所示。

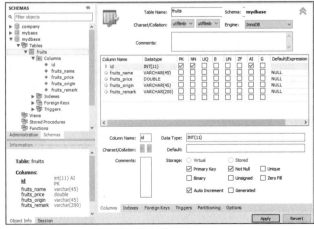

图 2-32　数据表的数据结构

图 2-33　删除数据表

2.2.6　添加与修改数据表记录

　　用户可以通过执行添加数据表记录的 SQL 语句来添加数据记录，也可以在 Query1 的窗口执行 SQL 语句，还可以在 MySQL Workbench 图形界面下对数据库表进行维护，这种操作方式非常简单，具体操作步骤如下。

　　（1）选择数据表节点 Tables 下面的 fruits 表，右击，在弹出的快捷菜单中选择 Select Rows – Limit 300 菜单命令，如图 2-34 所示。

　　（2）用户即可在右侧弹出的窗口中添加或修改数据表中的数据，这里添加一行数据记录，其 id 为 "1003"，如图 2-35 所示。

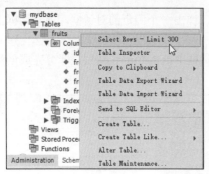

图 2-34　选择 Select Rows – Limit 300
菜单命令

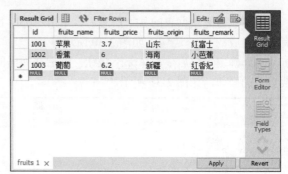

图 2-35　添加数据记录

　　（3）编辑完成后，单击 Apply 按钮，即可弹出添加数据记录的 SQL 语句界面，如图 2-36 所示。

　　（4）单击 Apply 按钮，即可完成数据的添加操作，如图 2-37 所示。

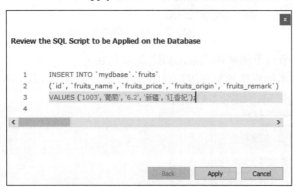

图 2-36　添加数据记录的 SQL 语句

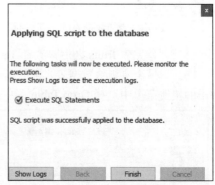

图 2-37　完成数据记录的添加

2.2.7　查询表中的数据记录

　　添加了若干条数据记录到数据表 fruits 表中，还可以根据需要查询数据记录，如查询数据表中的所有记录，具体操作步骤如下。

　　（1）展开数据表 Tables 节点，选择下面的 fruits 表，右击，在弹出的快捷菜单中选择 Select Rows – Limit 300 菜单命令，如图 2-38 所示。

　　（2）在右侧打开的窗口中查询数据表中的所有数据，如图 2-39 所示。

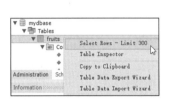

图 2-38　选择 Select Rows – Limit 300 菜单命令　　　　图 2-39　查询数据表中的数据记录

2.2.8　修改数据表的数据结构

根据工作的实际需求，还可以修改数据表的数据结构，具体的操作步骤如下。

（1）展开数据表 Tables 节点，选择下面的 fruits 表，右击，在弹出的快捷菜单中选择 Alter Table 菜单命令，如图 2-40 所示。

（2）在右侧打开的窗口中修改数据表中的数据结构。例如需要将 fruits 数据表中 fruits_name 字段的数据类型由 VARCHAR(45)修改成 VARCHAR(20)，可以在下面的窗格中直接修改即可，如图 2-41 所示。

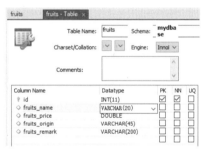

图 2-40　选择 Alter Table 菜单命令　　　　　图 2-41　修改字段的数据类型

2.3　phpMyAdmin 的应用

phpMyAdmin 是一款使用 PHP 开发的 B/S 模式的 MySQL 管理软件。该工具是基于 Web 跨平台的管理程序，并且支持简体中文。利用该工具，可以不必通过命令来操作 MySQL 数据库了，而是可以像 SQL Server 那样通过图形方式来操作数据库。

2.3.1　下载并启动 phpMyAdmin

phpMyAdmin 可以运行在各种版本的 PHP 及 MySQL 下，可以对数据库进行操作，如创建、修改和删除数据库、数据表及数据等。不过，在进行数据库操作之前，首先需要下载、启动并登录 phpMyAdmin 软件，具体操作步骤如下。

（1）在浏览器中输入 phpMyAdmin 的官方网站地址 https://www.phpmyadmin.net/，即可下载最新版本的 phpMyAdmin，如图 2-42 所示。

（2）下载 WampServer 软件，并启动该软件，然后将 phpMyAdmin 文件放置在本地磁盘 C:\wamp\apps 之中，如图 2-43 所示。

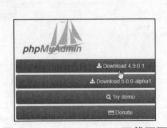

图 2-42　phpMyAdmin 下载页面

图 2-43　修改 phpMyAdmin 的存放位置

（3）在 IE 浏览器地址栏中输入 phpMyAdmin 访问地址，如 http://localhost/phpmyadmin/，即可打开登录页面，如图 2-44 所示。

（4）输入正确的用户名和密码，即可进入 phpMyAdmin 的工作界面，并在左侧窗格显示 MySQL 数据库内置的 4 个系统数据库，分别是 mysql、information_schema、performance_schema 和 sys，如图 2-45 所示。

①mysql 数据库：是系统数据库，在 24 个数据表中保存了整个数据库的系统设置，十分重要。

图 2-44　phpMyAdmin 登录页面

图 2-45　phpMyAdmin 的工作界面

②information_schema 数据库：包括数据库系统的所有对象信息和进程访问、状态信息，如有什么库，有什么表，有什么字典，有什么存储过程，等等。

③performance_schema 存储引擎：新增的一个存储引擎，主要用于收集数据库服务器性能参数，包括锁、互斥变量、文件信息；保存历史的事件汇总信息，为提供 MySQL 服务器性能做出详细的判断，对于新增和删除监控事件点都非常容易，并可以随意改变 mysql 服务器的监控周期。

④sys 数据库：该数据库是供用户测试用的数据库，可以在里面添加数据表来测试。

2.3.2　创建与删除数据库

phpMyAdmin 内置有 MySQL 数据库系统，在这里可以以图形方式创建数据库，这里以在 MySQL 中创建一个企业员工管理数据库 company 为例，来介绍创建并连接数据库的方法，具体操作步骤如下。

（1）在 phpMyAdmin 工作界面中单击"数据库"图标，进入"新建数据库"页面，然后在文本框中输入要创建数据库的名称 company，如图 2-46 所示。

（2）单击"创建"按钮，即可完成数据库的创建，这时可以在 phpMyAdmin 工作界面的左侧窗格显示新创建的数据库 company，如图 2-47 所示。

图 2-46　新建数据库页面

图 2-47　显示创建的数据库

（3）如果想要删除某个数据库，首先选择该数据库，然后在 phpMyAdmin 工作界面中单击"操作"图标，进入操作工作界面，然后单击"删除数据库"窗格中的"删除数据库（DROP）"链接，如图 2-48 所示。

（4）这时会弹出一个"确认"信息提示框，单击"确定"按钮，即可完成数据库的删除操作，如图 2-49 所示。

图 2-48　"删除数据库"窗格

图 2-49　"确认"信息提示框

2.3.3　创建与删除数据表

在一个数据库中可以保存多个数据表，例如在一个企业员工管理数据库中，就包含了多个数据表，如员工信息数据表、岗位工资数据表、销售业绩数据表等。因此，这里在创建好的数据库 company 中，创建一个用于保存员工信息的 employee 数据表。表 2-1 所示是这个数据表的字段结构。

创建与删除数据表的操作步骤如下。

（1）在 phpMyAdmin 的工作界面，选择需要添加数据表的数据库 company，然后在左侧"数据表"设置界面中输入数据表的名称与字段数，如图 2-50 所示。

（2）单击"执行"按钮，进入字段设置界面，按照表 2-1 设置的字段结构，为 employee 表添加字段信息，设置完毕，单击"保存"按钮，如图 2-51 所示。

表 2-1　员工信息数据表

名　称	字　段	名称类型	是否为空
员工编号	id	INT(8)	否
姓名	name	VARCHAR(20)	否
性别	sex	CHAR(2)	否
生日	birthday	DATE	否
电子邮件	E-mail	VARCHAR(100)	是
电话	phone	VARCHAR(50)	是
住址	address	VARCHAR(100)	是

图 2-50　"新建数据表"窗格　　　　图 2-51　输入数据表的字段信息

（3）保存完毕，在打开的界面中可以查看完成的 employee 数据表，如图 2-52 所示。

图 2-52　employee 数据表

（4）如果想要删除某个数据表，首先选择该数据表所在的数据库，然后选择需要删除的数据表，如 employee 数据表，如图 2-53 所示。

（5）在 phpMyAdmin 工作界面中单击"操作"图标，进入操作工作界面，然后单击"删除数据或数据表"窗格中的"删除数据表（DROP）"连接，如图 2-54 所示。

（6）这时会弹出一个"确认"信息提示框，单击"确定"按钮，即可完成数据表的删除操作，如图 2-55 所示。

| 图 2-53　选择要删除的数据表 | 图 2-54　"删除数据或数据表"窗格 | 图 2-55　"确认"信息提示框 |

2.3.4　添加数据表记录

在数据库中添加数据表后，还需要添加具体的数据记录，具体的操作步骤如下。

（1）选择数据库 company，然后选择该数据库下的 employee 数据表，再单击菜单上的"插入"图标，进入数据插入工作界面，依照字段的顺序，将对应的数值依次输入，如图 2-56 所示。

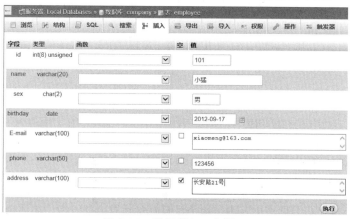

图 2-56　数据插入工作界面

（2）单击"执行"按钮，即可完成数据的插入操作，并返回 SQL 工作界面，在其中显示了插入数据记录的 SQL 代码，如图 2-57 所示。

（3）按照图 2-58 所示的数据，重复执行上一步的操作，将数据输入到数据表中，如图 2-58 所示。

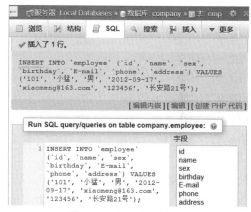

图 2-57　SQL 工作界面

图 2-58　插入的数据记录

2.3.5　数据库的备份

用户可以使用 phpMyAdmin 的管理程序将数据库中的所有数据表导出成一个单独的文本文件，这个文本文件就是数据库的备份文件。下面以备份 company 数据库为例，介绍备份数据库的操作步骤。

（1）在 phpMyAdmin 的工作界面选择需要导出的数据库，单击"导出"图标，进入"导出"工作界面，选择"快速-显示最少的选项"单选按钮，如图 2-59 所示。

（2）单击"执行"按钮，打开"另存为"对话框，在其中输入数据库备份文件的保存名称，并设置保存的类型及位置，如图 2-60 所示。最后单击"保存"按钮即可完成数据库的备份。

图 2-59　"导出"工作界面

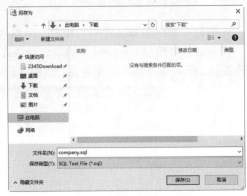

图 2-60　"另存为"对话框

2.3.6　数据库的还原

当数据库受到损坏或是要在新的 MySQL 数据库中加入这些数据时，只要将数据库的备份文件导入到当前 MySQL 数据库中即可，这个过程就是数据库的还原，具体操作步骤如下。

（1）在执行数据库的还原前，必须将原来的数据表删除，单击 employees 数据表右侧的"删除"链接，如图 2-61 所示。

（2）此时会显示一个询问对话框，单击"确定"按钮，即可删除数据表，如图 2-62 所示。

图 2-61　"删除"链接

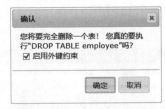

图 2-62　"确认"对话框

（3）回到原工作界面，会发现该数据表已经被删除了，如图 2-63 所示。

（4）还原数据表，单击"导入"链接，打开要导入的文件界面，如图 2-64 所示。

（5）单击"浏览"按钮，打开"选择要加载的文件"对话框，选择上面保存的文本文件 company.sql，如图 2-65 所示。

（6）单击"打开"按钮，即可返回到导入文件工作界面，如图 2-66 所示。

（7）单击"执行"按钮，系统会读取 company.sql 文件中所记录的指令与数据，将数据表恢复，并返回执行结果，提示用户导入成功，如图 2-67 所示。

图 2-63　删除数据表

图 2-64　"导入"工作界面

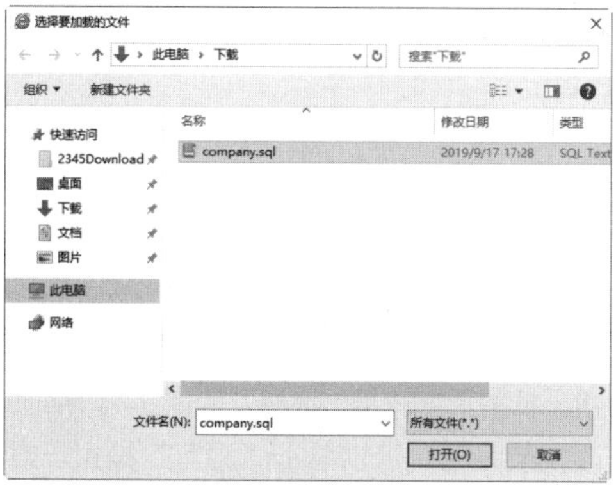

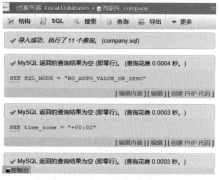

图 2-65　"选择要加载的文件"对话框

图 2-66　"导入到数据库"工作界面

（8）选择"结构"图标，可以看到 company 数据库中出现了名称为 employee 的数据表，如图 2-68 所示。

图 2-67　完成数据库的还原

图 2-68　"结构"工作界面

2.4　Navicat for MySQL 的应用

Navicat for MySQL 是一款强大的 MySQL 数据库管理和开发工具，它为专业开发者提供了一套强大的足够尖端的工具，而且对于初学者仍然易于学习。

2.4.1 下载与安装 Navicat for MySQL

Navicat for MySQL 是一款专为 MySQL 设计的高性能数据库管理及开发工具。它支持大部分 MySQL 最新版本的功能，包括触发器、存储过程、函数、事件、视图、管理用户等。

下载并安装 Navicat for MySQL 的操作步骤如下。

（1）在 IE 浏览器的地址栏中输入 Navicat for MySQL 的官方下载地址 http://www.navicat.com. cn/ download/navicat-for-mysql，即可进入其下载界面，如图 2-69 所示。

（2）双击安装程序，打开欢迎安装界面，单击"下一步"按钮，如图 2-70 所示。

图 2-69　软件下载界面　　　　　　　　图 2-70　"欢迎安装"界面

（3）进入"许可证"界面，选择"我同意"单选按钮，单击"下一步"按钮，如图 2-71 所示。

（4）进入"选择安装文件夹"界面，如果需要更改安装路径，可以单击"浏览"按钮，然后选择新的安装路径。这里采用默认的安装路径，直接单击"下一步"按钮，如图 2-72 所示。

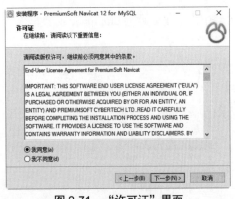

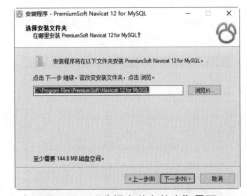

图 2-71　"许可证"界面　　　　　　　　图 2-72　"选择安装文件夹"界面

（5）进入"选择开始目录"界面，选择在哪里创建快捷方式。这里采用默认的路径，单击"下一步"按钮，如图 2-73 所示。

（6）进入"选择额外任务"界面，选择 Creat a desktop icon 复选框，单击"下一步"按钮，如图 2-74 所示。

（7）进入"准备安装"界面，这里显示了安装文件夹、开始菜单、额外任务，如图 2-75 所示。

（8）单击"安装"按钮，即可开始安装，并显示安装的进度，如图 2-76 所示。

图 2-73　"选择开始目录"界面

图 2-74　"选择额外任务"界面

图 2-75　"准备安装"界面

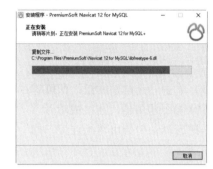

图 2-76　"正在安装"界面

（9）安装完成后，弹出"完成安装向导"界面，单击"完成"按钮即可退出安装向导，如图 2-77 所示。

（10）双击桌面上的 Navicat for MySQL 图标，即可打开 Navicat for MySQL 的工作界面，如图 2-78 所示。

图 2-77　"完成安装向导"界面

图 2-78　Navicat for MySQL 的工作界面

2.4.2　连接 MySQL 服务器

Navicat for MySQL 安装成功后，在使用 Navicat for MySQL 操作数据库之前，还需要连接 MySQL 服务器，具体操作步骤如下。

（1）在 Navicat for MySQL 的工作界面，选择"文件"→"新建连接"→"MySQL"菜单命令，如图 2-79 所示。

（2）打开"MySQL-新建连接"对话框，输入连接名，然后使用 root 连接到本机的 MySQL 即可执行相关数据库的操作，如图 2-80 所示。

图 2-79　新建连接

图 2-80　"MySQL-新建连接"对话框

（3）单击"确定"按钮，即可连接到 MySQL 服务器，连接成功后，左边的树形目录中会出现此连接，如图 2-81 所示。

注意：在 Navicat for MySQL 中，每个数据库的信息是单独获取的，没有获取的数据库的图标会显示为灰色。而一旦 Navicat for MySQL 执行了某些操作，获取了数据库信息后，相应的图标就会显示成彩色。

图 2-81　连接到 MySQL 服务器

2.4.3　创建与删除数据库

Navicat for MySQL 使用了极好的图形用户界面（GUI），可以用一种安全和更为容易的方式快速和容易地创建、组织、存取和共享信息，当连接到 MySQL 服务器后，即可创建数据库。具体操作步骤如下。

（1）选择 Navicat for MySQL 工作界面左侧窗格中的"mysql"选项，右击，在弹出的快捷菜单中选择"打开连接"菜单命令，如图 2-82 所示。

（2）这样即可连接到 mysql 数据库下的数据库，并在左侧窗格中显示出来，选择需要操作的数据库，例如这里选择 mydbase 数据库，该数据库的图标显示为彩色，而没有选中的数据库则显示为灰色，这样可以提高 Navicat for MySQL 的运行速度，如图 2-83 所示。

提示：Navicat 的工作界面与 SQL SERVER 的数据库管理工具非常相似，左边是树形目录，用于查看数据库中的对象。每一个数据库的树形目录下都有表、视图、存储过程、查询、报表、备份和计划任务等节点，点击节点可以对该对象进行管理。

（3）在左边列表的空白处，右击，在弹出的快捷菜单中选择"新建数据库"菜单命令，如图 2-84 所示。

（4）打开"新建数据库"对话框，输入数据库的名称为 mytest，单击"确定"按钮，如图 2-85 所示。

图 2-82　打开连接

图 2-83　选择需要操作的数据库

图 2-84　新建数据库

图 2-85　输入数据库的名称

（5）此时已成功创建一个数据库，接下来可以在该数据库中创建表、视图等，如图 2-86 所示。

（6）如果需要删除某个数据库，可以在选中该数据库后，右击，在弹出的快捷菜单中选择"删除数据库"菜单命令即可，如图 2-87 所示。

图 2-86　成功创建数据库

图 2-87　选择"删除数据库"菜单命令

2.4.4　创建与删除数据表

数据库创建完成后，即可在该数据库下创建数据表。具体操作步骤如下。

（1）在 Navicat for MySQL 的窗口上方单击"表"图标，然后单击"新建表"按钮，或者在右侧列表中选择"表"选项，右击，在弹出的快捷菜单中选择"新建表"菜单命令，如图 2-88 所示。

（2）进入创建数据表的页面，在其中设置数据表的字段结构，通过单击"添加字段"按钮，来添加多个字段信息，如图 2-89 所示。

（3）单击"保存"按钮，打开"表名"对话框，输入数据表的名称 student，单击"确定"按钮，即可完成数据表的创建，如图 2-90 所示。

（4）如果数据表比较复杂，还可以根据需求继续对数据表进行设置，如给数据表添加索引、外键、触发器等，如图 2-91 所示。

（5）如果需要对表结构进行修改，可以在工具栏中选择"表"图标，然后选中要修改的表，单击"设计表"按钮，或者在左侧窗格中选择要修改的表，右击，在弹出的快捷菜单中选择"设计表"菜单命令，如图 2-92 所示。

（6）随即进入表设计界面，在其中可以对表字段、索引、外键、触发器等参数进行设置，如图 2-93 所示。

图 2-88　"新建表"连接

图 2-89　设置数据表的字段结构

图 2-90　输入数据表的名称

图 2-91　"索引"的工作界面

图 2-92　选择"设计表"菜单命令

图 2-93　修改数据表的字段类型

2.4.5　添加与修改数据记录

在左边结构树中点击"表"，找到要添加数据的表，如 mydbase，双击。或者在工具栏中选择"表"，然后选中要插入数据的表，单击"打开表"按钮。在窗口右边打开添加数据的界面，可以直接输入相关数据或修改数据记录，如图 2-94 所示。

图 2-94　添加数据记录

2.4.6　查询数据表中的数据

在 Navicat for MySQL 中，查询数据表中数据的操作非常简单，具体操作步骤如下。

（1）单击 Navicat for MySQL 窗口上方工具栏中"查询"按钮，进入查询工作界面，如图 2-95 所示。

（2）单击"新建查询"按钮，在"查询编辑器"中输入要执行的 SQL 语句，单击"运行"按钮，在窗口下方显示结果、信息、概况等信息，如图 2-96 所示。

图 2-95　查询工作界面

图 2-96　显示查询的信息

2.4.7　数据库备份和还原

使用 Navicat for MySQL 可完全控制 MySQL 数据库和显示不同的管理资料，包括一个多功能的图形化管理用户和访问权限的管理工具，方便将数据从一个数据库转移到另一个数据库中，从而进行数据库的备份或还原，具体操作步骤如下。

（1）在窗口上方的工具栏中单击"备份"按钮，或者在左边的结构树中，选择要备份数据库下的"备份"按钮，打开备份界面，如图 2-97 所示。

（2）单击"新建备份"按钮，打开"新建备份"窗口，在"注释"框中输入有关备份数据库的相关信息，例如，在"常规"选项卡中添加注释信息；在"对象选择"选项卡中选择要备份的表；在"高级"选项卡中选择是否压缩、是否使用指定文件名等；在"信息日志"选项卡中显示备份过程，如图 2-98 所示。

图 2-97　备份界面　　　　　　　　　　　图 2-98　"新建备份"窗口

（3）设置完成后，单击"开始"按钮，即可开始备份并显示备份的结果，如图 2-99 所示。

（4）单击"保存"按钮，打开"配置文件名"对话框，在其中输入备份文件的文件名，单击"确定"按钮，即可保存备份文件，如图 2-100 所示。

图 2-99　完成备份

图 2-100　输入配置文件名

（5）备份结束之后产生备份文件，数据库发生新的变化需要再次备份，经过多次备份后会产生多个不同时期的备份文件，如图 2-101 所示。

（6）当需要将数据库还原到某个时间点时，选择时间，单击"还原备份"按钮，进入"还原备份"窗口，如图 2-102 所示。

（7）单击"开始"按钮，系统开始自动还原数据，并显示还原后的结果，如图 2-103 所示。

（8）如果想要删除某个备份文件，则可以在选中该备份文件后，单击"删除备份"按钮，或右击，

图 2-101　多次备份文件

在弹出的快捷菜单中选择"删除备份"菜单命令，随即弹出一个信息提示框，单击"删除"按钮，即可完成删除备份文件的操作，如图 2-104 所示。

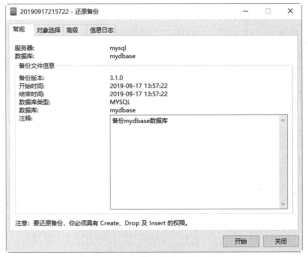

图 2-102　"还原备份" 窗口

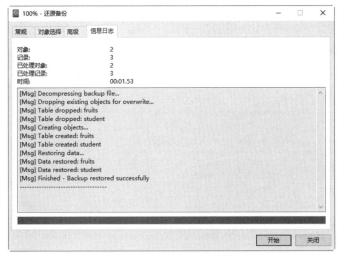

图 2-103　开始还原文件

图 2-104　"确认删除" 信息框

2.5　以图形方式管理 MySQL 用户

　　MySQL 用户账户管理通常包括用户账户的创建和删除。下面以使用图形化管理工具 phpMyAdmin 为例，来介绍以图形方式管理 MySQL 用户的方法。

2.5.1　创建用户账户

　　MySQL 在安装的过程中，已经创建有用户账户了，该用户账户具有管理员权限，不过，还可以创建其他的账户，来操作 MySQL 数据库，具体操作步骤如下。

　　（1）在 phpMyAdmin 主界面中，单击工具栏中的"账户"按钮，然后单击"新增用户账户"链接，如图 2-105 所示。

（2）在"新增用户账户"界面中输入用户名"myroot"。这里有两个选项：任意用户和使用文本域，推荐选择"使用文本域"，如图 2-106 所示。

图 2-105 "新增用户账户"链接

图 2-106 "新增用户账户"界面

（3）在 Host name 选项中选择"本地"选项。这里有 4 个选项：任意主机、本地、使用主机表、Use text field（即使用文本域），如图 2-107 所示。

（4）密码类型选择为"使用文本域"，然后两次输入相同的密码，如图 2-108 所示。

图 2-107 设置 host name

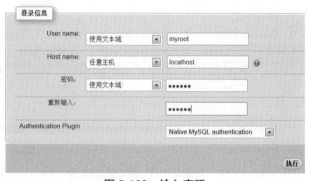

图 2-108 输入密码

（5）单击"执行"按钮，即可创建一个新用户，如图 2-109 所示。

图 2-109 创建新用户的 SQL 语句

（6）在工具栏中单击"账户"按钮，即可看到新添加的用户 myroot，如图 2-110 所示。

图 2-110　查看新增的用户账户

2.5.2　删除用户账户

对于不再需要的账户，可以直接删
除。在 phpMyAdmin 主界面中，单击工
具栏中的"账户"按钮，然后选择需要
删除的账户。如果需要删除与用户名称
一样的数据库，可以选择"删除与用户
同名的数据库"复选框，然后单击"执
行"按钮即可完成删除用户账户的操
作，如图 2-111 所示。

2.5.3　加密用户账户

在 MySQL 数据库中的管理员账户
为 root，为了保护数据库账户的安全，
可以为管理员账户加密，具体的操作步
骤如下。

图 2-111　删除用户账户

（1）进入 phpMyAdmin 的主界面，单击"权限"图标，如图 2-112 所示。

（2）进入用户权限设置界面，设置管理员账户的权限，这里有两个 root 账号，分别为由本
机（localhost）进入和所有主机（：：1）进入的管理账户，默认没有密码。首先修改所有主机
的密码，单击"编辑权限"链接，如图 2-113 所示。

图 2-112　单击"权限"图标

图 2-113　用户权限设置界面

（3）进入"修改密码"设置界面，然后在"密码"文本框中输入所要使用的密码，如图 2-114

所示。单击"执行"按钮，即可完成密码的添加操作。

2.5.4 用户权限管理

MySQL 权限系统用于对用户执行的操作进行限制。用户的身份由用户用于连接的主机名和使用的用户名来决定。连接后对于用户每一个操作，系统都会根据用户的身份判断该用户是否有执行该操作的权限，如 SELECT、INSERT、UPDATE 和 DELETE 权限。

图 2-114　输入修改的密码

不同的 MySQL 图形化管理工具中都有权限管理模块。下面以 phpMyAdmin 为例简单介绍如何给用户账号授权，具体操作步骤如下。

（1）在 phpMyAdmin 主界面中，单击工具栏中的"账户"按钮，然后选择需要授权账户右侧的"修改权限"链接，如图 2-115 所示。

（2）进入 Global 界面，这里可以设置具体的权限，也可以直接选择"全局权限"复选框，权限主要包括"数据""结构""管理"3 方面的权限，如图 2-116 所示。

（3）选择"数据库"选项，进入"数据库"界面，然后选择需要的数据库，例如这里选择company 数据库，如图 2-117 所示。

图 2-115　"修改权限"链接

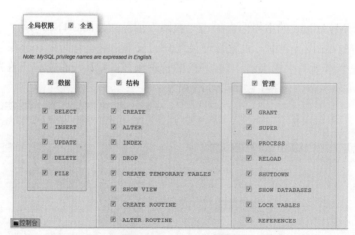

图 2-116　Global 界面

（4）单击"执行"按钮，即可完成为用户 myroot 添加权限的操作，如图 2-118 所示。

注意：授权时必须非常谨慎，权限越多，安全性越低，必须对每个用户都实行控制。

图 2-117　选择需要的数据库

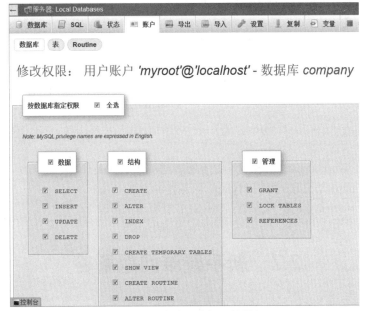

图 2-118　完成用户权限的添加

2.6　课后习题与练习

一、填充题

1. MySQL 图形化管理工具极大地方便了数据库的操作与管理，常用的图形化管理工具有
_____、_____、_____等。

答案：MySQL Workbench、phpMyAdmin、Navicat for MySQL

2. _____是官方客户端图形管理软件，是一款专为 MySQL 设计的 ER/数据库建模工具。

答案：MySQL Workbench

3. MySQL Workbench 是新一代可视化数据库设计和管理工具，该软件支持_____和

_____系统。

答案：Windows，Linux

二、选择题

1. 关于 MySQL 登录，下列中描述正确的是_____。

A. 该数据库不用启动任何服务就可以直接登录

B. 该数据库只能使用用户名和密码的方式登录

C. 该数据库只能使用 Windows 用户登录方式登录

D. 以上都不对

答案：D

2. 下列中对系统数据库描述正确的是_____。

A. 系统数据库是指在安装 MySQL 后自带的数据库，可以将其删除

B. 系统数据库是指在安装 MySQL 后自带的数据库，不能将其删除

C. 系统数据库可以根据需要不进行安装

D. 以上都不对

答案：B

3. 下列中，_____不属于 MySQL 系统数据库。

A. MySQL 数据库   B. information schema 数据库

C. sys 数据库   D. pubs 数据库

答案：D

三、简答题

1. 在 MySQL Workbench 工作空间创建数据库连接的方式是什么？

2. 简述使用 phpMyAdmin 控制 MySQL 服务器的方法。

3. 简述使用 Navicat for MySQL 管理 MySQL 数据库的方法。

2.7 新手疑难问题解答

疑问 1：如何获取 Navicat for MySQL 安装程序？

解答：Navicat for MySQL 是一套专为 MySQL 设计的高性能数据库管理及开发工具。支持大部分 MySQL 最新版本的功能，包括触发器、存储过程、函数、事件、视图、管理用户等。获取方法是：在 IE 浏览器的地址栏中输入 Navicat for MySQL 的官方下载地址 http://www.navicat.com.cn/download/navicat-for-mysql，即可进入其下载界面，然后下载安装即可。

疑问 2：如何把握数据库中表的规范化程度？

解答：规范化处理是指使用正规的方法将数据分为多个相关的表，规范化数据库中的表列数少，非规范化数据库中的表列数多。通常，合理的规范化会提高数据库的性能。但是，随着规范化的不断提高，查询时常常需要连接查询和复杂的查询语句，这会影响查询的性能和速度。因此，在满足查询性能要求的前提下，尽量提高数据库的规范化程度，适当的数据冗余对数据库的业务处理也是有必要的，不必刻意追求表的高规范化。

2.8　实战训练

　　使用 MySQL Workbench 执行简单查询。MySQL Workbench 是为 MySQL 特别设计的管理集成环境，与早期版本相比，MySQL Workbench 为用户提供了更多功能，并具有更大的灵活性。本上机实训要求读者能够使用 MySQL Workbench 工具完成登录 MySQL 服务器，选择数据库，执行简单查询和查看查询结果等操作，如图 2-119 所示。

图 2-119　执行 SQL 查询

第 3 章

数据库的创建与操作

本章内容提要

MySQL 数据库安装好之后，就可以进行数据库的相关操作了。MySQL 数据库是指所涉及的对象以及数据的集合，它不仅反映了数据本身的内容，而且反映了对象以及数据之间的联系，对数据库的操作是开发人员的一项重要工作。本章就来介绍 MySQL 数据库的创建与操作。

本章知识点

- 创建 MySQL 数据库的方法。
- 查看数据库的方法。
- 选择数据库的方法。
- 删除数据库的方法。
- MySQL 数据库中的存储引擎。
- 修改存储引擎的方法。

3.1 MySQL 数据库概述

MySQL 数据库是存放有组织的数据集合的容器，以系统文件的形式存储在磁盘上，由数据库系统进行管理和维护。

3.1.1 数据库特点

在 MySQL 中，数据库（Database）是按照数据结构来组织、存储和管理数据的仓库。每个数据库都有一个或多个不同的应用程序接口（Application Program Interface，API），用于创建、访问、管理、搜索和复制所保存的数据。

不过，也可以将数据存储在文件中，但是在文件中读写数据的速度相对较慢。所以，现在使用关系数据库管理系统（Relational Database Management System，RDBMS）来存储和管理大数据量。而 MySQL 是最流行的关系数据库管理系统，尤其是在 Web 应用方面，MySQL 可以说是最好的 RDBMS 应用软件之一。

关系数据库，是建立在关系模型基础上的数据库，借助于集合代数等数学概念和方法来处理数据库中的数据。关系数据库管理系统具有以下特点，这也是 MySQL 数据库具有的特点。

（1）数据以表格的形式出现。

（2）每行为各种记录名称。

（3）每列为记录名称所对应的数据域。

（4）许多的行和列组成一张表单。

（5）若干的表单组成数据库。

3.1.2 数据库对象

MySQL 数据库中的数据在逻辑上被组织成一系列对象，当一个用户连接到数据库后，所看到的是这些逻辑对象，而不是物理的数据库文件。MySQL 中有以下数据库对象。

（1）数据表：数据库中的数据表与我们日常生活中使用的表格类似，由列和行组成。其中，每一列代表一个相同类型的数据。每列又称为一个字段，每列的标题称为字段名；每一行包括若干列信息，一行数据称为一个元组或一条记录，它是有一定意义的信息组合，代表一个实体或联系；一个数据库表由一条或多条记录组成，没有记录的表称为空表。

（2）主键：每个表中通常都有一个主关键字，用于唯一标识一条记录。主键是唯一的，用户可以使用主键来查询数据。

（3）外键：用于关联两个表。

（4）复合键：复合键（组合键）将多个列作为一个索引键，一般用于复合索引。

（5）索引：使用索引可快速访问数据库表中的特定信息。索引是对数据库表中一列或多列的值进行排序的一种结构，类似于书籍的目录。

（6）视图：视图看上去同表相似，具有一组命名的字段和数据项，但它其实是一个虚拟的表，在数据库中并不实际存在。视图是由查询数据库表或其他视图产生的，它限制了用户能看到和修改的数据。由此可见，视图可以用来控制用户对数据的访问，并能简化数据的显示，即通过视图只显示那些需要的数据信息。

（7）默认值：默认值是当在表中创建列或插入数据时，为没有指定具体值的列或列数据项赋予事先设定好的值。

（8）约束：是数据库实施数据一致性和数据完整性的方法，或者说是一套机制，包括主键约束、外键约束、唯一性约束、默认值约束和非空约束。

（9）规则：用来限制数据表中字段的有限范围，以确保列中数据完整性的一种方式。

（10）触发器：一种特殊的存储过程，与表格或某些操作相关联，当用户对数据进行插入、修改、删除或对数据库表进行建立、修改、删除时激活，并自动执行。

（11）存储过程：一组经过编译的可以重复使用的 T-SQL 代码的组合，它是经过编译存储到数据库中的，所以运行速度要比执行相同的 SQL 语句块快。

MySQL 为关系数据库，这种所谓的"关系"可以理解为"表格"的概念，一个关系数据库由一个或数个表格组成。图 3-1 所示为一个表格。

（1）表头（header）：每一列的名称。

（2）列（col）：具有相同数据类型的数据的集合。

（3）行（row）：每一行用来描述某条记录的具体信息。

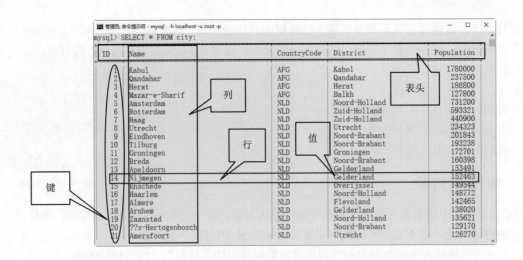

图 3-1　一个表格

（4）值（value）：行的具体信息，每个值必须与该列的数据类型相同。

（5）键（key）：键的值在当前列中具有唯一性。

3.1.3　系统数据库

MySQL 包含了 information_schema、mysql、performance_schema、sakila、sys 和 world 6 个系统数据库。在创建任何数据库之前，用户可以使用命令来查看系统数据库，具体的方法为：在"命令提示符"窗口中登录到 MySQL 数据库，然后输入如下命令：

```
SHOW DATAVASES;
```

按 Enter 键，即可显示出系统数据库，如图 3-2 所示。

（1）information_schema：这个数据库保存了 mysql 服务器所有数据库的信息，比如数据库的名、数据库的表、访问权限、数据库表的数据类型、数据库索引的信息等。该数据库是一个虚拟数据库，物理上并不存在，在查询数据后，从其他数据库获取相应的信息。

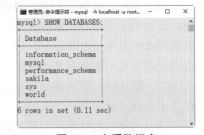

图 3-2　查看数据库

（2）mysql：这个数据库是 MySQL 的核心数据库，类似于 SQL Server 中的 master 表，主要负责存储数据库的用户、权限设置、关键字等，还有 mysql 自己需要使用的控制和管理信息。例如，可以使用 mysql 数据库中的 mysql.user 表来修改 root 用户的密码。

（3）performance_schema：这个数据库主要用于收集数据库服务器性能参数，并且数据库里表的存储引擎均为 PERFORMANCE_SCHEMA，而用户是不能创建存储引擎为 PERFORMANCE_SCHEMA 的表的。

（4）sakila：这个数据库最初由 MySQL AB 文档团队的前成员 Mike Hillyer 开发，旨在提供可用于书籍、教程、文章、样本等示例的标准模式。sakila 示例数据库还用于突出 MySQL 的最新功能，如视图、存储过程和触发器。

（5）sys：这个数据库所有的数据源来自 performance_schema 数据库。目标是把 performance_schema 数据库的复杂度降低，让数据库管理员（DBA）能更好地阅读这个库里的内容，从而让数据库管理员更快地了解数据库的运行情况。

（6）world：这个数据库是 MySQL 提供的示例数据库，包括 3 个数据表，分别是 city 城市表、country 国家表、countrylanguage 国家语言表。

3.2　创建数据库

默认情况下，只有系统管理员和具有创建数据库角色的登录账户的拥有者，才可以创建数据库。在 MySQL 中，root 用户拥有最高权限，因此使用 root 用户登录 MySQL 数据库后，就可以创建数据库了。

3.2.1　使用 CREATE DATABASE 语句创建

在 MySQL 中，SQL 提供了创建数据库的语句 CREATE DATABASE，其基本语法格式如下：

```
CREATE DATABASE database_name;
```

主要参数为 database_name：为要创建的数据库的名称，该名称不能与已经存在的数据库重名。

【实例 1】创建数据库 mybase，输入语句如下：

```
CREATE DATABASE mybase;
```

按 Enter 键，执行语句，创建名为 mybase 的数据库，如图 3-3 所示。

【实例 2】查看数据库 mybase 是否创建成功，输入语句如下：

```
SHOW DATABASES;
```

按 Enter 键，执行语句，可以在数据库列表中看到刚刚创建的数据库 mybase 以及其他原有的数据库，这就说明数据库已创建成功，如图 3-4 所示。

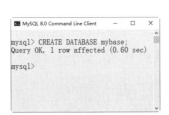

图 3-3　创建数据库 mybase

图 3-4　查看数据库 mybase

3.2.2　使用 mysqladmin 命令创建

使用 root 用户登录 MySQL 数据库后，除使用 CREATE DATABASE 语句创建数据库外，还可以使用 mysqladmin 命令来创建数据库。

【实例 3】使用 mysqladmin 命令创建数据库 book，输入语句如下：

```
mysqladmin -u root -p create book
Enter password:******
```

以上命令执行成功后会创建 MySQL 数据库 book，如图 3-5 所示。

【实例 4】查看数据库 book 是否创建成功，输入语句如下：

```
SHOW DATABASES;
```

按 Enter 键，执行语句，可以在数据库列表中看到刚刚创建的数据库 book 以及其他原有的数据库，这就说明数据库已创建成功，如图 3-6 所示。

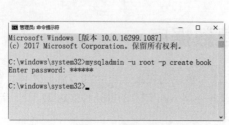

图 3-5 使用 mysqladmin 命令创建

图 3-6 查看数据库 book

3.2.3 使用 PHP 脚本创建

使用 PHP 中的 mysqli_query 函数可以创建或者删除 MySQL 数据库。该函数有两个参数，在执行成功时返回 TRUE，否则返回 FALSE。其语法格式如下：

```
mysqli_query(connection,query,resultmode);
```

主要参数介绍如下。

- connection：必需。规定要使用的 MySQL 连接。
- query：必需。规定查询字符串。
- resultmode：可选。一个常量。可以是 MYSQLI_USE_RESULT（如果需要检索大量数据，请使用这个）和 MYSQLI_STORE_RESULT（默认）任意一个。

【实例 5】使用 PHP 创建数据库 mymaster，输入语句如下：

```php
<?php
$dbhost = 'localhost:3306';       // MySQL 服务器主机地址
$dbuser = 'root';                 // MySQL 用户名
$dbpass = 'Ty0408';               // MySQL 用户名密码
$conn = mysqli_connect($dbhost, $dbuser, $dbpass);
if(! $conn )
{
  die('连接错误: ' . mysqli_error($conn));
}
echo '连接成功<br />';
$sql = 'CREATE DATABASE RUNOOB';
$retval = mysqli_query($conn,$sql );
if(! $retval )
{
    die('创建数据库失败: ' . mysqli_error($conn));
}
echo "数据库 RUNOOB 创建成功\n";
mysqli_close($conn);
?>
```

执行成功后，返回如图 3-7 所示的结果。

如果数据库已存在，执行后，返回如图 3-8 所示的结果。

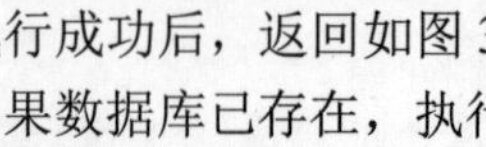

连接成功
数据库 RUNOOB 创建成功

图 3-7 创建数据库成功

连接成功
创建数据库失败: Can't create database 'RUNOOB'; database exists

图 3-8 创建数据库失败

知识扩展：使用 root 登录 MySQL 后，还可以使用如下命令创建数据库。

```
CREATE DATABASE IF NOT EXISTS book DEFAULT CHARSET UTF-8 COLLATE utf8_general_ci;
```

该命令的作用为：如果 book 数据库不存在则创建，存在则不创建，并设定 book 数据库的编码集为 UTF-8。

3.3　选择与查看数据库

当连接到 MySQL 数据库后，可能有多个可以操作的数据库，这时就需要选择要操作的数据库了。当选择完成后，还可以查看数据库的相关信息。

3.3.1　从命令提示窗口中选择

在 mysql>提示窗口中可以很简单地选择特定的数据库。使用 SQL 命令中的 USE 语句可以选择指定的数据库。语法格式如下：

```
USE database_name;
```

主要参数为 database_name：要选择的数据库名称。

【实例 6】选择数据库 mybase，输入语句如下：

```
USE mybase;
```

按 Enter 键，执行语句，执行结果如图 3-9 所示，从执行结果可以看出，数据库 mybase 被成功选择。

图 3-9　选择数据库

3.3.2　使用 PHP 脚本选择

PHP 提供了函数 mysqli_select_db 来选取一个数据库。函数在执行成功后返回 TRUE，否则返回 FALSE。语法格式如下：

```
mysqli_select_db(connection,dbname);
```

主要参数介绍如下。

● connection：必需。规定要使用的 MySQL 连接。

● dbname：必需。规定要使用的默认数据库。

【实例 7】使用 mysqli_select_db 函数来选取一个数据库，语法格式如下：

```php
<?php
$dbhost = 'localhost:3306';       // MySQL 服务器主机地址
$dbuser = 'root';                 // MySQL 用户名
$dbpass = 'Ty0408';               // MySQL 用户名密码
$conn = mysqli_connect($dbhost, $dbuser, $dbpass);
if(! $conn )
{
    die('连接失败: ' . mysqli_error($conn));
}
echo '连接成功';
mysqli_select_db($conn, 'mybase' );
mysqli_close($conn);
?>
```

注意：所有的数据库名、表名、表字段都是区分大小写的，所以在使用 SQL 命令时需要输入正确的名称。

3.3.3 使用命令查看数据库

在 MySQL 中，使用 SHOW CREATE DATABASE 命令可以查看制定的数据库。

【实例 8】查看数据库 mybase，输入语句如下：

```
SHOW CREATE DATABASE mybase;
```

按 Enter 键，执行语句，执行结果如图 3-10 所示，从执行结果中可以查看数据库相应的创建信息。

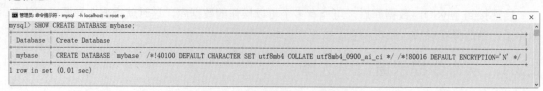

图 3-10　查看数据库的创建信息

3.4　删除数据库

删除数据库是将已经存在的数据库从磁盘空间中清除，在执行删除命令后，所有数据库中的数据也将会消失。因此，在删除数据库时，务必十分谨慎。

3.4.1 使用 DROP 语句删除

在 MySQL 数据库中，可以使用 DROP 语句删除数据库，其基本语法格式如下：

```
DROP DATABASE database_name;
```

主要参数为 database_name：是要删除的数据库名称，如果指定数据库名不存在，则删除出错。

【实例 9】删除数据库 mybase，输入语句如下：

```
DROP DATABASE mybase;
```

按 Enter 键，执行语句，执行结果如图 3-11 所示，从执行结果可以看出，数据库 mybase 被成功删除。

数据库 mybase 被删除后，再次使用 "SHOW CREATE DATABASE mybase;" 语句查看数据库，结果如图 3-12 所示。

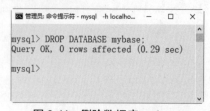

图 3-11　删除数据库 mybase

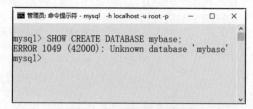

图 3-12　错误提示信息

上面的执行结果显示一条错误信息 ERROR 1049，表示数据库 mybase 不存在，说明之前的删除语句已经成功删除了数据库 mybase。

3.4.2　使用 mysqladmin 命令删除

除了使用 DROP 语句删除数据库外，还可以使用 mysqladmin 命令在终端执行删除命令。

【实例 10】使用 mysqladmin 命令删除数据库 book，输入如下命令：

```
mysqladmin -u root -p drop book
Enter password:******
```

执行以上删除数据库命令后，会出现一段信息提示语句，来确认是否真的删除数据库，如图 3-13 所示。

```
Dropping the database is potentially a very bad thing to do.
Any data stored in the database will be destroyed.

Do you really want to drop the 'book' database [y/N] y
```

输入"y"，表示确定要删除数据库，然后按 Enter 键，执行删除操作，执行完成后，会给出如下提示语句。

```
Database "book" dropped
```

该语句说明数据库 book 已经被删除，如图 3-14 所示。

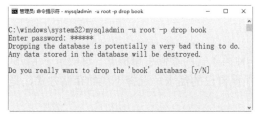

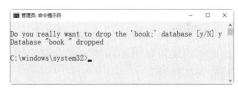

图 3-13　确认是否真的删除数据库　　　　　图 3-14　删除数据库 book

3.4.3　使用 PHP 脚本删除

使用 PHP 中的 mysqli_query 函数可以删除 MySQL 数据库。该函数有两个参数，在执行成功时返回 TRUE，否则返回 FALSE。其语法格式如下：

```
mysqli_query(connection,query,resultmode);
```

主要参数介绍如下。

● connection：必需。规定要使用的 MySQL 连接。

● query：必需。规定查询字符串。

● resultmode：可选。一个常量，可以是 MYSQLI_USE_RESULT（如果需要检索大量数据，请使用这个）和 MYSQLI_STORE_RESULT（默认）中的任意一个值。

【实例 11】使用 PHP 中的 mysqli_query 函数删除数据库，输入如下语句：

```php
<?php
$dbhost = 'localhost:3306';      // MySQL 服务器主机地址
$dbuser = 'root';                // MySQL 用户名
$dbpass = '123456';              // MySQL 用户名密码
$conn = mysqli_connect($dbhost, $dbuser, $dbpass);
if(! $conn )
{
    die('连接失败: ' . mysqli_error($conn));
}
echo '连接成功<br />';
$sql = 'DROP DATABASE RUNOOB';
$retval = mysqli_query( $conn, $sql );
if(! $retval )
```

```
{
    die('删除数据库失败: ' . mysqli_error($conn));
}
echo "数据库 RUNOOB 删除成功\n";
mysqli_close($conn);
?>
```

执行成功后，执行结果如图 3-15 所示。

连接成功
数据库 RUNOOB 删除成功

注意：在使用 PHP 脚本删除数据库时，不会出现确认是否删除

图 3-15　成功删除数据库

信息，会直接删除指定数据库，所以在删除数据库时要特别小心。

3.5　数据库存储引擎

MySQL 中的存储引擎是指表的类型，数据库的存储引擎决定了表在计算机中的存储方式。不同的存储引擎提供不同的存储机制、索引技巧、锁定水平等功能，使用不同的存储引擎，还可以获得特定的功能，MySQL 的核心就是存储引擎。

3.5.1　MySQL 存储引擎简介

存储引擎的概念是 MySQL 的特点，而且是一种插入式的存储引擎概念。这决定了 MySQL 数据库中的表可以用不同的方式存储。用户可以根据自己的需求，选择不同的存储方式、是否进行驶入处理等。

【实例 12】使用 SHOW ENGINES 语句查看系统所支持的引擎类型，输入如下语句：

```
mysql> SHOW ENGINES \G;
*************************** 1. row ***************************
    Engine: MEMORY
    Support: YES
    Comment: Hash based, stored in memory, useful for temporary tables
Transactions: NO
        XA: NO
  Savepoints: NO
*************************** 2. row ***************************
    Engine: MRG_MYISAM
    Support: YES
    Comment: Collection of identical MyISAM tables
Transactions: NO
        XA: NO
  Savepoints: NO
*************************** 3. row ***************************
    Engine: CSV
    Support: YES
    Comment: CSV storage engine
Transactions: NO
        XA: NO
  Savepoints: NO
*************************** 4. row ***************************
    Engine: FEDERATED
    Support: NO
    Comment: Federated MySQL storage engine
Transactions: NULL
        XA: NULL
  Savepoints: NULL
*************************** 5. row ***************************
    Engine: PERFORMANCE_SCHEMA
```

```
      Support: YES
      Comment: Performance Schema
 Transactions: NO
           XA: NO
   Savepoints: NO
*************************** 6. row ***************************
       Engine: MyISAM
      Support: YES
      Comment: MyISAM storage engine
 Transactions: NO
           XA: NO
   Savepoints: NO
*************************** 7. row ***************************
       Engine: InnoDB
      Support: DEFAULT
      Comment: Supports transactions, row-level locking, and foreign keys
 Transactions: YES
           XA: YES
   Savepoints: YES
*************************** 8. row ***************************
       Engine: BLACKHOLE
      Support: YES
      Comment: /dev/null storage engine (anything you write to it disappears)
 Transactions: NO
           XA: NO
   Savepoints: NO
*************************** 9. row ***************************
       Engine: ARCHIVE
      Support: YES
      Comment: Archive storage engine
 Transactions: NO
           XA: NO
   Savepoints: NO
9 rows in set (0.04 sec)
```

结果中主要参数介绍如下。

● 　Engine 参数：指存储引擎的名称。

● 　Support 参数：说明 MySQL 是否支持该类引擎。

● 　Comment 参数：指对该引擎的评论。

● 　Transactions 参数：表示是否支持事务处理，YES 表示可以使用，NO 表示不能使用。

● 　XA 参数：表示是否分布式交易处理的 XA 规范，YES 表示支持。

● 　Savepoints 参数：表示是否支持保存点，以便事务回滚到保存点，YES 表示支持。

由查询结果可以得出，MySQl 支持的存储引擎有 InnoDB、MRG_MYISAM、MEMORY、PERFORMANCE_SCHEMA、ARCHIVE、FEDERATED、CSV、BLACKHOLE、MyISAM，其中 InnoDB 为默认存储引擎，该引擎的 Support 参数值为 DEFAULT。

MySQL 中另一个 SHOW 语句也可以显示支持的存储引擎的信息。

【实例 13】使用 SHOW 语句查询 MySQL 支持的存储引擎，输入如下语句：

```
mysql> SHOW VARIABLES LIKE 'have%';
```

按 Enter 键，即可返回查询结果，如图 3-16 所示。从查询结果中可以得出，第一列 Variable_name 表示存储引擎的名称，第二列 Value 表示 MySQL 的支持情况。YES 表示支持，NO 表示不支持；DISABLED 表示支持但还没有开启。

提示：创建数据表时，如果没有指定存储引擎，表的存储引擎将为默认的存储引擎。本书中 MySQL 的默认存储引擎为 InnoDB。

图 3-16　存储引擎查询结果

3.5.2　InnoDB 存储引擎

InnoDB 是 MySQL 数据库的一种存储引擎，InnoDB 给 MySQL 数据表提供了事务、回归、崩溃修复能力和多版本并发控制的事务安全，支持行锁定和外键等。MySQL 的默认存储引擎为InnoDB。InnoDB 的主要特性如下：

（1）InnoDB 给 MySQL 提供了具有提交，回滚和崩溃恢复能力的事务安全（ACID 兼容）存储引擎。InnoDB 锁定在行级并且也在 SELECT 语句提供一个类似 Oracle 的非锁定读。这些功能增加了多用户部署和性能。在 SQL 查询中，可以自由地将 InnoDB 类型的表与其他 MySQL的表的类型混合起来，甚至在同一个查询中也可以混合。

（2）InnoDB 是为处理巨大数据量时的最大性能设计。它的 CPU 效率可能是任何其他基于磁盘的关系数据库引擎所不能匹敌的。

（3）InnoDB 支持外键完整性约束(FOREIGN KEY)。存储表中的数据时，每张表的存储都按主键顺序存放，如果没有显式的在表定义时指定主键，InnoDB 会为每一行生成一个 6 字节的ROWID，并以此作为主键。

（4）InnoDB 被用在众多需要高性能的大型数据库站点上。InnoDB 不创建目录，使用 InnoDB时，MySQL 将在 MySQL 数据目录下创建一个名为 ibdata1 的 10MB 大小的自动扩展数据文件，以及两个名为 ib_logfile0 和 ib_logfile1 的 5MB 大小的日志文件。

3.5.3　MyISAM 存储引擎

MyISAM 存储引擎是 MySQL 中常见的存储引擎，曾是 MySQL 的默认存储引擎，MyISAM存储引擎是基于 ISAM 存储引擎发展起来的，而且增加了很多有用的扩展，如拥有较高的插入、查询速度等，但是它不支持事务，主要特性如下：

（1）大文件（达 63 位文件长度）在支持大文件的文件系统和操作系统上被支持。

（2）当把删除和更新及插入混合的时候，动态尺寸的行更少碎片。这要通过合并相邻被删除的块，以及若下一个块被删除，就扩展到下一块来自动完成。

（3）每个 MyISAM 表的最大索引数是 64。这可以通过重新编译来改变。每个索引最大的列数是 16。

（4）最大的键长度是 1000 字节。这也可以通过编译来改变。对于键长度超过 250 字节的情况，使用一个超过 1024 字节的键块。

（5）BLOB 和 TEXT 列可以被索引。

（6）NULL 值被允许在索引的列中。

（7）所有数字键值以高字节位先被存储以允许一个更高的索引压缩。

（8）每表一个 AUTO_INCREMENT 列的内部处理。MyISAM 为 INSERT 和 UPDATE 操作自动更新这一列。这使得 AUTO_INCREMENT 列更快（至少 10%）。在序列顶的值被删除之后就不能再利用。

（9）可以把数据文件和索引文件放在不同目录。

（10）每个字符列可以有不同的字符集。

（11）有 VARCHAR 的表可以有固定或动态记录长度。

（12）VARCHAR 和 CHAR 列可以多达 64KB。

使用 MyISAM 引擎创建数据库，将产生 3 个文件。文件的名字以表的名字开始，扩展名指出文件类型：frm 文件存储表定义，数据文件的扩展名为.MYD (MYData)，索引文件的扩展名是.MYI (MYIndex)。

3.5.4　MEMORY 存储引擎

MEMORY 存储引擎是 MySQL 中的一类特殊的存储引擎，其使用存储在内存中的内容来创建，而且所有数据也放在内存中，这些特性都与 InnoDB 存储引擎、MyISAM 存储引擎不同。MEMORY 的主要特性如下：

（1）MEMORY 表可以有多达每个表 32 个索引，每个索引 16 列，以及 500 字节的最大键长度。

（2）MEMORY 存储引擎执行 HASH 和 BTREE 索引。

（3）可以在一个 MEMORY 表中有非唯一键。

（4）MEMORY 表使用一个固定的记录长度格式。

（5）MEMORY 不支持 BLOB 或 TEXT 列。

（6）MEMORY 支持 AUTO_INCREMENT 列和对可包含 NULL 值的列的索引。

（7）MEMORY 表在所有客户端之间共享（就像其他任何非 TEMPORARY 表）。

（8）MEMORY 表内容被存在内存中，内存是 MEMORY 表和服务器在查询处理之时的空闲中创建的内部表共享。

（9）当不再需要 MEMORY 表的内容之时，要释放被 MEMORY 表使用的内存，应该执行 DELETE FROM 或 TRUNCATE TABLE，或者整个地删除表（使用 DROP TABLE）。

3.5.5　存储引擎的选择

不同存储引擎都有各自的特点，适用于不同的需求，为了做出选择，首先需要考虑每一个存储引擎提供了哪些不同的功能。表 3-1 是常用存储引擎的功能比较。

InnoDB 存储引擎：如果要提供提交、回滚和崩溃恢复能力的事务安全（ACID 兼容）能力，并要求实现并发控制，InnoDB 存储引擎是很好的选择。

MyISAM 存储引擎：如果数据表主要用来插入和查询记录，则 MyISAM 引擎能提供较高的处理效率，因此 MyISAM 存储引擎是首选。

MEMORY 存储引擎：如果只是临时存放数据，数据量不大，并且不需要较高的数据安全性，可以选择将数据保存在内存中的 MEMORY 引擎，MySQL 中使用 MEMORY 存储引擎作为临时表存放查询的中间结果。

ARCHIVE 存储引擎：如果只有 INSERT 和 SELECT 操作，可以选择 ARCHIVE 引擎，ARCHIVE

存储引擎支持高并发的插入操作，但是本身并不是事务安全的。ARCHIVE 存储引擎非常适合存储归档数据，如记录日志信息可以使用 ARCHIVE 引擎。

表 3-1　存储引擎比较

功　　能	MyISAM	MEMORY	InnoDB	ARCHIVE
存储限制	256TB	RAM	64TB	None
支持事务	No	No	Yes	No
支持全文索引	Yes	No	No	No
支持数索引	Yes	Yes	Yes	No
支持哈希索引	No	Yes	No	No
支持数据缓存	No	N/A	Yes	No
对外键的支持	No	No	Yes	No

总之，使用哪一种引擎要根据需要灵活选择，一个数据库中的多个表可以使用不同的引擎以满足各种性能和实际需求，使用合适的存储引擎，将会对整个数据库的性能有帮助。

3.6　课后习题与练习

一、填充题

1. 在创建任何数据库之前，用户都可以使用_____语句来查看系统数据库。

答案：SHOW DATAVASES;

2.在 MySQL 系统数据库中，_____数据库是 MySQL 的核心数据库，类似于 SQL Server 中的 master 表。

答案：mysql

3. 在 MySQL 中，用于创建数据库的语句是_____。

答案：CREATE DATABASE database_name;

4. 在 MySQL 中，_____用户拥有最高权限，因此使用该用户登录 MySQL 数据库后，就可以创建数据库了。

答案：root

5. 删除数据库使用的语句是_____。

答案：DROP DATABASE database_name;

二、选择题

1. 在命令提示符窗口中，执行"_____数据库名称"语句，表示选择数据库。

A. SELECT　　　　　　B. USE　　　　　　C. CREATE　　　　　　D. 以上都不对

答案：B

2. 使用_____语句查看系统所支持的引擎类型。

A. SELECT ENGINES;　　　　　　　　B. SHOW CREATE ENGINES;

C. SHOW ENGINES;　　　　　　　　　D. 以上都不对

答案：C

3. 在当前 MySQL 版本中，默认的存储引擎为_____。

A. InnoDB 存储引擎　　　　　　　　　B. MyISAM 存储引擎

C. MEMORY 存储引擎　　　　　　　　D. ARCHIVE 存储引擎

答案：A

4. 在删除某个数据库时，如果该数据库不存在，系统会返回一条错误信息，该信息是_____。

A. ERROR 1049　　　　B. ERROR 1050　　　　C. ERROR 1051　　　　D. ERROR 1005

答案：A

5. 当执行语句出现_____错误代码时，表示数据库已经村子，创建数据库失败。

A. 1007　　　　　　　B. 1008　　　　　　　C. 1009　　　　　　　D. 1010

答案：A

三、简答题

1. 简述创建数据库的方法。

2. 简述选择与创建数据库的方法。

3. 如何删除数据库？

3.7　新手疑难问题解答

疑问 1：如果数据库管理员不知道当前服务器中有哪些数据库，该怎么办呢？

解答：用户可以使用 SHOW DATAVASES;语句来查询系统中存在的全部数据库信息，然后再使用 SHOW CREATE DATABASE database_name;语句来查看某个数据库的具体创建信息，包括数据库的名称、字符集信息等。

疑问 2：当执行删除数据库操作时，该数据库中的表和所有数据到哪里去了？

解答：在删除数据库时，会删除该数据库中所有的表和所有数据，因此删除数据库一定要慎重考虑。如果确定要删除某个数据库，可以先将其备份，然后再进行删除。

3.8　实战训练

创建数据库 MyStudent，并对该数据库进行管理。具体内容如下：

（1）创建数据库之前，使用 SHOW DATABASES;语句查看数据库系统中已经存在的数据库。

（2）使用语句 CREATE DATABASE MyStudent;创建数据库 MyStudent。

（3）执行 USE MyStudent;语句选择 MyStudent 数据库为当前需要操作的数据库。

（4）执行 SHOW CREATE DATABASE MyStudent;语句来查看数据库具体的创建信息。

（5）删除数据库 MyStudent。

第4章

数据表的创建与操作

本章内容提要

数据实际存储在数据表中，可见在数据库中，数据表是数据库中最重要、最基本的操作对象，是数据存储的基本单位。本章就来介绍数据表的创建与操作，包括创建数据表、修改数据表、查看数据表结构与删除数据表等。

本章知识点

- 数据表中存放的数据类型。
- 创建数据表。
- 查看数据表的结构。
- 修改数据表。
- 删除数据表。

4.1 数据表中能存放的数据类型

MySQL 支持多种数据类型，大致可以分为三类，分别是数值类型、日期和时间类型、字符串（字符）类型。

4.1.1 数值类型

MySQL 支持所有标准 SQL 数值数据类型。这些类型包括严格数值数据类型（INTEGER、SMALLINT、TINYINT、MEDIUMINT 和 BIGINT），近似数值数据类型（FLOAT、REAL 和 DOUBLE），以及定点数类型（DECIMAL）。

注意：关键字 INT 是 INTEGER 的同义词，关键字 DEC 是 DECIMAL 的同义词。

1. 整数类型

MySQL 提供多种整数类型，不同的数据类型提供的取值范围不同，可以存储的值的范围越大，其所需要的存储空间也就越大，因此要根据实际需求选择适合的数据类型。表 4-1 显示了每个整数类型的存储需求和取值范围。

表 4-1 MySQL 中的整数型数据类型

类 型 名 称	说 明	存储需求/字节	有符号数取值范围	无符号数取值范围
TINYINT	很小的整数	1	−128～127	0～255
SMALLINT	小的整数	2	−32768～32767	0～65535
MEDIUMINT	中等大小的整数	3	−8388608～8388607	0～16777215
INT（INTEGER）	普通大小的整数	4	−2147483648～2147483647	0～4294967295
BIGINT	大整数	8	−9223372036854775808～9223372036854775807	0～18446744073709551615

MSQL 支持选择在该类型关键字后面的括号内指定整数值的显示宽度（例如 INT(4)）。INT(M)中的 M 指示最大显示宽度，最大有效显示宽度是 4，需要注意的是，显示宽度与存储大小或类型包含的值的范围无关。

例如，假设声明一个 INT 类型的字段：

```
id INT(4)
```

该声明指出，在 id 字段中的数据一般只显示 4 位数字的宽度。假如向 id 字段中插入数值 10000，当使用 select 语句查询该列值的时候，MySQL 显示的是完整的带有 5 位数字的 10000，而不是 4 位数字。

注意：其他整数数据类型也可以在定义表结构时指定所需要的显示宽度，如果不指定，则系统为每一种类型指定默认的宽度值。另外，不同的整数类型的取值范围不同，所需的存储空间也不同，因此，在定义数据表的时候，要根据实际需求选择最合适的类型，这样做有利于节约存储空间，还有利于提高查询效率。

2. 浮点数类型

现实生活中很多情况需要存储带有小数部分的数值，这就需要浮点数类型，如 FLOAT 和 DOUBLE。其中，FLOAT 为单精度浮点数类型；DOUBLE 为双精度浮点数类型。浮点数类型可以用（M，D）来表示，其中 M 称为精度，表示总共的位数；D 称为标度，表示小数的位数。表 4-2 显示了每个浮点数类型的存储需求和取值范围。

表 4-2 MySQL 中的浮点数数据类型

类 型 名 称	存储需求/字节	有符号的取值范围	无符号的取值范围
FLOAT	4	−3.402823466E+38～−1.175494351E−38	0 和 1.175494351E−38～3.402823466E+38
DOUBLE	8	−1.7976931348623157E+308～−2.2250738585072014E−308	0 和 2.2250738585072014E−308～1.7976931348623157E+308

注意：M 和 D 在 FLOAT 和 DOUBLE 中是可选的，FLOAT 和 DOUBLE 类型将被保存为硬件所支持的最大精度。

3. 定点数类型

MySQL 中，除使用浮点数类型表示小数外，还可以使用定点数表示小数，定点数类型只有一种：DECIMAL。定点数类型也可以用（M，D）来表示，其中 M 称为精度，表示总共的位数；D 称为标度，表示小数的位数。DECIMAL 的默认 D 值为 0，M 值为 10。表 4-3 显示了定点数类型的存储需求和取值范围。

DECIMAL 类型不同于 FLOAT 和 DECIMAL，DECIMAL 实际是以字符串存储的。DECIMAL 的有效取值范围由 M 和 D 的值决定。如果改变 M 而固定 D，则其取值范围将随 M 的变大而变大。如果固定 M 而改变 D，则其取值范围将随 D 的变大而变小（但精度增加）。由此可见，DECIMAL 的存储空间并不是固定的，而是由其精度值 M 决定，占用 M+2 字节。

表 4-3　MySQL 中的定点数数据类型

类 型 名 称	说　　明	存储需求/字节
DECIMAL（M，D），DEC	压缩的"严格"定点数	M+2

4.1.2　日期和时间类型

MySQL 中，表示时间值的日期和时间类型为 DATETIME、DATE、TIMESTAMP、TIME 和 YEAR。例如，只需记录年份信息时，可以只用 YEAR 类型，而没有必要使用 DATE。每一种类型都有合法的取值范围，当插入不合法的值时，系统会将"零"值插入到字段中。表 4-4 列出了 MySQL 中的日期和时间类型。

表 4-4　日期和时间数据类型

类 型 名 称	日 期 格 式	日 期 范 围	存储需求/字节
YEAR	YYYY	1901～2155	1
TIME	HH:MM:SS	−838:59:59～838:59:59	3
DATE	YYYY-MM-DD	1000-01-01～9999-12-31	3
DATETIME	YYYY-MM-DD HH:MM:SS	1000-01-01 00:00:00～9999-12-31 23:59:59	8
TIMESTAMP	YYYY-MM-DD HH:MM:SS	1970-01-01 00:00:001～2038-01-19 03:14:07	4

4.1.3　字符串类型

字符串类型用于存储字符串数据，MySQL 支持两类字符串数据：文本字符串和二进制字符串。文本字符串可以进行区分或不区分大小写的串比较，也可以进行模式匹配查找。MySQL 中字符串类型指的是 CHAR、VARCHAR、TINYTEXT、TEXT、MEDIUMTEXT、LONGTEXT、ENUM 和 SET。表 4-5 列出了 MySQL 中的字符串数据类型。

表 4-5　MySQL 中字符串数据类型

类 型 名 称	说　　明	存 储 需 求
CHAR（M）	固定长度非二进制字符串	M 字节，1<=M<=255
VARCHAR（M）	变长非二进制字符串	L+1 字节，在此 L<=M 和 1<=M<=255
TINYTEXT	非常小的非二进制字符串	L+1 字节，在此 L<28
TEXT	小的非二进制字符串	L+2 字节，在此 L<216
MEDIUMTEXT	中等大小的非二进制字符串	L+3 字节，在此 L<224
LONGTEXT	大的非二进制字符串	L+4 字节，在此 L<232
ENUM	枚举类型，只能有一个枚举字符串值	1 或 2 字节，取决于枚举值的数目（最大值 65535）
SET	一个集合，字符串对象可以有零个或多个 SET 成员	1，2，3，4，或 8 字节，取决于集合成员的数量（最多 64 个成员）

注意：VARCHAR 和 TEXT 类型是变长类型，它们的存储需求取决于值的实际长度（表格中用 L 表示），而不是取决于类型的最大可能长度。例如，一个 VARCHAR(10)字段能保存最大长度为 10 个字符的一个字符串，实际的存储需求是字符串的长度 L，加上 1 字节以记录字符

串的长度。例如，字符串"teacher"，L 是 7，而存储需求是 8 字节。

另外，MySQL 提供了大量的数据类型，为了优化存储，提高数据库性能，在不同情况下应使用最精确的类型。当需要选择数据类型时，在可以表示该字段值的所有类型中，应当使用占用存储空间最少的数据类型。因为这样不仅可以减少存储（内存、磁盘）空间，还可以在数据计算时减轻 CPU 的负载。

4.1.4　选择数据类型

MySQL 提供了大量的数据类型，为了优化存储，提高数据库性能，在任何情况下均应使用最精确的类型，即在所有可以表示该列值的类型中，该类型使用的存储最少。

1. 整数和浮点数

如果不需要小数部分，则使用整数来保存数据；如果需要表示小数部分，则使用浮点数类型。对于浮点数据列，存入的数值会对该列定义的小数位进行四舍五入。例如，如果列的值的范围为 1~99999，若使用整数，则 MEDIUMINT UNSIGNED 是最好的类型；若需要存储小数，则使用 FLOAT 类型。

浮点数类型包括 FLOAT 和 DOUBLE 类型。DOUBLE 类型精度比 FLOAT 类型高，因此，如要求存储精度较高时，应选择 DOUBLE 类型。

2. 浮点数和定点数

浮点数 FLOAT 和 DOUBLE 相对于定点数 DECIMAL 的优势是：在长度一定的情况下，浮点数能表示更大的数据范围。但是由于浮点数容易产生误差，因此对精确度要求比较高时，建议使用 DECIMAL 来存储。DECIMAL 在 MySQL 中是以字符串存储的，用于定义货币等对精确度要求较高的数据。在数据迁移中，FLOAT(M,D)是非标准 SQL 定义，数据库迁移可能会出现问题，最好不要这样使用。另外，两个浮点数进行减法和比较运算时也容易出问题，因此在进行计算的时候，一定要小心。如果进行数值比较，最好使用 DECIMAL 类型。

3. 日期和时间类型

MySQL 对于不同种类的日期和时间有很多的数据类型，比如 YEAR 和 TIME。如果只需要记录年份，则使用 YEAR 类型即可；如果只记录时间，只需使用 TIME 类型。

如果同时需要记录日期和时间，则可以使用 TIMESTAMP 或者 DATETIME 类型。由于 TIMESTAMP 列的取值范围小于 DATETIME 的取值范围，因此存储范围较大的日期最好使用 DATETIME。

TIMESTAMP 也有一个 DATETIME 不具备的属性。默认的情况下，当插入一条记录但并没有指定 TIMESTAMP 这个列值时，MySQL 会把 TIMESTAMP 列设为当前的时间。因此当需要在插入记录的同时插入当前时间时，使用 TIMESTAMP 是方便的，另外 TIMESTAMP 在空间上比 DATETIME 更有效。

4. CHAR 与 VARCHAR 之间的特点与选择

CHAR 和 VARCHAR 的区别如下：

（1）CHAR 是固定长度字符，VARCHAR 是可变长度字符；

（2）CHAR 会自动删除插入数据的尾部空格，VARCHAR 不会删除尾部空格；

（3）CHAR 是固定长度，所以它的处理速度比 VARCHAR 的速度要快，但是它的缺点就是浪费存储空间。所以对存储不大，但在速度上有要求的可以使用 CHAR 类型；反之，可以使用

VARCHAR 类型来实现。

存储引擎对于选择 CHAR 和 VARCHAR 的影响：

（1）对于 MyISAM 存储引擎：最好使用固定长度的数据列代替可变长度的数据列。这样可以使整个表静态化，从而使数据检索更快，用空间换时间。

（2）对于 InnoDB 存储引擎：使用可变长度的数据列，因为 InnoDB 数据表的存储格式不分固定长度和可变长度，因此使用 CHAR 不一定比使用 VARCHAR 更好，但由于 VARCHAR 是按照实际的长度存储，比较节省空间，所以对磁盘 I/O 和数据存储总量比较好。

4.2　创建数据表

在创建完数据库之后，接下来就要在数据库中创建数据表。所谓创建数据表，指的是在已经创建好的数据库中建立新表。

4.2.1　创建数据表的语法形式

数据表属于数据库，在创建数据表之前，应该使用语句 "USE <数据库名>" 指定操作是在哪个数据库中进行，如果没有选择数据库，直接创建数据表，系统会显示 No database selected 的错误。

创建数据表的语句为 CREATE TABLE，语法格式如下：

```
CREATE  TABLE <表名>
(
字段名 1 数据类型 [完整性约束条件],
字段名 2 数据类型 [完整性约束条件],
字段名 3 数据类型
...
);
```

主要参数介绍如下。

● 表名：表示要创建数据表的表名。

● 字段名：规定数据表中列的名称。

● 数据类型：规定数据表中列的数据类型，如 VARCHAR、INTEGER、DECIMAL、DATE 等。

● 完整性约束条件：指定字段的某些特殊约束条件。

注意：在使用 CREATE TABLE 创建表时，必须指定要创建的表的名称，名称不区分大小写，但是不能使用 SQL 中的关键字，如 DROP、ALTER、INSERT 等。另外，必须指定数据表中每一个列（字段）的名称和数据类型，如果创建多个列，要用逗号隔开。

4.2.2　使用 CREATE 语句创建数据表

在了解了创建数据表的语法形式后，就可以使用 CREATE 语句创建数据表了。不过，在创建数据表之前，需要弄清楚表中的字段名和数据类型。

【实例 1】假如，要在公司管理系统的数据库 company 中创建一个数据表，名称为 emp，用于保存员工信息，表的字段名和数据类型如表 4-6 所示。

首先创建数据库并选择数据库，SQL 语句如下：

```
CREATE DATABASE company;
USE company;
```

表 4-6　emp 数据表的结构

字 段 名 称	数 据 类 型	备　注
id	INT	员工编号
name	VARCHAR(25)	员工名称
sex	TINYINT	员工性别
salary	FLOAT	员工工资

然后开始创建数据表 emp，SQL 语句如下：

```
CREATE TABLE emp
(
id       INT,
name     VARCHAR(25),
sex      TINYINT,
salary   FLOAT
);
```

语句执行结果如图 4-1 所示，这里已经创建了一个名称为 emp 的数据表。

注意：在给字段定义数据类型时，如果是 INT 数据类型，不建议设置整数的显示宽度，如 INT(10)这样的表达方式，因为这种表达方式会在未来的版本中删除，如果执行设置整数的显示宽度，这会给出警告信息，如图 4-2 所示。

使用 SHOW TABLES;语句查看数据表是否创建成功，执行结果如图 4-3 所示，可以看到，数据表 emp 创建成功，company 数据库中已经有了数据表 emp。

图 4-1　创建数据表 emp

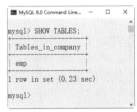

图 4-2　警告信息

图 4-3　查看数据表

4.3　查看数据表的结构

数据表创建完成后，可以查看数据表的结构，以确认表的定义是否正确。本节就来介绍查看数据表结构的方法。

4.3.1　查看表基本结构

使用 DESCRIBE/DESC 语句可以查看表字段信息，包括字段名、字段数据类型、是否为主键、是否有默认值等。语法格式如下：

```
DESCRIBE 表名;
```

或者简写为：

```
DESC 表名;
```

主要参数介绍如下。

● 表名：需要查看数据表结构的表名。

【实例 2】使用 DESCRIBE 或 DESC 查看表 emp 表的结构。输入如下语句：

```
DESCRIBE emp;
```

执行结果如图 4-4 所示。

其中，各个字段的含义分别解释如下：

● Null：表示该列是否可以存储 NULL 值。

● Key：表示该列是否已编制索引。PRI 表示该列是表主键的一部分；UNI 表示该列是UNIQUE 索引的一部分；MUL 表示在列中某个给定值允许出现多次。

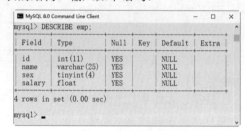

图 4-4　查看表基本结构

● Default：表示该列是否有默认值，如果有的话值是多少。

● Extra：表示可以获取的与给定列有关的附加信息，例如 AUTO_INCREMENT 等。

4.3.2　查看表详细结构

SHOW CREATE TABLE 语句可以用来显示创建表时的 CREATE TABLE 语句，语法格式如下：

```
SHOW CREATE TABLE <表名>\G
```

主要参数介绍如下。

● 表名：需要查看数据表详细结构的表名。

【实例 3】使用 SHOW CREATE TABLE 查看表 emp 的详细信息，SQL 语句如下：

```
SHOW CREATE TABLE emp\G
```

执行结果如图 4-5 所示。

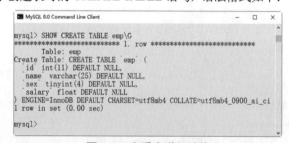

图 4-5　查看表详细结构

4.4　修改数据表

数据表创建完成后，还可以根据实际需要对数据表进行修改，例如修改表名、修改字段数据类型、修改字段名等。

4.4.1　修改数据表的名称

表名可以在一个数据库中唯一的确定一张表，数据库系统通过表名来区分不同的表。例如，在公司管理系统数据库 company 中，员工信息表 emp 是唯一的。在 MySQL 中，修改表名是通过 SQL 语句 ALTER TABLE 来实现的，具体语法格式如下：

```
ALTER TABLE <旧表名> RENAME [TO] <新表名>;
```

主要参数介绍如下。

● 旧表名：表示修改前的数据表名称。

● 新表名：表示修改后的数据表名称。

● TO：可选参数，其是否在语句中出现，不会影响执行结果。

【实例 4】修改数据表 emp 的名称为 emp_01。

执行修改数据表名称操作之前，使用 SHOW TABLES 查看数据库中所有的表。

```
SHOW TABLES;
```

查询结果如图 4-6 所示。

使用 ALTER TABLE 将表 emp 改名为 emp_01，SQL 语句如下：

```
ALTER TABLE emp RENAME emp_01;
```

语句执行结果如图 4-7 所示。

检验表 emp 是否改名成功。使用 SHOW TABLES;查看数据库中的表，结果如图 4-8 所示。经比较可以看到，数据表列表中已经显示表名为 emp_01。

图 4-6　查看数据表

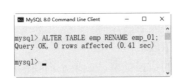

图 4-7　修改数据表的名称

图 4-8　查看改名后的数据表

4.4.2　修改字段数据类型

修改字段的数据类型，就是把字段的数据类型转换成另一种数据类型。在 MySQL 中修改字段数据类型的语法格式如下：

```
ALTER TABLE <表名>MODIFY<字段名> <数据类型>;
```

主要参数介绍如下。

● 表名：指要修改数据类型的字段所在表的名称。

● 字段名：指需要修改的字段。

● 数据类型：指修改后字段的新数据类型。

【实例 5】将数据表 emp_01 中 name 字段的数据类型由 VARCHAR(25)修改成 VARCHAR(28)。

执行修改字段数据类型操作之前，使用 DESC 查看 emp_01 表结构，输入如下语句：

```
DESC emp_01;
```

执行结果如图 4-9 所示。

可以看到现在 name 字段的数据类型为 VARCHAR(25)，下面修改其数据类型。输入如下 SQL 语句：

```
ALTER TABLE emp_01 MODIFY name VARCHAR(28);
```

执行结果如图 4-10 所示。

再次使用 DESC 查看表，结果如图 4-11 所示。

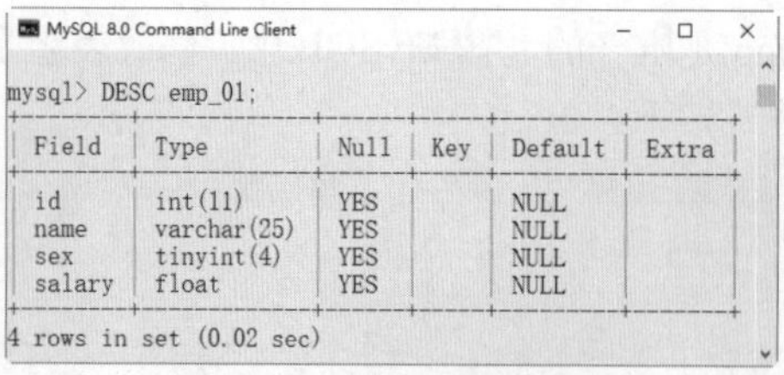

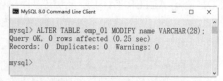

图 4-9　查看数据表的结构

语句执行后，比较会发现表 emp_01 中
name 字段的数据类型已经修改成 VARCHAR
(28)，name 字段的数据类型修改成功。

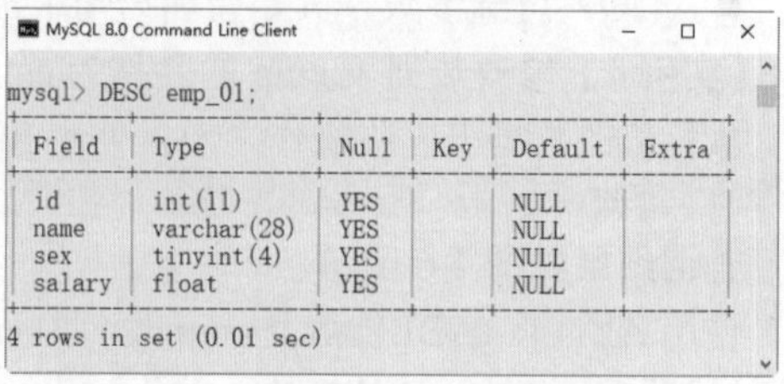

4.4.3　修改数据表的字段名

数据表中的字段名称定好之后，它不是一
成不变的，可以根据需要对字段名称进行修
改。MySQL 中修改表字段名的语法格式如下：

```
ALTER TABLE <表名> CHANGE <旧字段名> <新字段名> <新数据类型>;
```

图 4-11　查看修改后的字段数据类型

主要参数介绍如下。
- 表名：要修改的字段名所在的数据表。
- 旧字段名：指修改前的字段名。
- 新字段名：指修改后的字段名。
- 新数据类型：指修改后的数据类型，如果不需要修改字段的数据类型，可以将新数据
类型设置成与原来一样即可，但数据类型不能为空。

【实例 6】将数据表 emp_01 中的 name 字段名称改为 newname，输入如下语句：

```
ALTER TABLE emp_01 CHANGE name newname VARCHAR(28);
```

执行结果如图 4-12 所示。

使用 DESC 查看表 emp_01，会发现字段名称已经修改成功，结果如图 4-13 所示，从结果
可以看出，name 字段的名称已经修改为 newname。

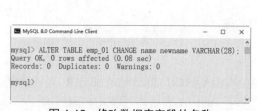

图 4-12　修改数据表字段的名称

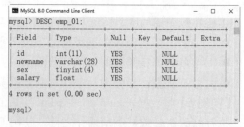

图 4-13　查看修改后的字段名称

注意：由于不同类型的数据在机器中的存储方式及长度并不相同，修改数据类型可能会影
响数据表中已有的数据记录。因此，当数据库中已经有数据时，不要轻易修改数据类型。

4.4.4　在数据表中添加字段

当数据表创建完成后，如果字段信息不能满足需要，可以根据需要在数据表中添加新的字

段。在 MySQL 中，添加新字段的语法格式如下：

```
ALTER TABLE <表名> ADD <新字段名> <数据类型>
[约束条件][FIRST|AFTER 已经存在的字段名];
```

主要参数介绍如下。

- 表名：要添加新字段的数据表名称。
- 新字段名：需要添加的字段名称。
- 约束条件：设置新字段的完整约束条件。
- FIRST：可选参数，其作用是将新添加的字段设置为表的第一个字段。
- AFTER：可选参数，其作用是将新添加的字段添加到指定的"已存在字段名"的
  后面。

【实例 7】在数据表 emp_01 中添加一个字段 city，输入如下语句：

```
ALTER TABLE emp_01 ADD city VARCHAR(20);
```

执行结果如图 4-14 所示。

使用 DESC 查看表 emp_01，会发现在数据表的最后添加了一个名为 city 的字段，结果如图
4-15 所示，默认情况下，该字段放在最后一行。

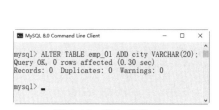

图 4-14　添加字段 city

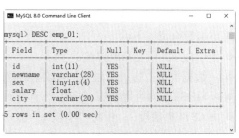

图 4-15　查看添加的字段 city

【实例 8】在数据表 emp_01 中添加一个 INT 类型的字段 newid，SQL 语句如下：

```
ALTER TABLE emp_01 ADD newid INT FIRST;
```

执行结果如图 4-16 所示。

使用 DESC 查看表 emp_01，会发现在表的第一列添加了一个名为 newid 的 INT(11)类型字
段，结果如图 4-17 所示。

除了在数据表最后或第一行添加字段外，还可以在表的指定列之后添加一个字段。

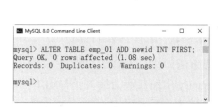

图 4-16　添加字段 newid

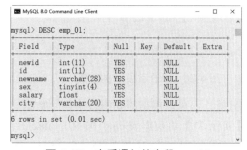

图 4-17　查看添加的字段 newid

【实例 9】在数据表 emp_01 中 sex 行下添加一个 INT 类型的字段 age，SQL 语句如下：

```
ALTER TABLE emp_01 ADD age INT AFTER sex;
```

执行结果如图 4-18 所示。

使用 DESC 查看表 emp_01，结果如图 4-19 所示。从结果可以看出，emp_01 表中增加了一个名称为 age 的字段，其位置在指定的 sex 字段后面，添加字段成功。

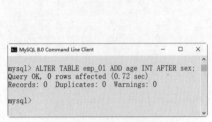

图 4-18　添加字段 age

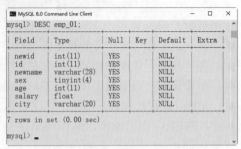

图 4-19　查看添加的字段 age

4.4.5　修改字段的排序方式

对于已经创建好的数据表，用户可以根据实际需要，来修改字段的排列顺序。在 MySQL 中，可以通过 ALTER TABLE 来改变表中字段的相对位置。语法格式如下：

```
ALTER TABLE <表名> MODIFY <字段1> <数据类型> FIRST|AFTER <字段2>;
```

主要参数介绍如下。

- 字段 1：指要修改位置的字段。
- 数据类型：指"字段 1"的数据类型。
- FIRST：为可选参数，指将"字段 1"修改为表的第一个字段。
- AFTER 字段 2：指将"字段 1"插入到"字段 2"后面。

【实例 10】将数据表 emp_01 中的 id 字段修改为表的第一个字段，SQL 语句如下：

```
ALTER TABLE emp_01 MODIFY id int FIRST;
```

执行结果如图 4-20 所示。

使用 DESC 查看表 emp_01，发现字段 id 已经被移至表的第一行，结果如图 4-21 所示。

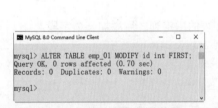

图 4-20　修改字段 id 的位置

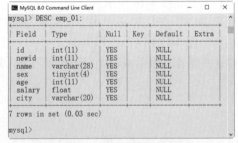

图 4-21　查看字段 id 的顺序

另外，还可以根据需要修改字段到数据表的指定字段之后。

【实例 11】将数据表 emp_01 中的 name 字段插入到 salary 字段后面，输入语句如下：

```
ALTER TABLE emp_01 MODIFY name VARCHAR(28) AFTER salary;
```

执行结果如图 4-22 所示。

使用 DESC 查看表 emp_01，执行结果如图 4-23 所示。从结果可以看到，emp_01 表中的字段 name 已经被移至 salary 字段之后。

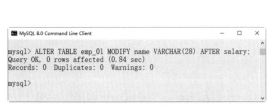

```
MySQL 8.0 Command Line Client
mysql> ALTER TABLE emp_01 MODIFY name VARCHAR(28) AFTER salary;
Query OK, 0 rows affected (0.84 sec)
Records: 0  Duplicates: 0  Warnings: 0

mysql>
```

图 4-22　修改 name 字段的位置

```
MySQL 8.0 Command Line Client
mysql> DESC emp_01;
+--------+-------------+------+-----+---------+-------+
| Field  | Type        | Null | Key | Default | Extra |
+--------+-------------+------+-----+---------+-------+
| id     | int(11)     | YES  |     | NULL    |       |
| newid  | int(11)     | YES  |     | NULL    |       |
| sex    | tinyint(4)  | YES  |     | NULL    |       |
| age    | int(11)     | YES  |     | NULL    |       |
| salary | float       | YES  |     | NULL    |       |
| name   | varchar(28) | YES  |     | NULL    |       |
| city   | varchar(20) | YES  |     | NULL    |       |
+--------+-------------+------+-----+---------+-------+
7 rows in set (0.04 sec)

mysql>
```

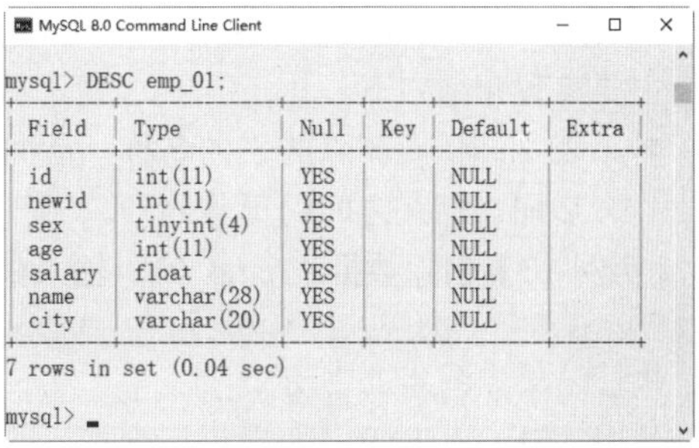

图 4-23　移动了字段 name 的位置

4.4.6　删除不需要的字段

当数据表中的字段不需要时，可以将其从数据表中删除。在 MySQL 中，删除字段是将数据表中的某一个字段从表中移除，语法格式如下：

```
ALTER TABLE <表名> DROP <字段名>;
```

主要参数介绍如下。

- 表名：需要删除的字段所在的数据表。
- 字段名：指需要从表中删除的字段的名称。

【实例 12】删除数据表 emp_01 表中的 newid 字段。输入的语句如下：

```
ALTER TABLE emp_01 DROP newid;
```

执行结果如图 4-24 所示。

使用 DESC 查看表 emp_01，结果如图 4-25 所示。从结果可以看出，emp_01 表中已经不存在名称为 newid 的字段，删除字段成功。

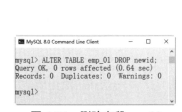

```
MySQL 8.0 Command Line Client
mysql> ALTER TABLE emp_01 DROP newid;
Query OK, 0 rows affected (0.64 sec)
Records: 0  Duplicates: 0  Warnings: 0

mysql>
```

图 4-24　删除字段 newid

```
MySQL 8.0 Command Line Client
mysql> DESC emp_01;
+---------+-------------+------+-----+---------+-------+
| Field   | Type        | Null | Key | Default | Extra |
+---------+-------------+------+-----+---------+-------+
| id      | int(11)     | YES  |     | NULL    |       |
| newname | varchar(28) | YES  |     | NULL    |       |
| sex     | tinyint(4)  | YES  |     | NULL    |       |
| age     | int(11)     | YES  |     | NULL    |       |
| salary  | float       | YES  |     | NULL    |       |
| city    | varchar(20) | YES  |     | NULL    |       |
+---------+-------------+------+-----+---------+-------+
6 rows in set (0.00 sec)

mysql>
```

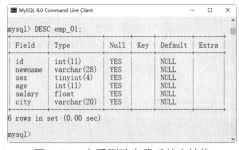

图 4-25　查看删除字段后的表结构

4.5　删除数据表

对于不再需要的数据表，可以将其从数据库中删除。本节将详细讲解数据库中数据表的删除方法。

4.5.1　删除没有被关联的表

在 MySQL 中，使用 DROP TABLE 可以一次删除一个或多个没有被其他表关联的数据表。语法格式如下：

```
DROP TABLE [IF EXISTS]表 1, 表 2, …, 表 n;
```

主要参数介绍如下。

● 表 n：指要删除的表的名称，后面可以同时删除多个表，只需将删除的表名一次写在后面，相互之间用逗号隔开。

【实例 13】删除数据表 emp_01，输入如下语句：

```
DROP TABLE emp_01;
```

执行结果如图 4-26 所示。

使用 "SHOW TABLES;" 语句查看当前数据库中所有的数据表，查看结果如图 4-27 所示。从执行结果可以看出，数据库中已经没有了数据表 emp_01，说明数据表删除成功。

图 4-26　删除表 emp_01

图 4-27　数据表删除成功

4.5.2　删除被其他表关联的主表

在数据表之间存在外键关联的情况下，如果直接删除父表，结果会显示失败。原因是直接删除，将破坏表的参照完整性。如果必须要删除，可以先删除与它关联的子表，再删除父表，只是这样会同时删除两个表中的数据。如果想要单独删除父表，只需将关联的表的外键约束条件取消，然后再删除父表即可。

【实例 14】删除存在关联关系的数据表。

在数据库 mydbase 中创建两个关联表，首先，创建表 tb_1，SQL 语句如下：

```
CREATE TABLE tb_1
(
id      INT  PRIMARY KEY,
name    VARCHAR(22)
);
```

执行结果如图 4-28 所示。

接下来创建表 tb_2，SQL 语句如下：

```
CREATE TABLE tb_2
(
id       INT             PRIMARY KEY,
name     VARCHAR(25),
age      INT,
CONSTRAINT fk_tb_dt FOREIGN KEY (id) REFERENCES tb_1(id)
);
```

执行结果如图 4-29 所示。

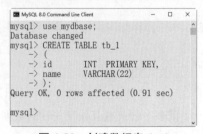

图 4-28　创建数据表 tb_1

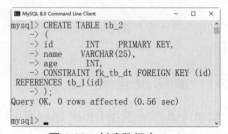

图 4-29　创建数据表 tb_2

使用 SHOW CREATE TABLE 命令查看表 tb_2 的外键约束，SQL 语句如下：

```
SHOW CREATE TABLE tb_2\G
```

执行结果如图 4-30 所示，从结果可以看到，在数据表 tb_2 上创建了一个名称为 fk_tb_dt 的外键约束。

```
MySQL 8.0 Command Line Client
mysql> SHOW CREATE TABLE tb_2\G
*************************** 1. row ***************************
       Table: tb_2
Create Table: CREATE TABLE `tb_2` (
  `id` int(11) NOT NULL,
  `name` varchar(25) DEFAULT NULL,
  `age` int(11) DEFAULT NULL,
  PRIMARY KEY (`id`),
  CONSTRAINT `fk_tb_dt` FOREIGN KEY (`id`) REFERENCES `tb_1` (`id`)
) ENGINE=InnoDB DEFAULT CHARSET=utf8mb4 COLLATE=utf8mb4_0900_ai_ci
1 row in set (0.04 sec)
```

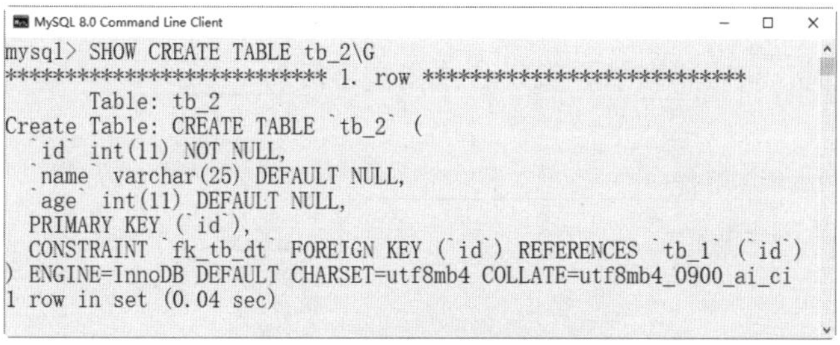

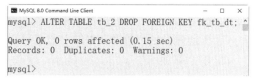

图 4-30　查看数据表的结构

下面直接删除父表 tb_1，输入删除语句如下：

```
DROP TABLE tb_1;
```

执行结果如图 4-31 所示，可以看到，如前面所述，在存在外键约束时，父表不能被直接删除。

接下来，解除关联子表 tb_2 的外键约束，SQL 语句如下：

```
ALTER TABLE tb_2 DROP FOREIGN KEY fk_tb_dt;
```

语句执行结果如图 4-32 所示，将取消表 tb_1 和 tb_2 之间的关联关系。

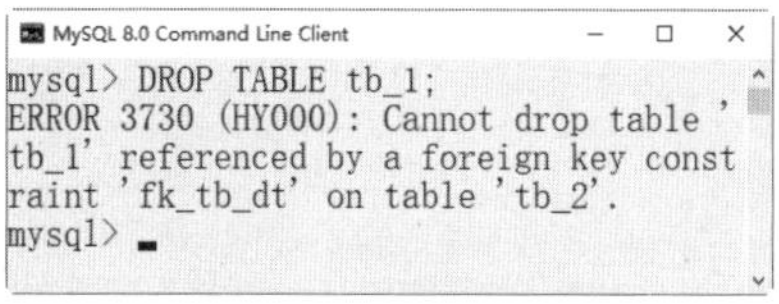

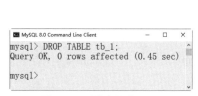

```
MySQL 8.0 Command Line Client
mysql> DROP TABLE tb_1;
ERROR 3730 (HY000): Cannot drop table '
tb_1' referenced by a foreign key const
raint 'fk_tb_dt' on table 'tb_2'.
mysql>
```

图 4-31　直接删除父表

```
MySQL 8.0 Command Line Client
mysql> ALTER TABLE tb_2 DROP FOREIGN KEY fk_tb_dt;

Query OK, 0 rows affected (0.15 sec)
Records: 0  Duplicates: 0  Warnings: 0

mysql>
```

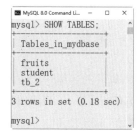

图 4-32　取消表的关联关系

此时，再次输入删除语句，将原来的父表 tb_1 删除，SQL 语句如下：

```
DROP TABLE tb_1;
```

执行结果如图 4-33 所示。最后通过“SHOW TABLES;”语句查看数据表列表，结果如图 4-34 所示，可以看到，数据表列表中已经不存在名称为 tb_1 的表。

```
MySQL 8.0 Command Line Client
mysql> DROP TABLE tb_1;
Query OK, 0 rows affected (0.45 sec)

mysql>
```

图 4-33　删除父表 tb_1

```
MySQL 8.0 Command Li...
mysql> SHOW TABLES;
+-------------------+
| Tables_in_mydbase |
+-------------------+
| fruits            |
| student           |
| tb_2              |
+-------------------+
3 rows in set (0.18 sec)

mysql>
```

图 4-34　查看数据表列表

4.6　课后习题与练习

一、填充题

1. 常见的数据类型有______、_______、_______等。

答案：数值类型、字符串类型、日期和时间类型

2. 假如要在数据库 mydb 中创建表 test，使用_____语句。

答案：CREATE TABLE test；

3. 查看表结构，可以使用 DESCRIBE 或_____。

答案：DESC

4. 当添加字段时，可将字段放在第一位或指定字段的_____。

答案：后面

5. 删除数据表 test 语句是_____。

答案：DROP TABLE test；

二、选择题

1. 下面关于数据表的描述正确的是_____。

A. 在 MySQL 中，一个数据库中可以有重名的表

B. 在 MySQL 中，一个数据库中不能有重名的表

C. 在 MySQL 中，表的名称可以数字来命名

D. 以上说法都不对

答案：B

2. 下列关于创建数据表的描述中，正确的是_____。

A. 使用 Create 语句可以创建不带字段的空表

B. 在创建表时，可以设置表中字段为自动增长字段

C. 在创建表时，数据表中的字段名可以重复

D. 以上都对

答案：B

3. 下面关于修改数据表的描述正确的是_____。

A. 可以修改表中字段的数据类型　　　　B. 可以修改表中字段的名称

C. 可以修改表的名称　　　　　　　　　D. 以上描述都对

答案：D

4. 查看表结构时，所显示的是_____。

A. 表的属性　　　　　　　　　　　　　B. 表的所有字段名称

C. 表的完整数据　　　　　　　　　　　D. 所有字段的名称和类型等

答案：D

5. 修改数据表的名称时，使用_____关键字。

A. CREATE　　　　　　B. RENAME　　　　　　C. DROP　　　　　　D. DESC

答案：B

三、简答题

1. 如何给数据表进行重命名？

2. 简述查询表结构与信息的过程。

3. 简述删除被关联与无关联数据表的方法。

4.7　新手疑难问题解答

疑问 1：在创建数据表时，为什么 id 号或编号字段不能重复？

解答：不能重复的原因是为了避免出现多条重复的记录。

疑问 2：为什么在执行 SQL 语句时，会给出提示或错误信息，而无法运行？

解答：首先，需要保证输入的 SQL 语句是正确的。确认正确后，再查看当前数据库是否是我们需要的数据库，如果不是，请选择需要操作的数据库对象。或者在当前命令窗口中开头加入相应的语句，例如要操作 School 数据库，输入的语句为"USE School;"，这样也能完成数据库的切换。

4.8　实战训练

创建并操作用户信息表。

（1）根据本书所学知识，设计一个数据表用来保存用户基本信息，表的字段名和数据类型如表 4-7 所示，表的名称为 userinfo。

表 4-7　用户信息表

编　　号	字　段　名	数　据　类　型	说　　明
1	id	INT	编号
2	name	VARCHAR(20)	用户名
3	password	VARCHAR(10)	密码
4	email	VARCHAR(20)	邮箱
5	QQ	VARCHAR(15)	QQ 号码
6	tel	VARCHAR(15)	电话号码

（2）修改用户信息表 userinfo 的名称为"用户信息表"。

（3）添加一个 remark 字段，数据类型为 VARCHAR(20)，用于保存对用户的备注信息。

（4）数据表创建完成后，使用 DESC 查询用户信息表 userinfo 的基本结构。

（5）删除创建"用户信息表"表中，不需要的字段 QQ。

（6）使用 DROP TABLE 语句删除创建的"用户信息表"。

（7）在 MySQL Workbench 工具中，以图形向导的方式创建用户信息表 userinfo，并修改用户信息表的名称、添加字段、更改字段的名称与字段的数据类型。

第5章

数据表的完整性约束

⏱ 本章内容提要

　　数据库中的数据必须是真实可信、准确无误的。对数据库表中的记录强制实施数据完整性约束，可以保证数据表中各个字段数据的完整性和合理性。本章就来介绍数据表中完整性约束的添加方法，主要内容包括主键约束的添加、外键约束的添加、默认约束的添加、唯一性约束的添加、非空约束的添加等。

⏱ 本章知识点

- 添加主键约束。
- 添加外键约束。
- 添加默认约束。
- 添加唯一约束。
- 添加非空约束。

5.1　数据完整性及其分类

　　数据表中的完整性约束可以理解成是一种规则或者要求，它规定了在数据表中哪些字段可以输入什么样的值。

5.1.1　数据完整性的分类

　　数据库不仅要能存储数据，它也必须能够保证所保存的数据的正确性，为此 SQL Server 为用户提高了完整性约束条件。

　　数据完整性可分为实体完整性、域完整性和引用完整性，下面进行详细介绍。

　　（1）实体完整性：指通过表中字段或字段组合将表中各记录的唯一性区别开来。例如，在学生表中，学生之间可能姓名相同，班级编号相同，但是每个学生的学号必然不同。实体完整性的实施方法是添加 PRIMARY KEY 约束和 UNIQUE 约束。

　　（2）域完整性：指表中特定字段的值是有效取值。虽然每个字段都有数据类型，但实际并非满足该数据类型的值即为有效，应合乎情理。例如，学生的出生日期不可能晚于录入数据当天的日期。域完整性的实施方法是添加 CHECK 约束和 DEFAULT 约束。

（3）引用完整性：数据库中的表和表之间的字段值是有联系的，甚至表自身的字段值也是有联系的，其中一个表中的某个字段值不但要符合其数据类型，而且必须是引用另一个表中某个字段现有的值。在输入或删除数据记录时，这种引用关系也不能被破坏，这就是引用完整性，它的作用是确保在所有表中具有相同意义的字段值一致，不能引用不存在的值。引用完整性的实施方法是添加 PRIMARY KEY 约束。

5.1.2　表中的约束条件有哪些

在数据表中添加约束条件归根到底就是要确保数据的准确性和一致性，即表内的数据不相互矛盾，表之间的数据不相矛盾，关联性不被破坏。为此，可以从以下几个方面检查数据表的完整性约束。

（1）对列的控制，包括主键约束（PRIMARY KEY）、唯一性约束（UNIQUE）；

（2）对列数据的控制，包括检查约束（CHECK）、默认值约束（DEFAULT）、非空约束（NOT NULL）；

（3）对表之间及列之间关系的控制，包括外键约束（FOREIGN KEY）。

满足完整性约束要求的数据必须具有以下 3 个特点。

（1）数据值正确无误：首先数据类型必须正确，其次数据的值必须处于正确的范围内。例如，"成绩"表中"成绩"字段的值必须大于或等于 0 小于或等于 100。

（2）数据的存储必须确保同一表格数据之间的和谐关系。例如，"成绩"表中的"学号"字段列中的每一个学号对应一个学生，不可能将其学号对应多个学生。

（3）数据的存储必须确保维护不同表之间的和谐关系。例如，在"成绩"表中的"课程编号"列对应"课程"表中的"课程编号"列；在"课程"表中的"教师编号"列对应"教师"表中的"教师编号"列。

5.2　主键约束

主键，又称主码，是表中一列或多列的组合。主键约束（Primary Key Constraint）要求主键列的数据唯一，并且不允许为空。主键和记录之间的关系如同身份证和人之间的关系，它们之间是一一对应的。主键分为两种类型：单字段和多字段联合主键。

5.2.1　创建表时添加主键

如果主键包含一个字段，则所有记录的该字段值不能相同或为空值；如果主键包含多个字段，则所有记录的该字段值的组合不能相同，而单个字段值可以相同，一个表中只能有一个主键，也就是说只能有一个 PRIMARY KEY 约束。

注意：数据类型为 IMAGE 和 TEXT 的字段列不能定义为主键。

创建表时创建主键的方法是在数据列的后面直接添加关键字 PRIMARY KEY，语法格式如下：

```
字段名 数据类型 PRIMARY KEY
```

主要参数介绍如下。

- 字段名：表示要添加主键约束的字段。
- 数据类型：表示字段的数据类型。
- PRIMARY KEY：表示所添加约束的类型为主键约束。

【实例 1】假如，要在酒店客户管理系统的数据库 Hotel 中创建一个数据表，用于保存房间信息，并给房间编号添加主键约束，表的字段名和数据类型如表 5-1 所示。

表 5-1 房间信息表

编　号	字 段 名	数 据 类 型	说 明
1	Roomid	INT	房间编号
2	Roomtype	VARCHAR(20)	房间类型
3	Roomprice	FLOAT	房间价格
4	Roomfloor	INT	所在楼层
5	Roomface	VARCHAR(10)	房间朝向

在 Hotel 数据库中定义数据表 Roominfo，为 Roomid 创建主键约束。输入以下 SQL 语句：

```
CREATE DATABASE Hotel;              --创建 Hotel 数据库
USE Hotel;                          --指定当前需要使用的数据库
CREATE TABLE Roominfo               --创建 Roominfo 数据表
(
    Roomid      INT  PRIMARY KEY,   --定义房间编号并添加主键约束
    Roomtype    varchar(20),        --定义房间类型
    Roomprice   float,              --定义房间价格
    Roomfloor   int,                --定义所在楼层
    Roomface    varchar(10)         --定义房间朝向
);
```

单击"执行"按钮，即可完成创建数据表时添加主键的操作，如图 5-1 所示。

执行完成之后，使用"DESC Roominfo;"语句查看表结构，执行结果如图 5-2 所示。从结果可以看出 Roominfo 数据表中 Roomid 的 Key 属性的值为 PRI，这就说明 Roomid 字段为当前数据表的主键，添加主键成功。

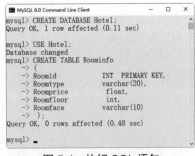

图 5-1　执行 SQL 语句

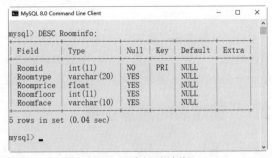

图 5-2　表设计结构

除了在定义字段列时添加主键外，还可以在定义完所有字段列之后添加主键，语法格式如下：

```
[CONSTRAINT<约束名>] PRIMARY KEY [字段名]
```

主要参数介绍如下。

- CONSTRAINT：创建约束的关键字。

- 约束名：设置主键约束的名称。
- PRIMARY KEY：表示所添加约束的类型为主键约束。
- 字段名：表示要添加主键约束的字段。

【实例 2】在 Hotel 数据库中定义数据表 Roominfo_01，为 Roomid 创建主键约束。输入以下 SQL 语句：

```
CREATE TABLE Roominfo_01              --创建 Roominfo_01 数据表
(
    Roomid          INT,              --定义房间编号
    Roomtype        varchar(20),      --定义房间类型
    Roomprice       float,            --定义房间价格
    Roomfloor       int,              --定义所在楼层
    Roomface        varchar(10)       --定义房间朝向
    PRIMARY KEY(Roomid)               --定义房间编号为主键约束
);
```

单击"执行"按钮，即可完成创建数据表并在定义完所有字段列之后添加主键的操作，如图 5-3 所示。

执行完成之后，使用"DESC Roominfo_01;"语句查看表结构，执行结果如图 5-4 所示。从结果可以看出这两种添加主键的方式一样，都会在 Roomid 字段上设置主键约束。

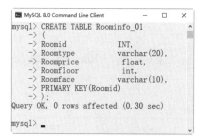

图 5-3 创建表时添加主键

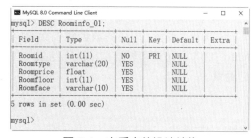

图 5-4 查看表的设计结构

5.2.2 修改表时添加主键

数据表创建完成后，如果还需要为数据表创建主键约束，此时不需要再重新创建数据表。可以使用 Alter 语句为现有表添加主键。使用 ALTER 语句在现有数据表中创建主键，语法格式如下：

```
ALTER TABLE table_name
ADD CONSTRAINT 约束名 PRIMARY KEY (column_name1, column_name2,…)
```

主要参数介绍如下。

- CONSTRAINT：创建约束的关键字。
- 约束名：设置主键约束的名称。
- PRIMARY KEY：表示所添加约束的类型为主键约束。

【实例 3】在 Hotel 数据库中定义数据表 Roominfo_02，创建完成之后，在该表中的 Roomid 字段上创建主键约束。输入以下 SQL 语句：

```
CREATE TABLE Roominfo_02              --创建 Roominfo_02 数据表
(
    Roomid          int NOT NULL,     --定义房间编号
    Roomtype        varchar(20),      --定义房间类型
    Roomprice       float,            --定义房间价格
```

```
    Roomfloor      int,           --定义所在楼层
    Roomface       varchar(10)    --定义房间朝向
);
```

单击"执行"按钮，即可完成创建数据表操作，如图 5-5 所示。执行完成之后，使用"DESC Roominfo_02;"语句查看表结构，执行结果如图 5-6 所示。从结果可以看出 Roomid 字段上并未设置主键约束。

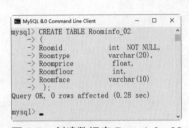

图 5-5　创建数据表 Roominfo_02

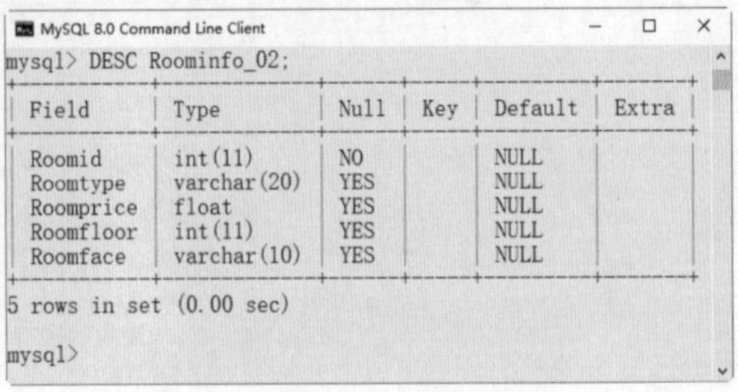

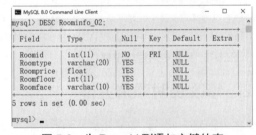

图 5-6　Roominfo_02 表结构

下面给 Roomid 字段添加主键，输入 SQL 语句：

```
ALTER TABLE Roominfo_02
ADD
CONSTRAINT 编号
PRIMARY KEY(Roomid);
```

单击"执行"按钮，即可完成创建主键的操作，如图 5-7 所示。执行完成之后，使用"DESC Roominfo_02;"语句查看表结构，执行结果如图 5-8 所示。从结果可以看出 Roomid 字段上设置了主键约束。

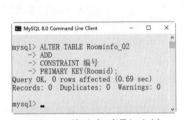

图 5-7　修改表时添加主键

图 5-8　为 Roomid 列添加主键约束

注意：数据表创建完成后，如果需要给某个字段创建主键约束，该字段必须不允许为空，如果为空，则在创建主键约束时会报错。

5.2.3　创建联合主键约束

在数据表中，可以定义多个字段为联合主键约束，如果对多字段定义了 PRIMARY KEY 约束，则一列中的值可能会重复，但来自 PRIMARY KEY 约束定义中所有列的任何值组合必须唯一。语法格式如下：

```
PRIMARY KEY[字段1, 字段2, …, 字段n]
```

主要参数介绍如下。

● PRIMARY KEY：表示所添加约束的类型为主键约束。

● 字段 n：表示要添加主键的多个字段。

【实例 4】在 Hotel 数据库中，定义客户信息数据表 userinfo，假设表中没有主键 id，为了唯

一确定一个客户信息，可以把 name、tel 联合起来作为主键。输入的 SQL 语句如下：

```
CREATE TABLE userinfo              --创建 userinfo 数据表
(
    name          varchar(20),     --定义客户名称
    sex           tinyint,         --定义客户性别
    age           int,             --定义客户年龄
    tel           varchar(10),     --定义客户联系方式
    Roomid        int              --定义客户入住房间
CONSTRAINT 姓名联系方式
PRIMARY KEY(name,tel)
);
```

单击"执行"按钮，即可完成数据表的创建以及联合主键约束的添加操作，如图 5-9 所示。执行完成之后，使用"DESC userinfo;"语句查看表结构，执行结果如图 5-10 所示，从结果可以看出 name 字段和 tel 字段组合在一起成为 userinfo 的多字段联合主键。

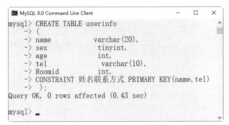
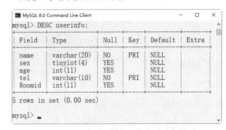

图 5-9　执行 SQL 语句　　　　　　　　　　图 5-10　为表添加联合主键约束

5.2.4　删除表中的主键

当表中不需要指定 PRIMARY KEY 约束时，可以使用 DROP 语句将其删除。通过 DROP 语句删除 PRIMARY KEY 约束的语法格式如下：

```
ALTER TABLE table_name
DROP PRIMARY KEY;
```

主要参数介绍如下。

● table_name：要删除的主键约束的表名。

● PRIMARY KEY：主键约束关键字。

【实例 5】在 Hotel 数据库中，删除 Roominfo 表中定义的主键。输入以下 SQL 语句：

```
ALTER TABLE Roominfo
DROP
PRIMARY KEY;
```

单击"执行"按钮，即可完成删除主键的操作，如图 5-11 所示。执行完成之后，使用"DESC Roominfo;"语句查看表结构，执行结果如图 5-12 所示，从结果可以看出该数据表中的主键已经被删除。

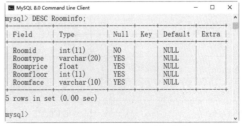

图 5-11　执行删除主键约束　　　　　　　　　图 5-12　主键约束被删除

5.3　外键约束

外键用来在两个表的数据之间建立链接，它可以是一列或者多列。首先，被引用表的关联字段上应该创建 PRIMARY KEY 约束或 UNIQUE 约束，然后，在应用表的字段上创建 FOREIGN KEY 约束，从而创建外键。

5.3.1　创建表时添加外键约束

外键约束的主要作用是保证数据引用的完整性，定义外键后，不允许删除在另一个表中具有关联的行。例如，部门表 tb_dept 的主键 id，在员工表 emp 中有一个键 deptId 与这个 id 关联。外键约束中涉及的数据表有主表与从表之分，具体介绍如下。

- 主表（父表）：对于两个具有关联关系的表而言，相关联字段中主键所在的那个表即是主表。
- 从表（子表）：对于两个具有关联关系的表而言，相关联字段中外键所在的那个表即是从表。

创建外键约束的语法格式如下：

```
CREATE TABLE table_name
(
col_name1        datatype,
col_name2        datatype,
col_name3        datatype
…
CONSTRAINT <外键名> FOREIGN KEY 字段名 1[,字段名 2,…,字段名 n] REFERENCES
<主表名>主键列 1[,主键列 2,…]
);
```

主要参数介绍如下。

- 外键名：定义的外键约束的名称，一个表中不能有相同名称的外键。
- 字段名：从表需要创建外键约束的字段列，可以由多个列组成。
- 主表名：被从表外键所依赖的表的名称。
- 主键列：被应用的表中的列名，也可以由多个列组成。

这里以图书信息表（表 5-2）Bookinfo 与图书分类（表 5-3）Booktype 为例，介绍创建外键约束的过程。

表 5-2　图书信息表结构

字 段 名 称	数 据 类 型	备　　注
id	INT	编号
ISBN	VARCHAR(20)	书号
Bookname	VARCHAR(100)	图书名称
Typeid	INT	图书所属类型
Author	VARCHAR(20)	作者名称
Price	FLOAT	图书价格
Pubdate	DATETIME	图书出版日期

表 5-3 图书分类表结构

字 段 名 称	数 据 类 型	备 注
id	INT	自动编号
Typename	VARCHAR(50)	名称

【实例 6】在 test 数据库中，定义数据表 Bookinfo，并在 Bookinfo 表上创建外键约束。

首先创建 test 数据库，然后指定数据库，并创建图书分类表 Booktype，输入以下 SQL 语句：

```
CREATE DATABASE test;
USE test;
CREATE TABLE Booktype
(
id          INT                 PRIMARY KEY,
Typename    VARCHAR(50)         NOT NULL
);
```

单击"执行"按钮，即可完成创建数据表的操作，如图 5-13 所示。执行完成之后，使用"DESC Booktype;"语句即可看到该数据表的结构，如图 5-14 所示。

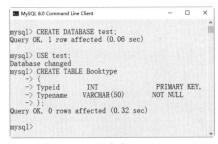

图 5-13 创建表 Booktype

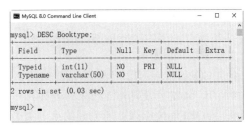

图 5-14 Booktype 表结构

下面定义数据表 Bookinfo，让它的 Typeid 字段作为外键关联到 Booktype 数据表中的主键 id，输入以下 SQL 语句：

```
CREATE TABLE Bookinfo
(
id          INT                 PRIMARY KEY,
ISBN        VARCHAR(20),
Bookname    VARCHAR(100),
Typeid      INT                 NOT NULL,
Author      VARCHAR(20),
Price       FLOAT,
Pubdate     DATETIME,
CONSTRAINT fk_图书分类编号 FOREIGN KEY(Typeid) REFERENCES Booktype(id)
);
```

单击"执行"按钮，即可完成在创建数据表时创建外键约束的操作，如图 5-15 所示。

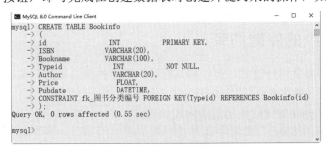

图 5-15 创建表的外键约束

执行完成后，使用 "DESC Bookinfo;" 语句即可看到该数据表的结构。这样就在表 Bookinfo 上添加了名称为 "fk_图书分类编号" 的外键约束，其依赖于表 Booktype 的主键 id，如图 5-16 所示。

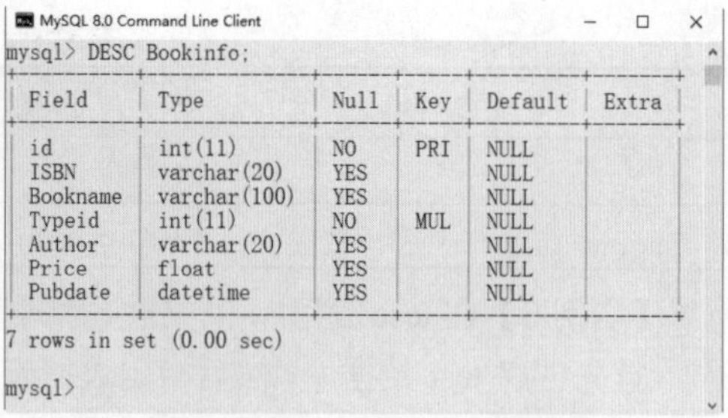

提示：外键一般不需要与相应的主键名称相同，但为了便于识别，当外键与相应主键在不同的数据表中时，通常使用相同的名称。另外，外键不一定要与相应的主键在不同的数据表中，也可以是同一个数据表。

图 5-16　Bookinfo 表的结构

5.3.2　修改表时添加外键约束

如果创建数据表时没有创建外键，可以使用 ALTER 语句对现有表创建外键。使用 ALTER 语句可以将外键约束添加到数据表中，添加外键约束的语法格式如下：

```
ALTER TABLE table_name
ADD CONSTRAINT fk_name FOREIGN KEY(col_name1, col_name2,…) REFERENCES

referenced_table_name(ref_col_name1, ref_col_name2, …);
```

主要参数介绍如下。

● CONSTRAINT：创建约束的关键字。

● fk_name：设置外键约束的名称。

● FOREIGN KEY：所创建约束的类型为外键约束。

【实例 7】在 test 数据库中，假设创建 Bookinfo 数据表时没有设置外键约束，如果想要添加外键约束，输入如下 SQL 语句：

```
ALTER TABLE Bookinfo
ADD
CONSTRAINT fk_图书分类
FOREIGN KEY(Typeid) REFERENCES Booktype(id);
```

单击 "执行" 按钮，即可完成在创建数据表后添加外键约束的操作，如图 5-17 所示。该语句执行之后的结果与创建数据表时创建外键约束的结果是一样的。

注意：在为数据表创建外键时，主键表与外键表，必须创建相应的主键约束，否则在创建外键的过程中，会给出警告信息。

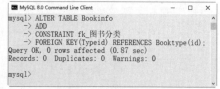

图 5-17　执行 SQL 语句

5.3.3　删除表中的外键约束

当数据表中不需要使用外键时，可以将其删除。删除外键约束的方法和删除主键约束的方法相同，删除时指定外键名称。

通过 DROP 语句删除外键约束的语法格式如下：

```
ALTER TABLE table_name
DROP FOREIGN KEY fk_name;
```

主要参数介绍如下。

- table_name：要删除的外键约束的表名。
- fk_name：外键约束的名字。

【实例 8】在 test 数据库中，删除 Bookinfo 表中添加的 "fk_图书分类" 外键，输入如下 SQL 语句：

```
ALTER TABLE Bookinfo
DROP FOREIGN KEY fk_图书分类;
```

单击 "执行" 按钮，即可完成在删除外键约束的操作，如图 5-18 所示。

图 5-18　删除外键约束

5.4　默认约束

默认约束（Default Constraint）用于指定某列的默认值，这就需要为数据表中的某个字段添加一个默认约束。注意，一个字段只有在不可为空的时候才能设置默认约束。

5.4.1　创建表时添加默认约束

数据表的默认约束可以在创建表时创建，一般添加默认约束的字段有两种情况：一种是该字段不能为空；一种是该字段添加的值总是某一个固定值。创建表时添加默认约束的语法格式如下：

```
CREATE TABLE table_name
(
COLUMN_NAME1   DATATYPE DEFAULT   constant_expression,
COLUMN_NAME2   DATATYPE,
COLUMN_NAME3   DATATYPE
...
);
```

主要参数介绍如下。

- DEFAULT：默认值约束的关键字，它通常放在字段的数据类型之后。
- constant_expression：常量表达式，该表达式可以直接是一个具体的值，也可以是通过表达式得到一个值，但是这个值必须与该字段的数据类型相匹配。

提示：除了可以为表中的一个字段设置默认约束，还可以为表中的多个字段同时设置默认约束，不过，每一个字段只能设置一个默认约束。

【实例 9】在数据库 test 中，创建一个数据表 person，为 city 字段添加一个默认值 "北京"，输入以下 SQL 语句：

```
CREATE TABLE person
(
id      INT              PRIMARY KEY,
name    VARCHAR(25)      NOT NULL,
city    VARCHAR(20)      DEFAULT '北京'
);
```

单击 "执行" 按钮，即可完成添加默认约束的操作，如图 5-19 所示。执行完成后，使用 "DESC person;" 语句即可看到该数据表的结构，如图 5-20 所示。可以看到数据表的默认值为 "北京"。

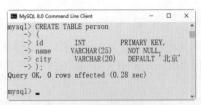

图 5-19　添加默认约束

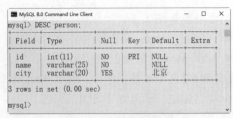

图 5-20　查看表结构

5.4.2　修改表时添加默认约束

如果创建数据表时没有添加默认约束，可以使用 ALTER 语句对现有表添加默认值约束。使用 ALTER 语句添加默认约束的语法格式如下：

```
ALTER TABLE table_name
ALTER col_name SET DEFAULT constant_expression;
```

主要参数介绍如下。

- table_name：表名，它是要添加默认约束列所在的表名。
- DEFAULT：默认约束的关键字。
- constant_expression：常量表达式，该表达式可以直接是一个具体的值，也可以是通过表达式得到的一个值，但是这个值必须与该字段的数据类型相匹配。
- col_name：设置默认约束的列名。

【实例 10】person 表创建完成后，如果没有为 city 字段添加默认约束值"北京"，则可以输入以下 SQL 语句来添加默认约束。

```
ALTER TABLE person ALTER city
SET DEFAULT "北京";
```

单击"执行"按钮，即可完成在 DEFAULT 约束的添加操作，如图 5-21 所示。执行完成后，使用"DESC person;"语句即可看到该数据表的结构，如图 5-22 所示。可以看到数据表的默认值为"北京"，这与创建表时添加默认约束是一样的。

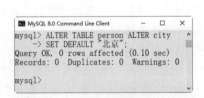

图 5-21　修改表时添加默认约束

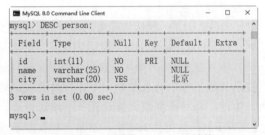

图 5-22　查看表 person 的结构

5.4.3　删除表中的默认约束

当表中的某个字段不再需要默认值时，可以将默认值约束删除，这个操作非常简单。使用 DROP 语句删除默认值约束的语法格式如下：

```
ALTER TABLE table_name
ALTER col_name DROP DEFAULT;
```

主要参数介绍如下。

- table_name：表名，它是要删除的默认值约束列所在的表名。

● col_name：设置默认约束的列名。

【实例 11】将 person 表中添加的默认值约束删除，输入如下 SQL 语句：

```
ALTER TABLE person ALTER city
DROP DEFAULT;
```

单击"执行"按钮，即可完成对默认值约束的删除操作，如图 5-23 所示。执行完成后，使用"DESC person;"语句即可看到该数据表的结构，可以看到数据表的默认值被删除，如图 5-24 所示。

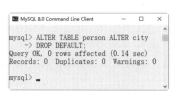

图 5-23　删除默认值约束

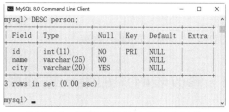

图 5-24　删除默认约束后的表结构

5.5　唯一性约束

当表中除主键列外，还有其他字段需要保证取值不重复时，可以使用唯一性约束。尽管唯一性约束与主键约束都具有强制唯一性，但对于非主键字段应使用唯一性约束，而非主键约束，唯一性约束也被称为 UNIQUE 约束。

5.5.1　创建表时添加唯一性约束

在 MySQL 中，创建唯一性约束比较简单，只需要在列的数据类型后面加上 UNIQUE 关键字就可以了。创建表时添加唯一性约束的语法格式如下：

```
CREATE TABLE table_name
(
COLUMN_NAME1    DATATYPE        UNIQUE,
COLUMN_NAME2    DATATYPE,
COLUMN_NAME3    DATATYPE
…
);
```

主要参数介绍如下。

● UNIQUE：UNIQUE 约束的关键字。

【实例 12】在 test 数据库中，定义数据表 empinfo，将员工名称列设置为 UNIQUE 约束。输入如下 SQL 语句：

```
CREATE TABLE empinfo
(
id        INT              PRIMARY KEY,
name      VARCHAR(20)      UNIQUE,
tel       VARCHAR(20) ,
remark    VARCHAR(200)
);
```

单击"执行"按钮，即可完成添加唯一性约束的操作，如图 5-25 所示。执行完成后，使用"DESC empinfo;"语句即可看到该数据表的结构，在其中可以查看创建的唯一性约束，如图 5-26 所示。

注意：一个表中可以有多个字段声明为 UNIQUE，但只能有一个 PRIMARY KEY 声明；声明为 PRIMAY KEY 的列不允许有空值，但是声明为 UNIQUE 的字段允许空值（NULL）的存在。

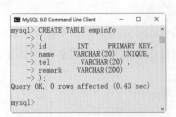

图 5-25　添加 UNIQUE 约束

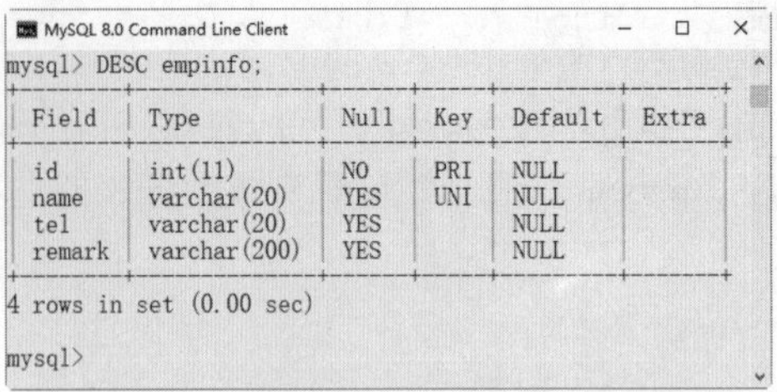

图 5-26　查看添加的 UNIQUE 约束

5.5.2　修改表时添加唯一性约束

修改表时添加唯一性约束的方法只有一种，而且在添加唯一性约束时，需要保证添加唯一性约束的列中存放的值没有重复的。修改表时添加唯一性约束的语法格式如下：

```
ALTER TABLE table_name
ADD CONSTRAINT uq_name UNIQUE(col_name);
```

主要参数介绍如下。

- table_name：表名，它是要添加唯一性约束列所在的表名。
- CONSTRAINT uq_name：添加名为 uq_name 的约束。该语句可以省略，省略后系统会为添加的约束自动生成一个名字。
- UNIQUE(col_name)：唯一性约束的定义，UNIQUE 是唯一性约束的关键字，col_name 是唯一性约束的列名。如果想要同时为多个列设置唯一性约束，就要省略掉唯一性约束的名字，名字由系统自动生成。

【实例 13】如果在创建 empinfo 时没有添加唯一性约束，现在需要给 empinfo 表中的名称列添加唯一性约束。输入如下 SQL 语句：

```
ALTER TABLE empinfo
ADD CONSTRAINT uq_empinfo_name UNIQUE(name);
```

单击"执行"按钮，即可完成添加唯一性约束的操作，如图 5-27 所示。

执行完成后，使用"DESC empinfo;"语句即可看到该数据表的结构，在其中可以查看添加的唯一性约束，如图 5-28 所示。

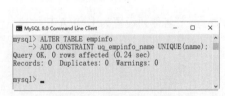

图 5-27　执行 SQL 语句

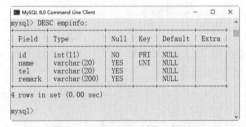

图 5-28　"索引/键"对话框

5.5.3　删除表中的唯一性约束

任何一个约束都是可以被删除的，删除唯一性约束的方法很简单，具体的语法格式如下：

```
ALTER TABLE table_name
```

```
DROP [INDEX|KEY] index_name;
```

主要参数介绍如下。

● table_name：表名。

● index_name：添加唯一约束的名称。

【实例 14】删除 empinfo 表中名称列的唯一性约束。输入如下 SQL 语句：

```
ALTER TABLE empinfo
DROP INDEX name;
```

单击"执行"按钮，即可完成删除 UNIQUE 约束的操作，如图 5-29 所示。

执行完成后，使用"DESC empinfo;"语句即可看到该数据表的结构，在其中可以查看添加的唯一性约束被删除，如图 5-30 所示。

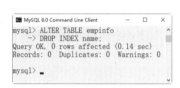

图 5-29　删除唯一约束

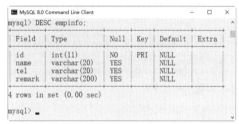

图 5-30　删除用户名称列的唯一约束

5.6　非空约束

非空性是指字段的值不能为空值（NULL），在 MySQL 数据库中，定义为主键的列，系统强制为非空约束。一张表中可以设置多个非空约束，它主要是用来规定某一列必须要输入值，有了非空约束，就可以避免表中出现空值了。

5.6.1　创建表时添加非空约束

非空约束通常都是在创建数据表时就创建了，创建非空约束的操作很简单，只需要在列后添加 NOT NULL。对于设置了主键约束的列，就没有必要设置非空约束了，添加非空约束的语法格式如下：

```
CREATE TABLE table_name
(
COLUMN_NAME1   DATATYPE  NOT NULL,
COLUMN_NAME2   DATATYPE  NOT NULL,
COLUMN_NAME3   DATATYPE
...
);
```

【实例 15】在 test 数据库中，定义数据表 person_01，将名称和出生年月列设置为非空约束。输入如下 SQL 语句：

```
CREATE TABLE person_01
(
id         INT          PRIMARY KEY,
name       VARCHAR(25)  NOT NULL,
birthday   DATETIME     NOT NULL,
remark     VARCHAR(200)
);
```

单击"执行"按钮，即可完成创建非空约束的操作，如图 5-31 所示。执行完成后，使用"DESC

person_01;"语句即可看到该数据表的结构，在其中可以查看添加的非空约束，如图 5-32 所示。

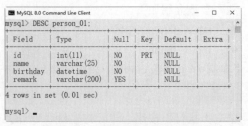

图 5-31　执行 SQL 语句　　　　　　　　图 5-32　查看添加的非空约束

5.6.2　修改表时添加非空约束

当创建好数据表后，也可以为其添加非空约束，具体的语法格式如下：

```
ALTER TABLE table_name
MODIFY col_name datatype NOT NULL;
```

主要参数介绍如下。

● table_name：表名。

● col_name：列名，要为其添加非空约束的列名。

● datatype：列的数据类型，如果不修改数据类型，还要使用原来的数据类型。

● NOT NULL：非空约束的关键字。

【实例 16】在现有 person_01 中，为 remark 字段添加非空约束。输入以下 SQL 语句：

```
ALTER TABLE person_01
MODIFY remark VARCHAR(200) NOT NULL;
```

单击"执行"按钮，即可完成添加非空约束的操作，如图 5-33 所示。执行完成后，使用"DESC person_01;"语句即可看到该数据表的结构，如图 5-34 所示，可以看到字段 remark 添加了非空约束。

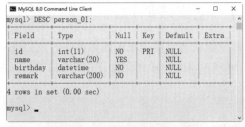

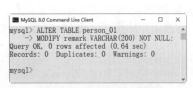

图 5-33　执行 SQL 语句　　　　　　　　图 5-34　查看添加的非空约束

5.6.3　删除表中的非空约束

非空约束的删除操作很简单，具体的语法格式如下：

```
ALTER TABLE table_name
MODIFY col_name datatype;
```

【实例 17】在现有 person_01 中，删除员工姓名 name 列的非空约束。在"查询编辑器"窗口中输入如下 SQL 语句：

```
ALTER TABLE person_01 MODIFY name VARCHAR(20);
```

单击"执行"按钮，即可完成删除非空约束的操作，如图 5-35 所示。

执行完成后，使用"DESC person_01;"语句即可看到该数据表的结构，在其中可以查看员工姓名 name 列的非空约束被删除，也就是说该列允许为空值，如图 5-36 所示。

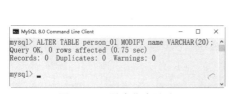

图 5-35　删除非空约束

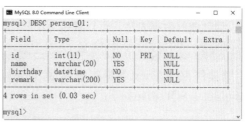

图 5-36　查看删除非空约束后的效果

5.7　字段的自增属性

在 MySQL 数据库设计中，会遇到需要系统自动生成字段的主键值的情况。例如用户表中需要 id 字段自增，这就需要使用 AUTO_INCREMENT 关键字来实现。

5.7.1　创建表时添加自增属性

在创建表时添加自增属性的操作很简单，只需要在字段后添加 AUTO_INCREMENT 关键字就可以实现。具体的语法格式如下：

```
CREATE TABLE table_name
(
COLUMN_NAME1   DATATYPE AUTO_INCREMENT,
COLUMN_NAME2   DATATYPE,
COLUMN_NAME3   DATATYPE
...
);
```

【实例 18】在 test 数据库中，定义数据表 person_02，指定员工的编号 id 字段自动增加，SQL语句如下：

```
CREATE TABLE person_02
(
id       INT          PRIMARY KEY        AUTO_INCREMENT,
name     VARCHAR(25)  NOT NULL,
city     VARCHAR(20)
);
```

单击"执行"按钮，即可完成字段自增属性的添加操作，如图 5-37 所示。这样数据表中的 id 字段值在添加记录的时候会自动增加，id 字段默认值从 1 开始，每次添加一条新纪录，该值自动加 1。

执行完成后，使用"DESC person_02;"语句即可看到该数据表的结构，从中可以看到字段 id 的自增属性已经添加完成，如图 5-38 所示。

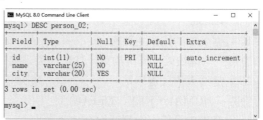

图 5-37　添加自增约束　　　　　　　　　　图 5-38　查看表 person_02 的结构

5.7.2 修改表时添加自增属性

当创建好数据表后，可以使用 ALTER 语句为其添加自增属性，具体的语法格式如下：

```
ALTER TABLE table_name
CHANGE col_name datatype UNSIGNED AUTO_INCREMENT;
```

【实例 19】在 test 数据库中，已经创建好数据表 person_02，然后再指定员工的编号 id 字段自动增加，SQL 语句如下：

```
ALTER TABLE person_02
CHANGE id id INT UNSIGNED AUTO_INCREMENT;
```

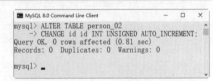

单击"执行"按钮，即可完成字段自增属性的添加操作，如图 5-39 所示。

5.7.3 删除表中的自增属性

字段自增属性的删除操作很简单，具体的语法格式如下：

图 5-39　修改表时添加自增约束

```
ALTER TABLE table_name
CHANGE col_name datatype UNSIGNED NOT NULL;
```

【实例 20】在 test 数据库中，删除数据表 person_02 中员工编号 id 字段的自动增加，SQL 语句如下：

```
ALTER TABLE person_02
CHANGE id id INT UNSIGNED NOT NULL;
```

单击"执行"按钮，即可完成字段自增属性的删除操作，如图 5-40 所示。

执行完成后，使用"DESC person_02;"语句即可看到该数据表的结构，从中可以看到字段 id 的自增属性已经被删除，如图 5-41 所示。

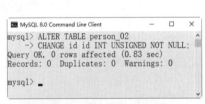

图 5-40　删除表的自增约束

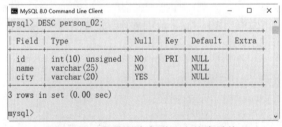

图 5-41　查看删除自增约束的表结构

5.8　课后习题与练习

一、填充题

1. 数据表中的约束主要有_____、_____、_____、_____、_____等。
答案：主键约束，外键约束，默认约束，唯一性约束，非空约束

2. 主键约束的关键字是_____、默认值约束的关键字_____。
答案：PRIMARY KEY，DEFAULT

3. 每个表中只能有一列或组合被定义为_____，所以该列不能含有_____。
答案：主键约束，空值

4. 具有强制数据唯一性的约束包括_____和_____。

答案：主键约束，唯一性约束

5. 自增约束列必须有_____约束，否则无法创建或添加自增约束。

答案：唯一性

二、选择题

1. 关于主键约束描述正确的是_____。

A. 一张表中可以有多个主键约束　　　　B. 一张表中只能有一个主键约束

C. 主键约束只能有一个字段组成　　　　D. 以上说法都不对

答案：B

2. 下面关于约束描述正确的是_____。

A. UNIQUE 约束列可以为 NULL　　　　B. 表数据的完整性用表约束就足够了

C. MySQL 中的主键必须设置自增属性　　D. 以上说法都不对

答案：D

3. 下面哪一个约束要涉及两张数据表_____。

A. 外键约束　　　　B. 主键约束　　　　C. 非空约束　　　　D. 默认值约束

答案：A

4. 关于主键的说法，错误的是_____。

A. 一个表中只能有一个主键字段

B. 主键字段不能为空

C. 主键字段数值必须是唯一的

D. 主键的删除只是删除了指定的主键约束，并不能够删除字段

答案：C

5. 设置默认值约束时，该字段最好同时有_____约束。

A. 主键约束　　　　B. 外键约束　　　　C. 非空约束　　　　D. 唯一约束

答案：C

三、简答题

1. 数据表中约束有哪些作用？

2. 数据表中添加默认值约束的作用是什么？

3. 主键约束和唯一约束的区别是什么？

5.9　新手疑难问题解答

疑问 1：对数据表设置数据完整性约束后，为什么没有马上起作用？

解答：数据完整性设置的调整和表结构修改一样，在保存之后才能对数据表起作用。

疑问 2：对数据表设置数据完整性后，为什么不能保存？

解答：在保存时，MySQL 会根据调整后的数据完整性设置对现有记录进行检查，如果有冲突，那么将不能保存调整后的数据完整性设置。

5.10　实战训练

创建图书管理数据库 Library，该数据库中包含图书馆所需要管理的书籍和读者信息。数据库中包含的表有读者表 Reader、读者分类表 Readertype、图书信息表 Book、图书分类表 Booktype 和借阅记录表 Record。

具体实训内容如下：

（1）创建用户自定义数据类型 Bookidtype，用于设置所有表中的图书编号为长度是 20 的字符串。

（2）创建读者表 Reader、读者分类表 Readertype、图书信息表 Book、图书分类表 Booktype 和借阅记录表 Record。其中，读者表 Reader 的表结构如表 5-4 所示，读者分类表 Readertype 的表结构如表 5-5 所示，图书信息表 Book 的表结构如表 5-6 所示，图书分类表 Booktype 的表结构如表 5-7 所示，借阅记录表 Record 的表结构如表 5-8 所示。

表 5-4　读者表 Reader 的结构

字 段 名 称	字 段 内 容	数 据 类 型	说　　明
Readerid	读者编号	VARCHAR(20)	不可为空，不可相同
Readername	读者名称	VARCHAR(20)	不可为空
Typeid	类别编号	INT	可为空，引用读者分类表中的类别编号
Birthday	出生日期	DATETIME	可为空
Sex	性别	VARCHAR(4)	不可为空
Address	联系地址	VARCHAR(40)	可为空
Tel	联系电话	VARCHAR(15)	可为空
Enrolldate	注册日期	DATETIME	不可为空
State	当前状态	VARCHAR(10)	可为空
Memo	备注信息	VARCHAR(200)	可为空

表 5-5　读者分类表 Readertype 的结构

字 段 名 称	字 段 内 容	数 据 类 型	说　　明
Typeid	类别编号	INT	不可为空，标识列
Typename	类别名称	VARCHAR(20)	不可为空
Booksum	借书最大数量	INT	不可为空
Bookday	借书期限	INT	不可为空

表 5-6　图书信息表 Book 的结构

字 段 名 称	字 段 内 容	数 据 类 型	说　　明
Bookid	图书编号	INT	不可为空，不可相同
Bookname	图书名称	VARCHAR(40)	不可为空
Typeid	图书类别	INT	可为空，引用图书分类表的类别编号
Author	作者	VARCHAR(30)	可为空

续表

字 段 名 称	字 段 内 容	数 据 类 型	说　　明
Price	图书价格	VARCHAR(10)	可为空
Regdate	入库日期	DATETIME	可为空
State	当前状态	VARCHAR(10)	可为空

表 5-7　图书分类表 Booktype 的结构

字 段 名 称	字 段 内 容	数 据 类 型	说　　明
Typeid	类别编号	INT	不可为空，标识列
Typename	类别名称	VARCHAR(20)	不可为空

表 5-8　借阅记录表 Record 的结构

字 段 名 称	字 段 内 容	数 据 类 型	说　　明
Recordid	记录编号	INT	不可为空，不可相同
Readerid	读者编号	VARCHAR(13)	不可为空，引用读者表的读者编号
Bookid	图书编号	VARCHAR(20)	不可为空，引用图书信息表的图书编号
Outdate	借出日期	DATETIME	不可为空
Indate	还入日期	DATETIME	可为空
State	当前状态	VARCHAR(10)	不可为空

（3）在读者表中，读者编号必须不为空而且各个读者编号不相同。

（4）在读者表中，性别默认值为"男"，值必须为"男"或"女"。

（5）在读者表中，注册日期在录入时如果为空则为系统当前日期。

（6）在读者表中，类别编号必须是读者分类表中已经出现过的类别编号。

（7）在图书信息表中，图书编号必须是图书分类表中已经出现过的类别编号。

（8）借阅记录表中，读者编号必须是读者表中已出现过的读者编号，图书编号必须是图书信息表中已出现过的图书编号。

第6章

插入、更新与删除数据记录

本章内容提要

数据库中的数据表是用来存放数据的，这些数据用表格的形式显示，每一行称为一个记录。用户可以像使用电子表格一样插入、修改或删除这些数据。为此，MySQL 中提供了功能丰富的数据管理语句，包括向表中插入数据的 INSERT 语句，更新数据的 UPDATE 语句以及删除数据的 DELETE 语句，本章就来介绍数据的插入、更新与删除操作。

本章知识点

- 向数据表中插入数据。
- 更新数据表中数据。
- 删除数据表中数据。

6.1　向数据表中插入数据

数据库与数据表创建完毕后，就可以向数据表中添加数据了，也只有数据表中有了数据，数据库才有意义，那么，如何向数据表中添加数据呢？在 MySQL 中，可以使用 SQL 语句向数据表中插入数据。

6.1.1　给表里的所有字段插入数据

使用 SQL 语句中的 INSERT 语句可以向数据表中添加数据，INSERT 语句的基本语法格式如下：

```
INSERT INTO table_name (column_name1, column_name2,…)
VALUES (value1, value2,…);
```

主要参数介绍如下。

- table_name：指定要插入数据的表名。
- column_name：可选参数，列名。用来指定记录中显示插入的数据的字段，如果不指定字段列表，则后面的 column_name 中的每一个值都必须与表中对应位置处的值相匹配。
- value：值。指定每个列对应插入的数据。字段列和数据值的数量必须相同，多个值之间使用逗号隔开。

向表中所有的字段同时插入数据，是一个比较常见的应用，也是 INSERT 语句形式中最简单的应用。在演示插入数据操作之前，需要准备一张数据表，这里创建一个课程信息表，数据表的结构如表 6-1 所示。

表 6-1　课程信息表结构

字 段 名 称	数 据 类 型	备　　注
编号	INT	编号
课程名称	VARCHAR(50)	课程名称
所属类别	VARCHAR(50)	课程所属分类
课时安排	INT	课时安排
授课教师	VARCHAR(20)	教师的名称
联系电话	VARCHAR(20)	教师电话信息
上课时间	VARCHAR(100)	上课时间安排
上课地点	VARCHAR(100)	上课教室信息

根据表 6-1 的结构，创建数据库 mydb，并在数据库中创建课程信息表，在"MySQL 命令行客户端"窗口中输入如下 SQL 语句：

```
CREATE DATABASE mydb;
USE mydb;
CREATE TABLE 课程信息表
(
编号          INT            PRIMARY KEY,
课程名称       VARCHAR(50) ,
所属类别       VARCHAR(50) ,
课时安排       INT,
授课教师       VARCHAR(20) ,
联系电话       VARCHAR(20) ,
上课时间       VARCHAR(100) ,
上课地点       VARCHAR(100)
);
```

按 Enter 键，即可完成数据表的创建操作，如图 6-1 所示。执行完成后，使用"DESC 课程信息表;"语句可以查看数据表的结构，如图 6-2 所示。

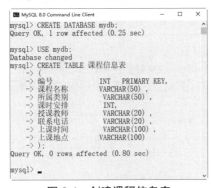

图 6-1　创建课程信息表

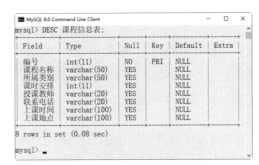

图 6-2　查看课程信息表的结构

【实例 1】向课程信息表中添加数据，添加的数据信息如表 6-2 所示。

向课程信息表中插入数据记录，在"MySQL 命令行客户端"窗口中输入如下 SQL 语句：

```
USE mydb
INSERT INTO 课程信息表 (编号,课程名称,所属类别,课时安排,授课教师,联系电话,上课时间,上课地点)
VALUES (101,'舞蹈（启蒙 1）','舞蹈类',48,'陈倩倩','123****','周六、日 8:30—10:00','B105 丝路
花雨');
```

表 6-2　课程信息表数据记录

编号	课程名称	所属类别	课时安排	授课教师	联系电话	上课时间	上课地点
101	舞蹈(启蒙1)	舞蹈类	48	陈倩倩	123****	周六、日 8:30—10:00	B105 丝路花雨

按 Enter 键，即可完成数据的插入操作，如图 6-3 所示。

如果想要查看插入的数据记录，需要使用如下语句，具体格式如下：

```
Select *from table_name;
```

其中 table_name 为数据表的名称。

【实例 2】查询课程信息表中添加的数据，在"MySQL 命令行客户端"窗口中输入如下 SQL 语句：

```
Select *from 课程信息表;
```

按 Enter 键，即可完成数据的查看操作，并显示查看结果，如图 6-4 所示。

图 6-3　插入一条数据记录

图 6-4　查询插入的数据记录

INSERT 语句后面的列名称可以不按照数据表定义时的顺序插入数据，只需要保证值的顺序与列字段的顺序相同即可。

【实例 3】在课程信息表中，插入一条新记录，具体数据如表 6-3 所示。

表 6-3　课程信息表数据记录

编号	课程名称	所属类别	课时安排	授课教师	联系电话	上课时间	上课地点
102	舞蹈(启蒙2)	舞蹈类	48	陈媛	123****	周六、日 8:30—10:00	B106 百花争艳

在"MySQL 命令行客户端"窗口中输入如下 SQL 语句：

```
INSERT INTO 课程信息表(课程名称,编号,所属类别,授课教师,课时安排,联系电话,上课时间,上课地点)
VALUES ('舞蹈（启蒙 2）',102,'舞蹈类','陈媛',48,'123****','周六、日 8:30—10:00','B106 百花
争艳');
```

按 Enter 键，即可完成数据的插入操作，如图 6-5 所示。

查询课程信息表中添加的数据，在"MySQL 命令行客户端"窗口中输入如下 SQL 语句：

```
Select *from 课程信息表;
```

按 Enter 键，即可完成数据的查看操作，并显示查看结果，如图 6-6 所示。

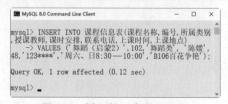

图 6-5　插入第 2 条数据记录

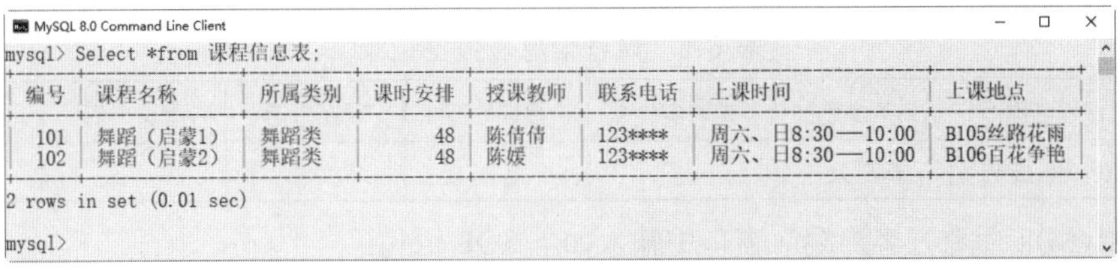

图 6-6　查询插入的数据记录

使用 INSERT 语句插入数据时，允许插入的字段列表为空，此时，值列表中需要为表的每一个字段指定值，并且值的顺序必须和数据表中字段定义时的顺序相同。

【实例 4】向课程信息表中添加数据，添加的数据信息如表 6-4 所示。

表 6-4　课程信息表数据记录

编号	课程名称	所属类别	课时安排	授课教师	联系电话	上课时间	上课地点
103	舞蹈(启蒙 3)	舞蹈类	48	邓娟	123****	周六、日 8:30—10:00	B104 扇舞丹青

在"MySQL 命令行客户端"窗口中输入如下 SQL 语句：

```
INSERT INTO 课程信息表
  VALUES (103,'舞蹈(启蒙 3)','舞蹈类',48,'邓娟','123****','周六、日 8:30-10:00','B104 扇舞丹青');
```

按 Enter 键，即可完成数据的插入操作，如图 6-7 所示。

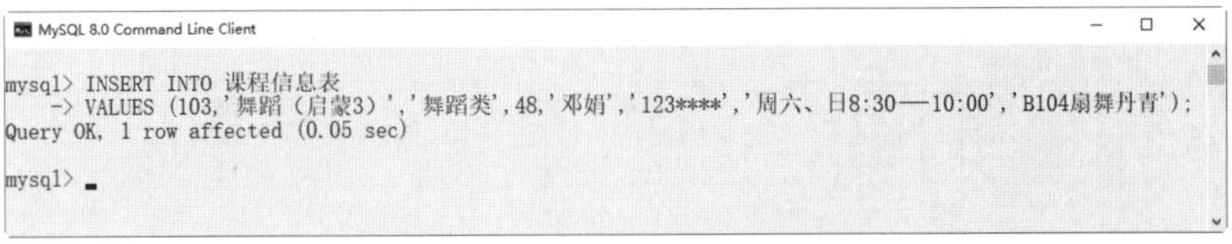

图 6-7　插入第 3 条数据记录

查询课程信息表中添加的数据，在"MySQL 命令行客户端"窗口中输入如下 SQL 语句：

```
Select *from 课程信息表;
```

按 Enter 键，即可完成数据的查看操作，并显示查看结果，可以看到 INSERT 语句成功地插入了 3 条记录，如图 6-8 所示。

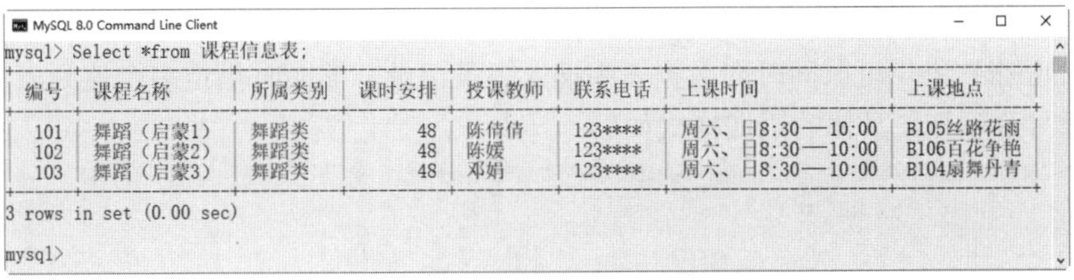

图 6-8　查询插入的数据记录

6.1.2　向表中添加数据时使用默认值

为表的指定字段插入数据，就是在 INSERT 语句中只向部分字段中插入值，而其他字段的值为表定义时的默认值。

【实例 5】向课程信息表中添加数据，添加的数据信息如表 6-5 所示。

表 6-5　课程信息表数据记录

编号	课程名称	所属类别	课时安排	授课教师	联系电话	上课时间	上课地点
104	舞蹈（初级1）	舞蹈类	48	古丽			

在"MySQL 命令行客户端"窗口中输入如下 SQL 语句：

```
INSERT INTO 课程信息表 (编号, 课程名称,所属类别, 课时安排,授课教师)
VALUES (104,'舞蹈（初级1）', '舞蹈类',48, '古丽');
```

按 Enter 键，即可完成数据的插入操作，如图 6-9 所示。

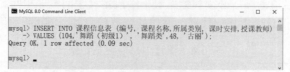

图 6-9　插入第 4 条数据记录

查询课程信息表中添加的数据，在"MySQL 命令行客户端"窗口中输入如下 SQL 语句：

```
Select *from 课程信息表;
```

按 Enter 键，即可完成数据的查看操作，并显示查看结果，可以看到 INSERT 语句成功地插入了 4 条记录，如图 6-10 所示。

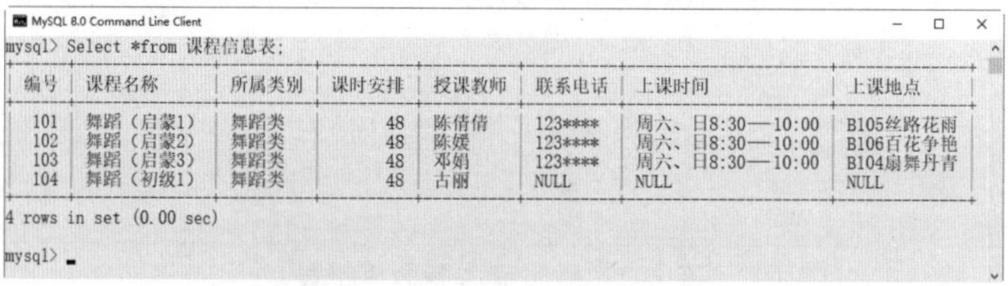

图 6-10　查询插入的数据记录

从执行结果可以看到，虽然没有指定插入的字段和字段值，INSERT 语句仍可以正常执行，MySQL 自动向相应字段插入了默认值，这里的默认值为 NULL。

6.1.3　一次插入多条数据

使用 INSERT 语句可以同时向数据表中插入多条记录，插入时指定多个值列表，每个值列表之间用逗号分隔开。具体的语法格式如下：

```
INSERT INTO table_name (column_name1, column_name2,…)
VALUES (value1, value2,…),
    (value1, value2,…),
    …
```

【实例 6】向课程信息表中添加多条数据，添加的数据信息如表 6-6 所示。

表 6-6　课程信息表数据记录

编号	课程名称	所属类别	课时安排	授课教师	联系电话	上课时间	上课地点
105	舞蹈(初级2)	舞蹈类	48	沙雅	123****	周六、日 15:30—17:00	B103 天山花朵
106	声乐(启蒙1)	声乐类	36	宋玉娇	123****	周六、日 8:30—10:00	B205 踏歌
107	声乐(启蒙2)	声乐类	36	陈红梅	123****	周六、日 8:30—10:00	B204 听声

在"MySQL 命令行客户端"窗口中输入如下 SQL 语句：

```
INSERT INTO 课程信息表
VALUES(105,'舞蹈（初级2）','舞蹈类',48,'沙雅','123****','周六、日 15:30-17:00','B103 天山花朵'),
    (106,'声乐（启蒙1）','声乐类',36,'宋玉娇','123****','周六、日 8:30-10:00','B205 踏歌'),
    (107,'声乐（启蒙2）','声乐类',36,'陈红梅','123****','周六、日 8:30-10:00','B204 听声');
```

按 Enter 键，即可完成数据的插入操作，如图 6-11 所示。

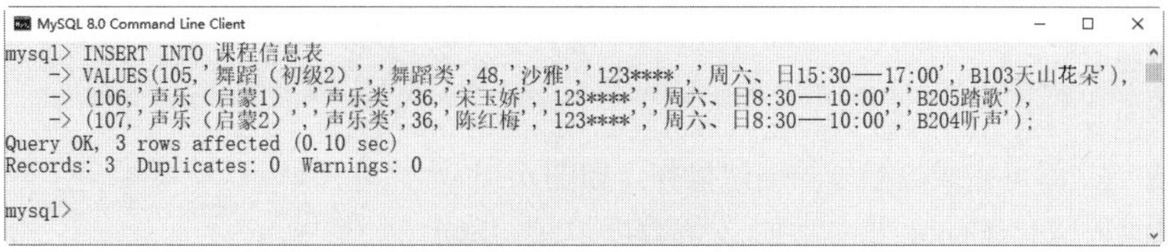

图 6-11　插入多条数据记录

查询课程信息表中添加的数据，SQL 语句如下：

```
Select *from 课程信息表;
```

按 Enter 键，即可完成数据的查看操作，并显示查看结果，如图 6-12 所示。可以看到 INSERT 语句一次成功地插入了 3 条记录。

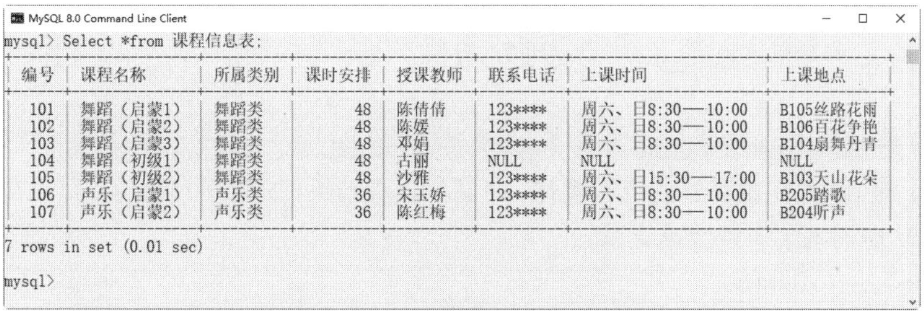

图 6-12　查询插入的数据记录

6.1.4　通过复制表数据插入数据

INSERT 还可以将 SELECT 语句查询的结果插入到表中，而不需要把多条记录的值一个一个输入，只需要使用一条 INSERT 语句和一条 SELECT 语句组成的组合语句即可快速地从一个或多个表中向另一个表中插入多个行。

具体的语法格式如下：

```
INSERT INTO table_name1(column_name1, column_name2,…)
SELECT column_name_1, column_name_2,…
FROM table_name2
```

主要参数介绍如下。

● table_name1：插入数据的表。
● column_name1：表中要插入值的列名。
● column_name_1：table_name2 中的列名。
● table_name2：取数据的表。

【实例 7】从课程信息表_old 表中查询所有的记录，并将其插入到课程信息表中。

首先，创建一个名为"课程信息表_old"的数据表，其表结构与课程信息表结构相同，SQL 语句如下：

```
CREATE TABLE 课程信息表_old
(
编号             INT   PRIMARY KEY,
课程名称          VARCHAR(50) ,
所属类别          VARCHAR(50) ,
课时安排          INT,
授课教师          VARCHAR(20) ,
联系电话          VARCHAR(20) ,
上课时间          VARCHAR(100) ,
上课地点          VARCHAR(100)
);
```

按 Enter 键，即可完成数据表的创建操作，如图 6-13 所示。

接着向课程信息表_old 表中添加 2 条数据记录，SQL 语句如下：

```
INSERT INTO 课程信息表_old
VALUES(108,'儿童画（启蒙 1）','绘画类',24,'陈家伟
','123****','周六 8:30—10:00','A204 水墨'),
      (109,'儿童画（启蒙 2）','绘画类',24,'孙倩','123****','
周日 8:30—10:00','A202 丹青');
```

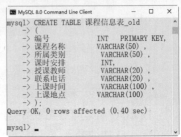

图 6-13　创建课程信息表_old 表

按 Enter 键，即可完成数据的插入操作，如图 6-14 所示。

查询数据表"课程信息表_old"中添加的数据，SQL 语句如下：

```
Select *from 课程信息表_old;
```

按 Enter 键，即可完成数据的查看操作，并显示查看结果，如图 6-15 所示。可以看到 INSERT 语句一次成功地插入了 2 条数据记录。

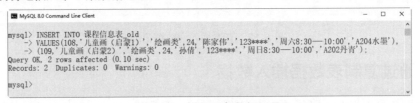

图 6-14　插入 2 条数据记录

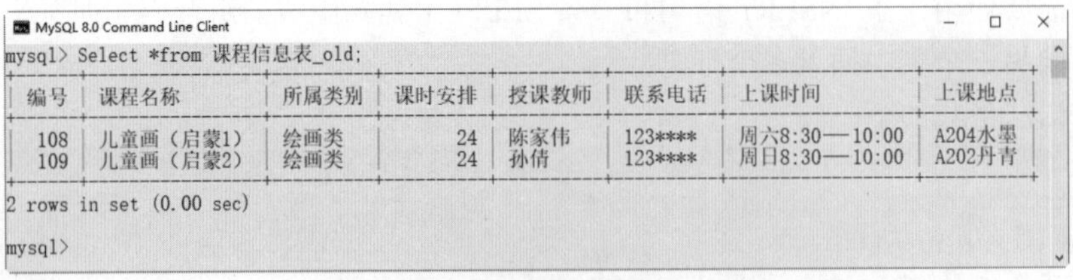

图 6-15　查询课程信息表_old 表

"课程信息表_old"表中现在有 2 条数据记录。接下来将"课程信息表_old"表中所有的记录插入到课程信息表中，SQL 语句如下：

```
INSERT INTO 课程信息表(编号,课程名称,所属类别,课时安排,授课教师,联系电话,上课时间,上课地点)
SELECT 编号,课程名称,所属类别,课时安排,授课教师,联系电话,上课时间,上课地点 FROM 课程信息表_old;
```

按 Enter 键，即可完成数据的插入操作，如图 6-16 所示。

图 6-16 插入 2 条数据记录到课程信息表中

查询课程信息表中添加的数据，SQL 语句如下：

```
Select *from 课程信息表；
```

按 Enter 键，即可完成数据的查看操作，并显示查看结果，如图 6-17 所示。由结果可以看到，INSERT 语句执行后，课程信息表中多了 2 条数据记录，这 2 条数据记录和课程信息_old 表中的记录完全相同，数据转移成功。

图 6-17 将查询结果插入到表中

6.2 更新数据表中的数据

如果发现数据表中的数据不符合要求，用户是可以对其进行更新的。更新数据的方法有多种，比较常用的是使用 UPDATE 语句进行更新，该语句可以更新特定的数据，也可以同时更新所有的数据行。UPDATE 语句的基本语法格式如下：

```
UPDATE table_name
SET column_name1 = value1,column_name2=value2,…,column_nameN=valueN
WHERE search_condition
```

主要参数介绍如下。

● table_name：要更新的数据表名称。

● SET 子句：指定要更新的字段名和字段值，可以是常量或者表达式。

● column_name1,column_name2,…,column_nameN：需要更新的字段的名称。

● value1,value2,…,valueN：相对应的指定字段的更新值，更新多个列时，每个"列=值"对之间用逗号隔开，最后一列之后不需要逗号。

● WHERE 子句：指定待更新的记录需要满足的条件，具体的条件在 search_condition 中指定。如果不指定 WHERE 子句，则对表中所有的数据行进行更新。

6.2.1 更新表中的全部数据

更新表中某列所有数据记录的操作比较简单，只要在 SET 关键字后设置更新条件即可。

【实例 8】在课程信息表中，将"课时安排"全部更新为"48"，SQL 语句如下：

```
UPDATE 课程信息表
SET 课时安排=48;
```

按 Enter 键，即可完成数据的更新操作，如图 6-18
所示。

查询课程信息表中更新的数据，输入如下 SQL 语句：

```
Select *from 课程信息表;
```

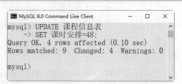

图 6-18 更新表中某列所有数据记录

按 Enter 键，即可完成数据的查看操作，并显示查看
结果，如图 6-19 所示。由结果可以看到，UPDATE 语句
执行后，课程信息表中"课时安排"列的数据全部更新为"48"。

编号	课程名称	所属类别	课时安排	授课教师	联系电话	上课时间	上课地点
101	舞蹈（启蒙1）	舞蹈类	48	陈倩倩	123****	周六、日8:30——10:00	B105丝路花雨
102	舞蹈（启蒙2）	舞蹈类	48	陈媛	123****	周六、日8:30——10:00	B106百花争艳
103	舞蹈（启蒙3）	舞蹈类	48	邓娟	123****	周六、日8:30——10:00	B104扇舞丹青
104	舞蹈（初级1）	舞蹈类	48	古丽	NULL	NULL	NULL
105	舞蹈（初级2）	舞蹈类	48	沙雅	123****	周六、日15:30——17:00	B103天山花朵
106	声乐（启蒙1）	声乐类	48	宋玉娇	123****	周六、日8:30——10:00	B205踏歌
107	声乐（启蒙2）	声乐类	48	陈红梅	123****	周六、日8:30——10:00	B204听声
108	儿童画（启蒙1）	绘画类	48	陈家伟	123****	周六8:30——10:00	A204水墨
109	儿童画（启蒙2）	绘画类	48	孙倩	123****	周日8:30——10:00	A202丹青

9 rows in set (0.00 sec)

图 6-19 查询更新后的数据表

6.2.2 更新表中指定单行数据

通过设置条件，可以更新表中指定单行数据记录，下面给出一个实例。

【实例 9】在课程信息表中，更新编号字段值为 104 的记录，将"联系电话"字段值改为
"567****"，将"上课地点"字段值改为"B102 轻舞风扬"，输入如下 SQL 语句：

```
UPDATE 课程信息表
SET 联系电话='567****',上课地点='B102 轻舞风扬'
WHERE 编号=104;
```

按 Enter 键，即可完成数据的更新操作，如图 6-20
所示。

查询课程信息表中更新的数据，输入如下 SQL
语句：

```
SELECT * FROM 课程信息表 WHERE 编号=104;
```

图 6-20 更新表中指定数据记录

按 Enter 键，即可完成数据的查看操作，并显示
查看结果，如图 6-21 所示。由结果可以看到，UPDATE 语句执行后，课程信息表中编号字段值
为 104 的数据记录已经被更新。

编号	课程名称	所属类别	课时安排	授课教师	联系电话	上课时间	上课地点
104	舞蹈（初级1）	舞蹈类	48	古丽	567****	NULL	B102轻舞风扬

1 row in set (0.00 sec)

图 6-21 查询更新后的数据记录

6.2.3 更新表中指定多行数据

通过指定条件，可以同时更新表中指定多行数据记录，下面给出一个实例。

【实例 10】在课程信息表中，更新编号字段值为 102 到 106 的记录，将"课时安排"字段值都更新为 36，输入如下 SQL 语句：

```
UPDATE 课程信息表
SET 课时安排=36
WHERE 编号 BETWEEN 102 AND 106;
```

按 Enter 键，即可完成数据的更新操作，如图 6-22 所示。

查询课程信息表中更新的数据，输入如下 SQL 语句：

```
SELECT * FROM 课程信息表 WHERE 编号 BETWEEN 102 AND 106;
```

按 Enter 键，即可完成数据的查看操作，并显示查看结果，如图 6-23 所示。由结果可以看到，UPDATE 语句执行后，课程信息表中符合条件的数据记录已全部被更新。

图 6-22 更新表中多行数据记录

```
mysql> SELECT * FROM 课程信息表 WHERE 编号 BETWEEN 102 AND 106;
```

编号	课程名称	所属类别	课时安排	授课教师	联系电话	上课时间	上课地点
102	舞蹈（启蒙2）	舞蹈类	36	陈媛	123****	周六、日8:30—10:00	B106百花争艳
103	舞蹈（启蒙3）	舞蹈类	36	邓娟	123****	周六、日8:30—10:00	B104扇舞丹青
104	舞蹈（初级1）	舞蹈类	36	古丽	567****	NULL	B102轻舞风扬
105	舞蹈（初级2）	舞蹈类	36	沙雅	123****	周六、日15:30—17:00	B103天山花朵
106	声乐（启蒙1）	声乐类	36	宋玉娇	123****	周六、日8:30—10:00	B205踏歌

5 rows in set (0.00 sec)

图 6-23 查询更新后的多行数据记录

6.3 删除数据表中的数据

如果数据表中的数据无用了，用户可以将其删除，需要注意的是，删除数据操作不容易恢复，因此需要谨慎操作。在删除数据表中的数据之前，如果不能确定这些数据以后是否还会有用，最好对其进行备份处理。

删除数据表中的数据使用 DELETE 语句，DELETE 语句允许 WHERE 子句指定删除条件。具体的语法格式如下：

```
DELETE FROM table_name
WHERE <condition>;
```

主要参数介绍如下。

● table_name：指定要执行删除操作的表。
● WHERE <condition>：为可选参数，指定删除条件。如果没有 WHERE 子句，DELETE 语句将删除表中的所有记录。

6.3.1 根据条件清除数据

当要删除数据表中部分数据时，需要指定删除记录的满足条件，即在 WHERE 子句后设置删除条件，下面给出一个实例。

【实例 11】在课程信息表中，删除"所属类别"为"绘画类"的记录。

删除之前首先查询一下"所属类别"为"绘画类"的记录，输入如下 SQL 语句：

```
SELECT * FROM 课程信息表
WHERE 所属类别='绘画类';
```

按 Enter 键，即可完成数据的查看操作，并显示查看结果，如图 6-24 所示。

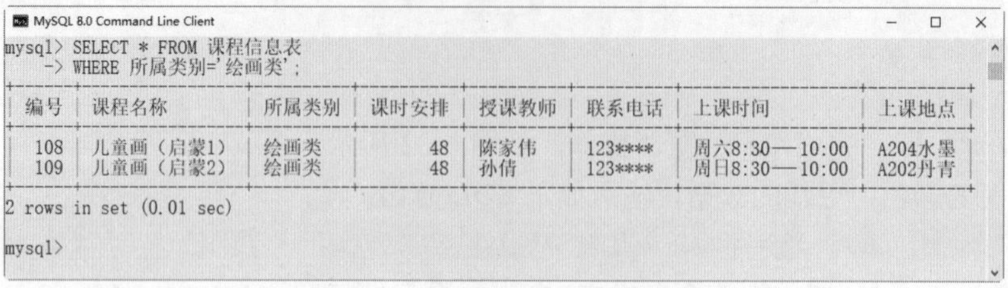

图 6-24　查询删除前的数据记录

下面执行删除操作，输入如下 SQL 语句：

```
DELETE FROM 课程信息表
WHERE 所属类别='绘画类';
```

按 Enter 键，即可完成数据的删除操作，如图 6-25 所示。

再次查询一下"所属类别"为"绘画类"的记录，输入如下 SQL 语句：

```
SELECT * FROM 课程信息表
WHERE 所属类别='绘画类';
```

按 Enter 键，即可完成数据的查看操作，并显示查看结果，该结果表示为空记录，说明数据已经被删除，如图 6-26 所示。

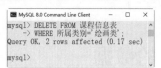

图 6-25　删除符合条件的数据记录

图 6-26　查询删除后的数据记录

6.3.2　清空表中的数据

删除表中的所有数据记录也就是清空表中所有数据，该操作非常简单，只需要抛掉 WHERE 子句就可以了。

【实例 12】清空课程信息表中所有记录。

删除之前，首先查询一下数据记录，输入如下 SQL 语句：

```
SELECT * FROM 课程信息表;
```

按 Enter 键，即可完成数据的查看操作，并显示查看结果，如图 6-27 所示。

下面执行删除操作，输入如下 SQL 语句：

```
DELETE FROM 课程信息表;
```

按 Enter 键，即可完成数据的删除操作，如图 6-28 所示。

再次查询数据记录，在"查询编辑器"窗口中输入如下 T-SQL 语句：

```
SELECT * FROM 课程信息表;
```

按 Enter 键，即可完成数据的查看操作，并显示查看结果，通过对比两次查询结果，可以得知数据表已经清空，删除表中所有记录成功，现在课程信息表中已经没有任何数据记录，如

图 6-29 所示。

图 6-27　查询删除前数据表

知识扩展：使用 TRUNCATE 语句也可以删除数据，具体的方法为：TRUNCATE TABLE table_name，其中 table_name 为要删除数据记录的数据表的名称，如图 6-30 所示。

图 6-28　删除表中所有记录

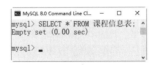
图 6-29　清除数据表后的查询结果

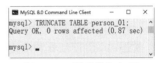
图 6-30　删除数据记录

6.4　课后习题与练习

一、填充题

1. 向表中添加数据记录的关键字是_____。

答案：INSERT

2. 修改表中数据的关键字是_____。

答案：UPDATE

3. 删除表中数据的关键字是_____。

答案：DELETE

4. 更新表中某列所有数据记录的关键字是_____。

答案：SET 关键字

二、选择题

1. 下面关于向数据表中添加数据描述正确的是_____。

A. 可以一次性向表中的所有字段添加数据　B. 可以根据条件向表中的字段添加数据

C. 可以一次性向表中添加多条数据记录　　D. 以上说法都对

答案：D

2. 下面关于修改表中数据描述正确的是_____。

A. 一次只能修改表中的一条数据　　　　　B. 一次可以指定修改多条数据

C. 不能修改表中为逐渐的字段　　　　　　D. 以上说法都不对

答案：B

3. 下面关于删除表中数据描述正确的是_____。

A. 使用 DELETE 语句可以删除表中全部数据

B. 使用 DELETE 语句可以删除表中 1 条或多条数据

C. 使用 DELETE 语句一次只能删除 1 条数据

D. 以上说法都不对

答案：B

三、简答题

1. INSERT 语句的基本格式是什么？

2. 简述修改表中全部数据的方法。

3. 简述删除数据表中的部分数据与全部数据的方法。

6.5　新手疑难问题解答

疑问 1：在向数据表中插入数据时，一定要指定字段的名称吗？

解答：不管使用哪种 INSERT 语法，都必须给出 VALUES 的正确数目。如果不提供字段名，则必须给每个字段提供一个值，如果提供字段名，必须对每个字段给出一个值，否则将产生一条错误消息。如果要在 INSERT 操作中省略某些字段，这些字段需要满足一定条件：该列定义为允许空值；或者表定义时给出默认值，如果不给出值，将使用默认值。

疑问 2：在删除数据记录时，为什么要先使用 SELECT 语句查询一下要删除的数据？

解答：在 MySQL 中，因为 DELETE 语句在执行删除数据记录时，不会有任何提示，因此删除时必须要特别小心。在条件允许的情况下，最好先用 SELECT 语句查询一下准备要删除的记录。

6.6　实战训练

在创建好的图书管理数据库 Library 中，包含了读者表 Reader、读者分类表 Readertype、图书信息表 Book、图书分类表 Booktype 和借阅记录表 Record。

下面对这些表进行插入、更新与删除数据记录，具体实训内容如下：

（1）录入读者表 Reader、读者分类表 Readertype、图书信息表 Book、图书分类表 Booktype 和借阅记录表 Record 的数据记录。其中读者分类表 Readertype 的数据记录如表 6-7 所示，图书分类表 Booktype 的数据记录如表 6-8 所示，读者表 Reader 的数据记录如表 6-9 所示，图书信息表 Book 的数据记录如表 6-10 所示，借阅记录表 Record 的数据记录如表 6-11 所示。

表 6-7　读者分类表 Readertype

Typeid	Typename	Booksum	Bookday
1	普通	10	60
2	VIP	20	90

表 6-8 图书分类表 Booktype

Typeid	Typename
1	文学
2	生活
3	教育
4	经济
5	技术

表 6-9 读者表 Reader

Readerid	Readername	Typeid	Birthday	Sex	Address	Tel	Enrolldate	State	Memo
1001	小明	1	2000-1-8	男	南京市	**	2018-1-2	无效	
1002	小花	1	1989-1-2	女	北京市	**	2018-10-1	有效	
1003	小琪	2	1990-10-1	女	北京市	**	2017-5-3	无效	
1004	小米	2	1992-2-3	女	上海市	**	2019-5-4	有效	
1005	小光	1	1997-5-3	男	上海市	**	2018-12-2	有效	
1006	小华	1	1998-6-7	男	武汉市	**	2019-5-1	有效	
1007	小伟	2	2001-5-1	男	郑州市	**	2019-5-7	有效	
1008	小玲	1	2002-5-7	女	郑州市	**	2019-6-5	有效	
1009	小敏	2	2000-9-5	女	天津市	**	2018-7-1	有效	
1010	小品	1	1997-5-9	女	天津市	**	2018-5-1	有效	

注意：这里只是演示，联系方式用**替代。

表 6-10 图书信息表 Book

Bookid	Bookname	Typeid	Author	Price	Regdate	State
141801	苏菲的世界	1	乔斯坦·贾德	38	2017-10-10	可借
141802	平凡的世界	1	路遥	108	2017-05-01	借出
141803	回家做面包	2	爱和自由	59	2019-04-01	借出
141804	精选家常菜大全	2	悦然生活	39	2019-06-01	可借
141805	爱的教育	3	亚米契斯	14.8	2012-07-5	可借
141806	自卑与超越	3	阿尔弗雷德·阿德勒	39.8	2017-01-10	借出
141807	经济学原理	4	曼昆	59	2015-05-01	可借
141808	MySQL 经典实例	5	Paul，DuBois	148	2019-05-10	可借
141809	MySQL 技术内幕	5	保罗·迪布瓦	139	2015-07-06	可借

表 6-11 借阅记录表 Record

Recordid	Readerid	Bookid	Outdate	Indate	State
1	1002	141801	2018-12-5	2019-1-4	已还
2	1008	141801	2019-7-1		借出
3	1004	141803	2019-6-1		借出
4	1005	141807	2019-2-1	2019-3-1	已还
5	1009	141802	2019-7-2		借出
6	1010	141808	2019-1-2	2019-2-2	已还
7	1007	141805	2019-6-5		借出

续表

Recordid	Readerid	Bookid	Outdate	Indate	State
8	1006	141808	2019-6-5		借出
9	1008	141808	2019-7-5		借出
10	1005	141804	2019-7-25		借出

（2）在图书表中插入一条记录，图书编号为"141810"，图书名称为"好妈妈胜过好老师"，类型为3，作者为"尹建莉"，价格为39，入库日期为"2019-1-5"，状态为"可借"。

（3）将所有女性读者记录插入新建 FemaleReader 表中，该表结构与读者表相同。

（4）将所有价格大于 100 的图书的状态修改为"不可借"。

（5）将所有教育类的图书的状态修改为"不可借"。

（6）删除第 2 项添加的图书记录。

（7）删除读者表中无效的数据记录。

（8）清空 FemaleReader 表中的所有数据记录。

第 7 章

数据表的简单查询

本章内容提要

将数据录入数据库的目的是为了查询方便，在 MySQL 中，查询数据可以通过 SELECT 语句来实现，通过设置不同的查询条件，可以根据需要对查询数据进行筛选，从而返回需要的数据信息。本章就来介绍数据的简单查询，主要内容包括简单查询、使用 WHERE 子句进行条件查询、使用聚合函数进行统计查询等。

本章知识点

- 数据简单查询。
- 使用 WHERE 子句查询数据。
- 操作查询结果。
- 使用聚合函数查询数据。

7.1　认识 SELECT 语句

MySQL 从数据表中查询数据的基本语句为 SELECT 语句。SELECT 语句的基本语法格式是：

```
SELECT 属性列表
FROM 表名和视图列表
{WHERE 条件表达式 1}
{GROUP BY 属性名 1}
{HAVING 条件表达式 2}
{ORDER BY 属性名 2 ASC|DESC }
```

主要参数介绍如下。

- 属性列表：表示需要查询的字段名。
- 表名和视图列表：表示从此处指定的表或视图中查询数据，表和视图可以有多个。
- 条件表达式 1：表示指定查询条件。
- 属性名 1：指按该字段中的数据进行分组。
- 条件表达式 2：表示满足该表达式的数据才能输出。
- 属性名 2：指按该字段中的数据进行排序，排序方式由 ASC 和 DESC 两个参数指出，其中 ASC 参数表示按升序的顺序进行排序，这是默认参数；DESC 参数表示按降序的顺序进行排序。

- **WHERE 子句**：如果有 WHERE 子句，就按照"条件表达式 1"执行的条件进行查询。如果没有 WHERE 子句，就查询所有记录。
- **GROUP BY 子句**：如果有 GROUP BY 子句，就按照"属性名 1"指定的字段进行分组。如果 GROUP BY 子句后存在 HAVING 关键字，那么只有满足"条件表达式 2"中指定条件的才能够输出。通常情况下，GROUP BY 子句会与 COUNT()、SUM()等聚合函数一起使用。
- **ORDER BY 子句**：如果有 ORDER BY 子句，就按照"属性名 2"执行的字段进行排序。排序方式由升序（ASC）和降序（DESC）两种方式，默认情况下是升序（ASC）。

7.2　数据的简单查询

一般来讲，简单查询是指对一张表的查询操作，使用的关键字是 SELECT。相信读者对该关键字并不陌生，但是真正使用好查询语句，并不是一件很容易的事情，本节就来介绍简单查询数据的方法。

7.2.1　查询表中所有数据

SELECT 查询记录最简单的形式是从一个表中检索所有记录，查询表中所有数据的方法有两种，一种是列出表的所有字段，一种是使用"*"号查询所有字段。

1. 列出所有字段

MySQL 中，可以在 SELECT 语句的"属性列表"中列出所有查询的表中的所有的字段，从而查询表中所有数据。

为演示数据的查询操作，下面创建数据库 school，并使用 school 数据库，如图 7-1 所示。

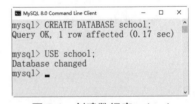

图 7-1　创建数据库 school

在数据库 school 中创建学生信息表（student 表）、成绩表（score 表）、课程表（course 表）、教师表（teacher 表），具体的表结构如图 7-2～图 7-5 所示。

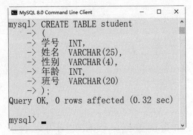

图 7-2　student 表结构

图 7-3　score 表结构

创建好数据表后，下面分别向这四张表中输入表数据，图 7-6 为 student 表数据记录；图 7-7 为 score 表记录；图 7-8 为 course 表记录；图 7-9 为 teacher 表记录。

```
mysql> CREATE TABLE course
    -> (
    -> 课程号              VARCHAR(15),
    -> 课程名              VARCHAR(25),
    -> 任课老师编号         VARCHAR(20)
    -> );
Query OK, 0 rows affected (0.28 sec)

mysql>
```

图 7-4　course 表结构

```
mysql> CREATE TABLE teacher
    -> (
    -> 教师编号            VARCHAR(10),
    -> 姓名               VARCHAR(25),
    -> 性别               VARCHAR(4),
    -> 年龄               INT,
    -> 职称               VARCHAR(10),
    -> 系别               VARCHAR(25)
    -> );
Query OK, 0 rows affected (0.28 sec)

mysql>
```

图 7-5　teacher 表结构

```
mysql> INSERT INTO student
    -> VALUES(101,'曾华明','男',18,'09033'),
    -> (102,'张世超','男',19,'09031'),
    -> (103,'贾甜甜','女',18,'09031'),
    -> (104,'李佳峰','男',20,'09031'),
    -> (105,'王玲玲','女',18,'09033'),
    -> (106,'李俊瑶','女',19,'09032'),
    -> (107,'刘子墨','女',19,'09032');
Query OK, 7 rows affected (0.04 sec)
Records: 7  Duplicates: 0  Warnings: 0

mysql>
```

图 7-6　student 表数据记录

```
mysql> INSERT INTO score
    -> VALUES (103,'C-105',89),
    -> (103,'C-245',85),
    -> (103,'C-166',86),
    -> (104,'C-105',85),
    -> (104,'C-166',84),
    -> (107,'C-888',75),
    -> (107,'C-105',89),
    -> (107,'C-166',79),
    -> (101,'C-888',75),
    -> (101,'C-105',65),
    -> (101,'C-245',80),
    -> (101,'C-166',88),
    -> (102,'C-888',89),
    -> (102,'C-105',75),
    -> (102,'C-245',82),
    -> (102,'C-166',81),
    -> (105,'C-888',79),
    -> (105,'C-105',68),
    -> (105,'C-245',81),
    -> (105,'C-166',89),
    -> (106,'C-888',69),
    -> (106,'C-105',98),
    -> (106,'C-245',85),
    -> (106,'C-166',87);
Query OK, 25 rows affected (0.08 sec)
Records: 25  Duplicates: 0  Warnings: 0
```

图 7-7　score 表数据记录

```
mysql> INSERT INTO course
    -> VALUES('C-105','计算机导论','T-804'),
    -> ('C-245','操作系统','T-866'),
    -> ('C-166','数字电路','T-875'),
    -> ('C-888','高等数学',NULL);
Query OK, 4 rows affected (0.06 sec)
Records: 4  Duplicates: 0  Warnings: 0

mysql>
```

图 7-8　course 表数据记录

```
mysql> INSERT INTO teacher
    -> VALUES('T-804','李成功','男',30,'讲师','计算机系'),
    -> ('T-841','张云扬','男',32,'讲师','计算机系'),
    -> ('T-866','刘冰洋','男',45,'教授','电子工程系'),
    -> ('T-875','张韵宛','女',25,'助教','电子工程系'),
    -> ('T-822','王丽倩','女',23,'助教','计算机系');
Query OK, 5 rows affected (0.17 sec)
Records: 5  Duplicates: 0  Warnings: 0

mysql>
```

图 7-9　teacher 表数据记录

【实例 1】使用 SELECT 语句查询 student 表中的所有字段的数据。输入如下 SQL 语句:

```
USE school;
SELECT 学号,姓名,性别,年龄,班号 FROM student;
```

按 Enter 键，即可完成数据的查询，并显示查询结果，如图 7-10 所示。

2. 使用*查询所有字段

在 MySQL 中，SELECT 语句的"属性列表"中可以为"*"。语法格式如下:

```
SELECT * FROM 表名;
```

【实例 2】从 student 表中查询所有字段数据记录，输入如下 SQL 语句:

```
USE school;
SELECT * FROM student;
```

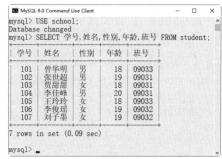

图 7-10　显示数据表中的全部记录

按 Enter 键，即可完成数据的查询，并显示查询结果，如图 7-11 所示。从结果中可以看到，使用星号"*"通配符时，将返回所有数据记录，数据记录按照定义表的时间顺序显示。

```
MySQL 8.0 Command Line Client                    —    □    ×
mysql> USE school;
Database changed
mysql> SELECT * FROM student;
+------+--------+------+------+-------+
| 学号  | 姓名    | 性别  | 年龄  | 班号   |
+------+--------+------+------+-------+
| 101  | 曾华明  | 男    | 18   | 09033 |
| 102  | 张世超  | 男    | 19   | 09031 |
| 103  | 贾甜甜  | 女    | 18   | 09031 |
| 104  | 李佳峰  | 男    | 20   | 09031 |
| 105  | 王玲玲  | 女    | 18   | 09033 |
| 106  | 李俊瑶  | 女    | 19   | 09032 |
| 107  | 刘子墨  | 女    | 19   | 09032 |
+------+--------+------+------+-------+
7 rows in set (0.02 sec)

mysql>
```

图 7-11　查询表中所有数据记录

7.2.2　查询表中想要的数据

使用 SELECT 语句，可以获取多个字段下的数据，只需要在关键字 SELECT 后面指定要查找的字段的名称，不同字段名称之间用逗号"，"分隔开，最后一个字段后面不需要加逗号，使用这种查询方式可以获得有针对性的查询结果，语法格式如下：

```
SELECT 字段名 1,字段名 2,…,字段名 n  FROM 表名;
```

【实例 3】从 student 表中获取学号、姓名和性别，输入如下 SQL 语句：

```
SELECT 学号,姓名,性别 FROM student;
```

按 Enter 键，即可完成指定数据的查询，并显示查询结果，如图 7-12 所示。

提示：MySQL 中的 SQL 语句是不区分大小写的，因此 SELECT 和 select 作用是相同的，但是，许多开发人员习惯将关键字大写，而数据列和表名使用小写，读者也应该养成一个良好的编程习惯,这样写出来的代码更容易阅读和维护。

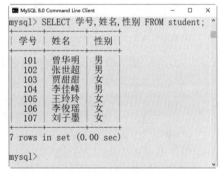

图 7-12　查询数据表中的指定字段

7.2.3　对查询结果进行计算

在 SELECT 查询结果中，可以根据需要使用算术运算符或者逻辑运算符，对查询的结果进行处理。

【实例 4】查询 score 表中所有学生的学号、考试分数，并对分数加 1 之后输出查询结果。

```
USE school;
SELECT 学号,课程号,分数 原来的分数,分数+1 加 1 后的分数值
FROM score;
```

按 Enter 键，即可完成数据的查询，并显示查询结果，如图 7-13 所示。

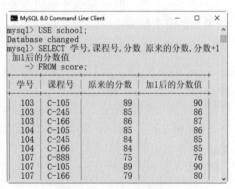

图 7-13　查询列表达式

7.2.4　为结果列使用别名

当显示查询结果时，选择的列通常是以原表中的列名作为标题，这些列名在建表时，出于节省空间的考虑，通常比较短，含义也模糊。为了改变查询结果中显示的列表，可以在 SELECT 语句的列名后使用"AS 标题名"，这样，在显示时便以该标题名来显示新的列名。

MySQL 中为字段取别名的语法格式如下：

```
属性名 [AS] 别名
```

主要参数介绍如下。

- 属性名：为字段原来的名称。
- 别名：为字段新的名称。
- AS：关键字可有可无。实现的作用是一样的，通过这种方式，显示结果中"别名"就代替了"属性名"。

【实例 5】查询 student 表中所有的记录，并重命名列名，输入语句如下：

```
SELECT 学号 AS SNO, 姓名 AS SNAME, 性别 AS SEX, 班号 AS
CLASS FROM student;
```

按 Enter 键，即可完成指定数据的查询，并显示查询结果，如图 7-14 所示。

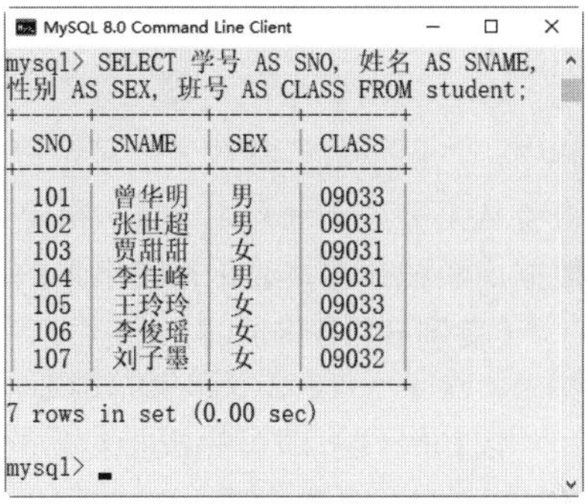

图 7-14　查询表中所有记录并重命名列名

7.2.5　在查询时去除重复项

使用 DISTINCT 选项可以在查询结果中避免重复项。

【实例 6】查询 teacher 表中教师所在的系别，并去除重复项，输入语句如下：

```
SELECT DISTINCT 系别 FROM teacher;
```

按 Enter 键，即可完成指定数据的查询，并显示查询结果，如图 7-15 所示。

图 7-15　在查询中避免重复项

7.2.6　在查询结果中给表取别名

当要查询的数据表，其名称如果比较长，在查询中直接使用表名很不方便。这时可以为表取一个别名，来代替数据表的名称。MySQL 中为表取别名的基本语法格式如下：

```
表名　表的别名
```

通过这种方式，"表的别名"就能在此次查询中代替"表名"了。

【实例 7】查询 student 表中所有的记录，并为 student 表取个别名"学生表"，输入语句如下：

```
SELECT * FROM student 学生表;
```

按 Enter 键，即可完成为数据表取别名的操作，并显示查询结果，如图 7-16 所示。

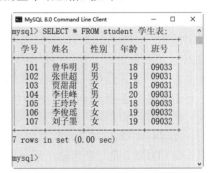

图 7-16　在查询结果中给表取别名

7.2.7 使用 LIMIT 限制查询数据

当数据表中包含大量的数据时，可以通过指定显示记录数限制返回的结果集中的行数，LIMIT 是 MySQL 中的一个特殊关键字，可以用来指定查询结果从哪条记录开始显示，还可以指定一共显示多少条记录。LIMIT 关键字有两种使用方式，分别是指定初始位置和不指定初始位置。

1. 不指定初始位置

LIMIT 关键字不指定初始位置时，记录从第 1 条记录开始显示，显示记录的条数由 LIMIT 关键字指定。其语法格式如下：

```
LIMIT 记录数
```

其中，"记录数"参数表示显示记录的条数。如果"记录数"的值小于查询结果的总记录数，将会从第 1 条记录开始，显示指定条数的记录。如果"记录数"的值大于查询结果的总记录数，数据库系统会直接显示查询出来的所有记录。

【实例 8】查询 student 表中所有的数据记录，但只显示前 3 条，输入语句如下：

```
SELECT * FROM student LIMIT 3;
```

按 Enter 键，即可完成指定数据的查询，从结果中只显示了 3 条记录，该实例说明了 LIMIT 3 限制了显示条数为 3，如图 7-17 所示。

【实例 9】查询 student 表中所有的数据记录，但只显示前 8 条，输入语句如下：

```
SELECT * FROM student LIMIT 8;
```

按 Enter 键，即可完成指定数据的查询，虽然 LIMIT 关键字指定了显示 8 条数据记录，但结果中只含有 7 条记录，因此数据库系统就将这 7 条记录全部显示出来，如图 7-18 所示。

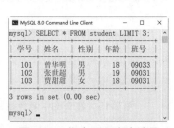

图 7-17 指定显示查询结果

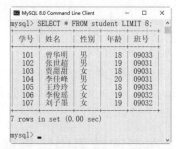

图 7-18 显示符合条件的数据记录

2. 指定初始位置

LIMIT 关键字可以指定从哪条记录开始显示，并且可以指定显示多少条记录。其语法格式如下：

```
LIMIT 初始位置,记录数
```

其中，"初始位置"参数指定从哪条记录开始显示，"记录数"参数表示显示记录的条数。第 1 条记录的位置是 0，第 2 条记录的位置是 1，后面的记录依此类推。

【实例 10】查询 student 表中所有的数据记录，显示前两条记录，输入语句如下：

```
SELECT * FROM student LIMIT 0,2;
```

按 Enter 键，即可完成指定数据的查询，结果中只显示了前两条记录。从结果可以看出 LIMIT 0,2 和 LIMIT 2 是一个意思，都是显示前两条记录，如图 7-19 所示。

【实例 11】查询 student 表中所有的数据记录，从第 2 条记录开始显示，共显示 3 条数据记录，输入语句如下：

```
SELECT * FROM student LIMIT 1,3;
```

按 Enter 键，即可完成指定数据的查询，结果中只显示了第 2、第 3 和第 4 条数据记录。从结果可以看出 LIMIT 关键字可以指定从哪条记录开始显示，也可以指定显示多少条记录，如图 7-20 所示。

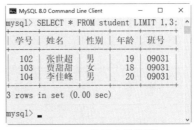

图 7-19　只显示指定数据记录　　　　　图 7-20　显示查询记录

　　知识扩展：LIMIT 关键字是 MySQL 中所特有的。LIMIT 关键字可以指定需要显示的记录的初始位置，0 表示第一条记录。例如，如果需要查询成绩表中前 10 名的学生信息，可以使用 ORDER BY 关键字将记录按照分数的降序排序，然后使用 LIMIT 关键字指定只查询前 10 条记录。

7.3　使用 WHERE 子句进行条件查询

　　WHERE 子句用于给定源表和视图中记录的筛选条件，只有符合筛选条件的记录才能为结果集提供数据，否则将不入选结果集。WHERE 子句中的筛选条件由一个或多个条件表达式组成。WHERE 子句常用的查询条件有多种，如表 7-1 所示。

表 7-1　查询条件

查 询 条 件	符号或关键字
比较	=、<、<=、>、>=、!=、<>、!>、!<
指定范围	BETWEEN AND、NOT BETWEEN AND
指定集合	IN、NOT IN
匹配字符	LIKE、NOT LIKE
是否为空值	IS NULL、IS NOT NULL
多个查询条件	AND、OR

7.3.1　比较查询条件的数据查询

　　MySQL 在比较查询条件中的关键字或符号如表所示。比较字符串数据时，字符的逻辑顺序由字符数据的排序规则来定义。系统将从两个字符串的第一个字符自左至右进行对比，直到对比出两个字符串的大小。

　　【实例 12】查询 student 表中班号为 09031 的学生信息，SQL 语句如下：

```
SELECT 学号,姓名,性别,年龄,班号
FROM student
WHERE 班号=09031;
```

按 Enter 键，即可完成数据的条件查询，并显示查询结果，该语句使用 SELECT 声明从 student

表中获取班号等于 09031 的学生信息，从查询结果可以看到，班号为 09031 的学生有三位，其他的均不满足查询条件，查询结果如图 7-21 所示。

表 7-2 比较运算符表

操 作 符	说 明
=	相等
<>	不相等
<	小于
<=	小于或等于
>	大于
>=	大于或等于
!=	不等于，与<>作用相等
!>	不大于
!<	不小于

上述实例采用了简单的相等过滤。另外，相等判断还可以用来比较字符串。

【实例 13】查找姓名为"贾甜甜"的学生信息，SQL 语句如下：

```
SELECT 学号,姓名,性别,年龄,班号
FROM student
WHERE 姓名='贾甜甜';
```

按 Enter 键，即可完成数据的条件查询，并在"结果"窗格中显示查询结果，如图 7-22 所示。该语句使用 SELECT 声明从 student 表中获取姓名为"贾甜甜"的学生信息，从查询结果可以看到只有姓名为"贾甜甜"的行被返回，其他均不满足查询条件。

【实例 14】查询 score 表中分数小于 70 的所有数据记录，SQL 语句如下：

```
SELECT *FROM score
WHERE 分数<70;
```

按 Enter 键，即可完成数据的条件查询，并显示查询结果，如图 7-23 所示。可以看到，在查询结果中所有记录的分数字段的值均小于 70，而大于或等于 70 的记录没有被返回。

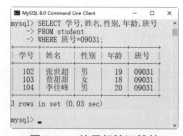

图 7-21 使用相等运算符
对数值判断

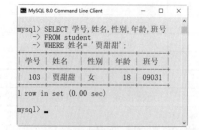

图 7-22 使用相等运算符进行字符
串值判断

图 7-23 使用小于运算符
进行查询

7.3.2 带 BETWEEN AND 的范围查询

使用 BETWEEN AND 可以进行范围查询，该运算符需要两个参数，即范围的开始值和结束值，如果记录的字段值满足指定的范围查询条件，则这些记录被返回。

【实例 15】查询 score 表中分数在 70 到 80 之间的数据记录，SQL 语句如下：

```
USE school
SELECT *FROM score
WHERE 分数 BETWEEN 70 AND 80;
```

按 Enter 键，即可完成数据的条件查询，并显示查询结果。可以看到，返回结果包含了分数从 70 到 80 之间的字段值，并且端点值 80 也包括在返回结果中，即 BETWEEN 匹配范围中所有值，包括开始值和结束值，如图 7-24 所示。

BETWEEN AND 运算符前可以加关键字 NOT，表示指定范围之外的值，如果字段值不满足指定范围内的值，则这些记录被返回。

【实例 16】查询 score 表中分数不在 70 到 80 之间的数据记录，SQL 语句如下：

```
USE school
SELECT *FROM score
WHERE 分数 NOT BETWEEN 70 AND 80;
```

按 Enter 键，即可完成数据的条件查询，并显示查询结果。由结果可以看到，返回的记录是分数字段大于 80 的和分数字段小于 70 的记录，如图 7-25 所示。

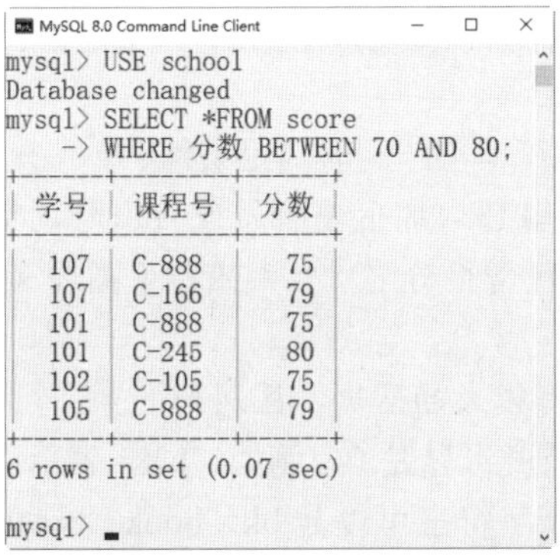

```
MySQL 8.0 Command Line Client
mysql> USE school
Database changed
mysql> SELECT *FROM score
    -> WHERE 分数 BETWEEN 70 AND 80;
+------+--------+------+
| 学号 | 课程号 | 分数 |
+------+--------+------+
|  107 | C-888  |   75 |
|  107 | C-166  |   79 |
|  101 | C-888  |   75 |
|  101 | C-245  |   80 |
|  102 | C-105  |   75 |
|  105 | C-888  |   79 |
+------+--------+------+
6 rows in set (0.07 sec)

mysql>
```

图 7-24　使用 BETWEEN AND 运算符查询

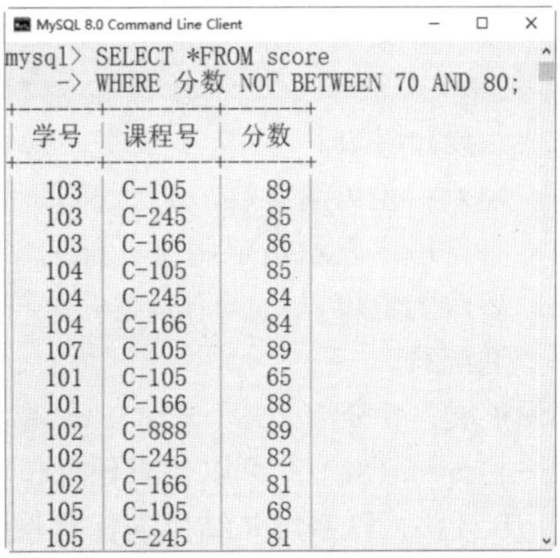

```
MySQL 8.0 Command Line Client
mysql> SELECT *FROM score
    -> WHERE 分数 NOT BETWEEN 70 AND 80;
+------+--------+------+
| 学号 | 课程号 | 分数 |
+------+--------+------+
|  103 | C-105  |   89 |
|  103 | C-245  |   85 |
|  103 | C-166  |   86 |
|  104 | C-105  |   85 |
|  104 | C-245  |   84 |
|  104 | C-166  |   84 |
|  107 | C-105  |   89 |
|  101 | C-105  |   65 |
|  101 | C-166  |   88 |
|  102 | C-888  |   89 |
|  102 | C-245  |   82 |
|  102 | C-166  |   81 |
|  105 | C-105  |   68 |
|  105 | C-245  |   81 |
```

图 7-25　使用 NOT BETWEEN AND 运算符查询

7.3.3　带 IN 关键字的查询

IN 关键字用来查询满足指定条件范围内的记录，使用 IN 关键字时，将所有检索条件用括号括起来，检索条件用逗号分隔开，只要满足条件范围内的一个值即为匹配项。

【实例 17】查询学号为 101 和 102 的学生数据记录，SQL 语句如下：

```
USE school
SELECT *FROM student
WHERE 学号 IN (101,102);
```

按 Enter 键，即可完成数据的条件查询，并显示查询结果，执行结果如图 7-26 所示。

相反地，可以使用关键字 NOT 来检索不在条件范围内的记录。

【实例 18】查询所有学号不等于 101 也不等于 102 的学生数据记录，SQL 语句如下：

```
USE school
SELECT *FROM student
WHERE 学号 NOT IN (101,102);
```

按 Enter 键，即可完成数据的条件查询，并显示查询结果，如图 7-27 所示。从查询结果可以看到，该语句在 IN 关键字前面加上了 NOT 关键字，这使得查询的结果与上述实例的结果正好相反，前面检索了学号等于 101 和 102 的记录，而这里所要求查询的记录中的学号字段值不等于这两个值中的任一个。

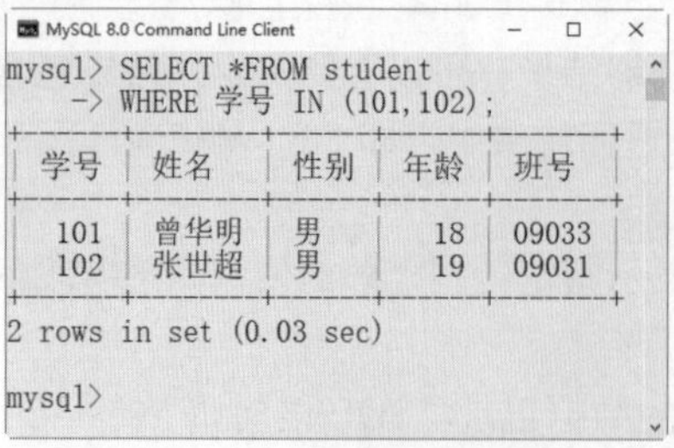

图 7-26　使用 IN 关键字查询

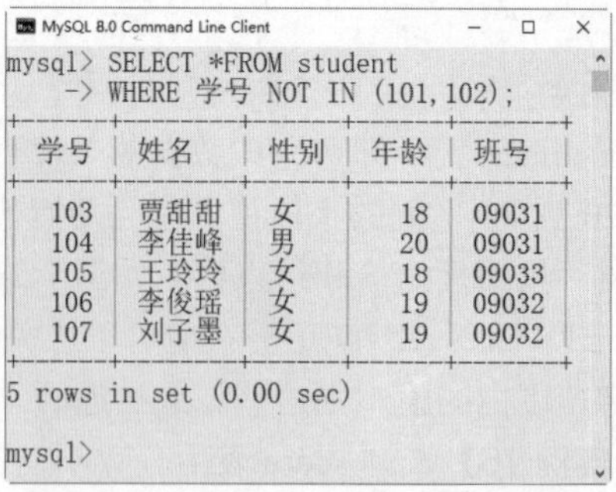

图 7-27　使用 NOT IN 运算符查询

7.3.4　带 LIKE 的字符匹配查询

LIKE 关键字可以匹配字符串是否相等。如果字段的值与指定的字符串相匹配，则满足查询条件，该记录将被查询出来。如果与指定的字符串不匹配，则不满足查询条件。语法格式如下：

```
[NOT] LIKE '字符串'
```

主要参数介绍如下。

● NOT：是可选参数，加上 NOT 表示与指定的字符串不匹配时满足条件。

● 字符串：表示指定用来匹配的字符串，该字符串必须加上单引号或双引号。字符串参数的值可以是一个完整的字符串，也可以是包含百分号（%）或者下画线（_）的通配符。

知识扩展：百分号（%）或者下画线（_）在应用时有很大的区别，区别如下。

● 百分号（%）：可以代表任意长度的字符串，长度可以是 0。例如，b%k 表示以字母 b 开头，以字母 k 结尾的任意长度的字符串，该字符串可以是 bk、book、break 等字符串。

● 下画线（_）：只能表示单个字符。例如，b_k 表示以字母 b 开头，以字母 k 结尾的 3 个字符。中间的下画线（_）可以代表任意一个字符。字符串可以代表 bok、buk 和 bak 等字符串。

1. 百分号通配符 "%"

百分号通配符 "%"，匹配任意长度的字符，甚至包括零字符。

【**实例 19**】查找 student 表中所有姓李的学生信息，SQL 语句如下：

```
USE school
SELECT *FROM student
WHERE 姓名 LIKE '李%';
```

按 Enter 键，即可完成数据的条件查询，并显示查询结果，如图 7-28 所示。该语句查询的结果返回所有姓李的学生信息，"%" 表示返回所有姓名字段以 "李" 开头的记录，不管 "李" 后面有多少个字符。

在搜索匹配时，通配符 "%" 可以放在不同位置。

【**实例 20**】在 course 表中，查询课程名称中包含字符 "数" 的记录，SQL 语句如下：

```
USE school
SELECT *FROM course
WHERE 课程名 LIKE '%数%';
```

按 Enter 键，即可完成数据的条件查询，并显示查询结果，如图 7-29 所示。该语句查询课程名字段描述中包含"数"的课程信息，只要描述中有字符"数"，而前面或后面不管有多少个字符，都满足查询的条件。

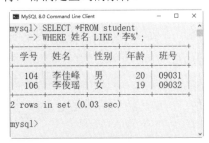

图 7-28　查询以'李'开头的学生信息

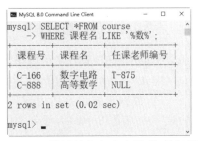

图 7-29　描述信息包含字符'数'的记录

【实例 21】查询学生姓名以"李"开头，并以"峰"结尾的学生信息，SQL 语句如下：

```
USE school
SELECT *FROM student
WHERE 姓名 LIKE '李%峰';
```

按 Enter 键，即可完成数据的条件查询，并显示查询结果，如图 7-30 所示。通过查询结果可以看到，"%"用于匹配在指定位置的任意数目的字符。

2. 下画线通配符"_"

下画线通配符"_"，一次只能匹配任意一个字符，该通配符的用法和"%"相同，区别是"%"匹配多个字符，而"_"只匹配任意单个字符，如果要匹配多个字符，则需要使用相同个数的"_"。

【实例 22】在 teacher 表中，查询老师职称以字符"师"结尾，且"师"前面只有 1 个字符的记录，SQL 语句如下：

```
USE school
SELECT *FROM teacher
WHERE 职称 LIKE '_师';
```

按 Enter 键，即可完成数据的条件查询，并在"结果"窗格中显示查询结果，如图 7-31 所示。从结果可以看到，以"师"结尾且前面只有 1 个字符的记录有 2 条。

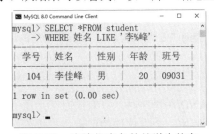

图 7-30　查询指定条件的学生信息

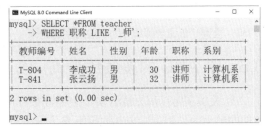

图 7-31　查询以字符"师"结尾的教师信息

3. NOT LIKE 关键字

NOT LIKE 关键字表示字符串不匹配的情况下满足条件。

【实例 23】查找 student 表中所有不是姓李的学生信息，SQL 语句如下：

```
USE school
SELECT *FROM student
WHERE 姓名 NOT LIKE '李%';
```

按 Enter 键，即可完成数据的条件查询，并显示查询结果，如图 7-32 所示。该语句查询的结果返回不是姓李的学生信息。

```
MySQL 8.0 Command Line Client
mysql> SELECT *FROM student
    -> WHERE 姓名 NOT LIKE '李%';
+------+--------+------+------+-------+
| 学号 | 姓名   | 性别 | 年龄 | 班号  |
+------+--------+------+------+-------+
| 101  | 曾华明 | 男   |   18 | 09033 |
| 102  | 张世超 | 男   |   19 | 09031 |
| 103  | 贾甜甜 | 女   |   18 | 09031 |
| 105  | 王玲玲 | 女   |   18 | 09033 |
| 107  | 刘子墨 | 女   |   19 | 09032 |
+------+--------+------+------+-------+
5 rows in set (0.01 sec)

mysql>
```

图 7-32　显示不是姓李的学生信息

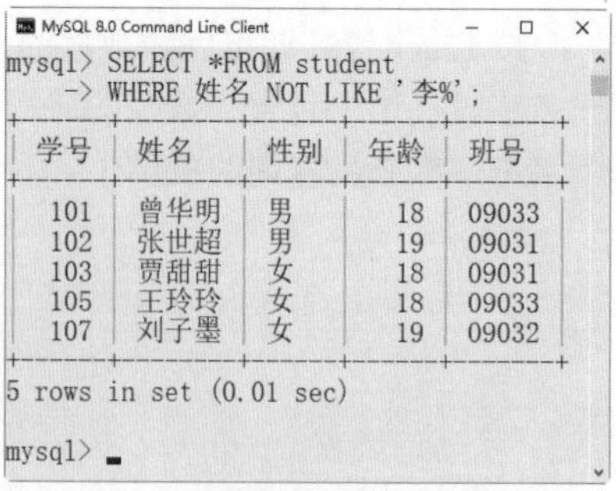

7.3.5　未知空数据的查询

数据表创建的时候，设计者可以指定某列中是否可以包含空值（NULL）。空值不同于 0，也不同于空字符串，空值一般表示数据未知、不适用或将在以后添加。在 SELECT 语句中使用 IS NULL 子句，可以查询某字段内容为空记录。

【实例 24】查询课程 course 表中“任课老师编号”字段为空的数据记录，SQL 语句如下：

```
USE school
SELECT * FROM course
WHERE 任课老师编号 IS NULL;
```

按 Enter 键，即可完成数据的条件查询，并显示查询结果，如图 7-33 所示。

与 IS NULL 相反的是 IS NOT NULL，该子句查找字段不为空的记录。

【实例 25】查询课程 course 表中“任课老师编号”字段不为空的数据记录，SQL 语句如下：

```
USE school
SELECT * FROM course
WHERE 任课老师编号 IS NOT NULL;
```

按 Enter 键，即可完成数据的条件查询，并显示查询结果，如图 7-34 所示。可以看到，查询出来的记录“任课老师编号”字段都不为空值。

```
MySQL 8.0 Command Line Client
mysql> SELECT * FROM course
    -> WHERE 任课老师编号 IS NULL;
+--------+----------+--------------+
| 课程号 | 课程名   | 任课老师编号 |
+--------+----------+--------------+
| C-888  | 高等数学 | NULL         |
+--------+----------+--------------+
1 row in set (0.00 sec)

mysql>
```

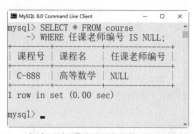

图 7-33　查询“任课老师编号”字段为空的记录

```
MySQL 8.0 Command Line Client
mysql> SELECT * FROM course
    -> WHERE 任课老师编号 IS NOT NULL;
+--------+------------+--------------+
| 课程号 | 课程名     | 任课老师编号 |
+--------+------------+--------------+
| C-105  | 计算机导论 | T-804        |
| C-245  | 操作系统   | T-866        |
| C-166  | 数字电路   | T-875        |
+--------+------------+--------------+
3 rows in set (0.00 sec)

mysql>
```

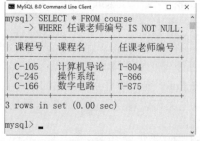

图 7-34　查询“任课老师编号”字段不为空的记录

7.3.6　带 AND 的多条件查询

AND 关键字可以用来联合多个条件进行查询，使用 AND 关键字时，只有同时满足所有查询条件的记录会被查询出来。如果不满足这些查询条件的其中一个，这样的记录将被排除掉。AND 关键字的语法格式如下：

```
条件表达式 1 AND 条件表达式 2 [⋯AND 条件表达式 n]
```

主要参数介绍如下。

- AND：用于连接两个条件表达式。而且，可以同时使用多个 AND 关键字，这样可以连接更多的条件表达式。
- 条件表达式 n：用于查询的条件。

【实例 26】使用 AND 关键字来查询 student 表中学号为“101”，而且“性别”为“男”的记录。SQL 语句如下：

```
USE school
SELECT *FROM student
WHERE 学号=101 AND 性别 LIKE '男';
```

按 Enter 键，即可完成数据的条件查询，并显示查询结果，如图 7-35 所示。可以看到，查询出来的记录其学号为"101"，且性别为"男"。

【实例 27】使用 AND 关键字来查询 student 表中学号为"103"，"性别"为"女"，而且年龄小于 20 的记录。SQL 语句如下：

图 7-35　使用 AND 关键字查询

```
USE school
SELECT *FROM student
WHERE 学号=103 AND 性别='女' AND 年龄<20;
```

按 Enter 键，即可完成数据的条件查询，并显示查询结果，如图 7-36 所示。可以看到，查询出来的记录满足 3 个条件。本实例中使用了"<"和"="这两个运算符，其中，"="可以用 LIKE 替换。

【实例 28】使用 AND 关键字来查询 student 表，查询条件为学号取值在{101,102,103}这个集合之中，年龄范围为 17~21，而且班号为"09031"。SQL 语句如下：

```
USE school
SELECT *FROM student
WHERE 学号 IN (101,102,103) AND 年龄 BETWEEN 17 AND 21 AND 班号 LIKE '09031';
```

按 Enter 键，即可完成数据的条件查询，并显示查询结果，如图 7-37 所示。本实例中使用了 IN、BETWEEN AND 和 LIKE 关键字。因此，结果中显示的记录同时满足了这 3 个条件表达式。

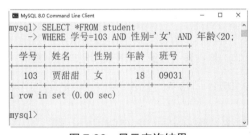

图 7-36　显示查询结果

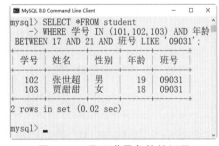

图 7-37　显示满足条件的记录

7.3.7　带 OR 的多条件查询

OR 关键字也可以用来联合多个条件进行查询，但是与 AND 关键字不同，使用 OR 关键字时，只要满足这几个查询条件的其中一个，这样的记录就会被查询出来。如果不满足这些查询条件中的任何一个，这样的记录将被排除掉。OR 关键字的语法格式如下：

```
条件表达式 1 OR 条件表达式 2 [···OR 条件表达式 n]
```

主要参数介绍如下。

- OR：用于连接两个条件表达式。而且，可以同时使用多个 OR 关键字，这样可以连接更多的条件表达式。
- 条件表达式 n：用于查询的条件。

【实例 29】使用 OR 关键字来查询 student 表中学号为 "101"，或者 "性别" 为 "男" 的记录。SQL 语句如下：

```
USE school
SELECT *FROM student
WHERE 学号=101 OR 性别 LIKE '男';
```

按 Enter 键，即可完成数据的条件查询，并显示查询结果，如图 7-38 所示。可以看到，查询出来的记录学号的值为 102 和 104 的记录学号不等于 101。但是，这两条记录的性别字段为 "男"，这两条记录也被查询出来。这就说明使用 OR 关键字时，只要满足多个条件中的其中一个，就可以被查询出来。

【实例 30】使用 OR 关键字来查询 student 表，查询条件为学号取值在{101,102,103}这个集合之中，或者年龄范围为 17～21，或者班号为 "09031"。SQL 语句如下：

```
USE school
SELECT *FROM student
WHERE 学号 IN (101,102,103) OR 年龄 BETWEEN 17 AND 21 OR 班号 LIKE '09031';
```

按 Enter 键，即可完成数据的条件查询，并显示查询结果，如图 7-39 所示。本实例中使用了 IN、BETWEEN AND 和 LIKE 关键字。因此，结果中显示的记录只要满足这 3 个条件表达式中的任何一个，这样的记录就会被查询出来。

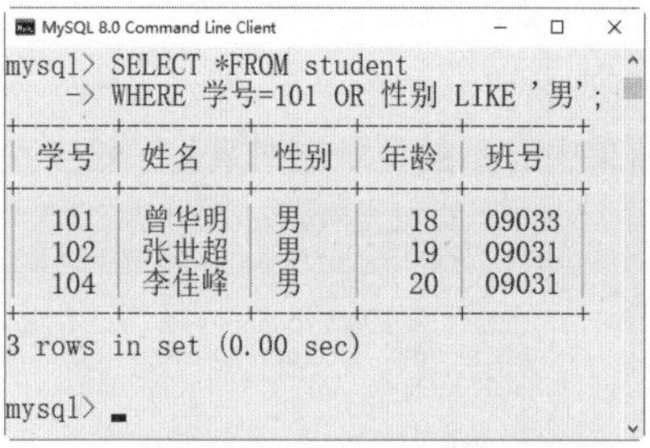

图 7-38 带 OR 关键字的查询

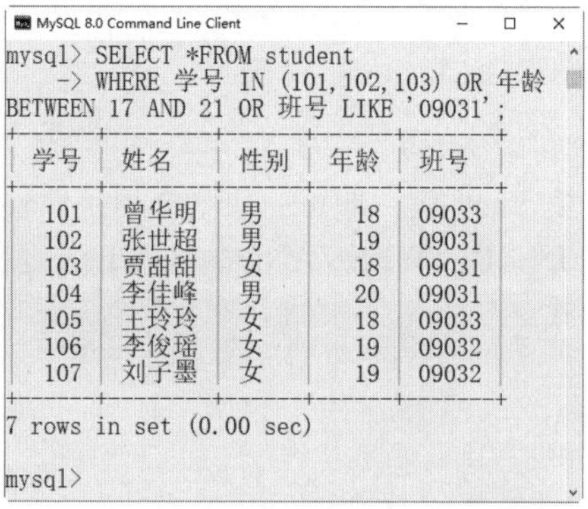

图 7-39 带多个条件的 OR 关键字查询

另外，OR 关键字还可以与 AND 关键字一起使用，当两者一起使用时，AND 的优先级要比 OR 高。

【实例 31】同时使用 OR 关键字和 AND 关键字来查询 student 表，SQL 语句如下：

```
USE school
SELECT *FROM student
WHERE 学号 IN (101,102,103) AND 年龄=18 OR 性别 LIKE '男';
```

按 Enter 键，即可完成数据的条件查询，并显示查询结果，如图 7-40 所示。从查询结果中可以得出，条件 "学号 IN (101,102,103) AND 年龄=18" 确定了学号为 101 和 103 的记录。条件 "性别 LIKE '男'" 确定了学号为 102 和 104 的记录。

如果将条件 "学号 IN (101,102,103) AND 年龄=18" 与 "性别 LIKE '男'" 的顺序调换一下，我们再来看看执行结果。SQL 语句如下：

```
USE school
SELECT *FROM student
WHERE 性别 LIKE '男' OR 学号 IN (101,102,103) AND 年龄=18;
```

按 Enter 键，即可完成数据的条件查询，并显示查询结果，如图 7-41 所示。从结果可以看出是一样的。这就说明 AND 关键字前后的条件先结合，然后再与 OR 关键字的条件结合。这就说明 AND 要比 OR 优先计算。

MySQL 8.0 Command Line Client — □ ×
mysql> SELECT *FROM student 　　-> WHERE 学号 IN (101,102,103) AND 年龄 =18 OR 性别 LIKE '男'; 学号|姓名|性别|年龄|班号 101|曾华明|男|18|09033 102|张世超|男|19|09031 103|贾甜甜|女|18|09031 104|李佳峰|男|20|09031 4 rows in set (0.00 sec) mysql>

图 7-40　OR 关键字和 AND 关键字的查询

MySQL 8.0 Command Line Client — □ ×
mysql> SELECT *FROM student 　　-> WHERE 性别 LIKE '男' OR 学号 IN (101 ,102,103) AND 年龄=18; 学号|姓名|性别|年龄|班号 101|曾华明|男|18|09033 102|张世超|男|19|09031 103|贾甜甜|女|18|09031 104|李佳峰|男|20|09031 4 rows in set (0.00 sec) mysql>

图 7-41　显示查询结果

知识扩展：AND 和 OR 关键字可以连接条件表达式，这些条件表达式中可以使用 "="">" 等操作符，也可以使用 IN、BETWEEN AND 和 LIKE 等关键字，而且，LIKE 关键字匹配字符串时可以使用 "%" 和 "_" 等通配符。

7.4　操作查询的结果

从表中查询出来的数据可能是无序的，或者其排列顺序不是用户所期望的顺序。这时，可以对查询结果进行排序，还可以对查询结果分组显示或分组过滤显示。

7.4.1　对查询结果进行排序

为了使查询结果的顺序满足用户的要求，可以使用 ORDER BY 关键字对记录进行排序，其语法格式如下：

```
ORDER BY 属性名[ASC|DESC]
```

主要参数介绍如下。

● 属性名：表示按照该字段进行排序。

● ASC：表示按升序的顺序进行排序。

● DESC：表示按降序的顺序进行排序。默认的情况下，按照 ASC 方式进行排序。

1. 默认排序方式

【实例 32】查询学生表 student 中的所有记录，按照"年龄"字段进行排序，输入语句如下：

```
USE school
SELECT * FROM student ORDER BY 年龄;
```

按 Enter 键，即可完成数据的排序查询，并显示查询结果，如图 7-42 所示。从查询结果可以看出，student 表中的记录是按照"年龄"字段的值进行升序排序的。这就说明 ORDER BY 关键字可以设置查询结果按某个字段进行排序，而且默认情况下，是按升序进行排序的。

2. 升序排序方式

【实例 33】查询学生表 student 中的所有记录，按照"年龄"字段的升序方式进行排序，输入语句如下：

```
USE school
SELECT * FROM student ORDER BY 年龄 ASC;
```

按 Enter 键，即可完成数据的排序查询，并显示查询结果，如图 7-43 所示。从查询结果可以看出，student 表中的记录是按照"年龄"字段的值进行升序排序的。这就说明，加上 ASC 参数，记录是按照升序进行排序的，这与不加 ASC 参数返回的结果一样。

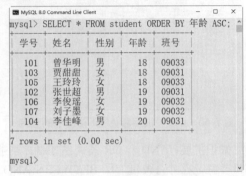

图 7-42　默认排序方式　　　　　　　　图 7-43　对查询结果升序排序

3. 降序排序方式

【实例 34】查询学生表 student 中的所有记录，按照"年龄"字段的降序方式进行排序，输入语句如下：

```
USE school
SELECT * FROM student ORDER BY 年龄 DESC;
```

按 Enter 键，即可完成数据的排序查询，并显示查询结果，如图 7-44 所示。从查询结果可以看出，student 表中的记录是按照"年龄"字段的值进行降序排序的。这就说明，加上 DESC 参数，记录是按照降序进行排序的。

注意：在查询时，如果数据表中要排序的字段值为空值（NULL）时，这条记录将显示为第一条记录。因此，按升序排序时，含空值的记录将最先显示。可以理解为空值是该字段的最小值，而按降序排序时，该字段为空值的记录将最后显示。

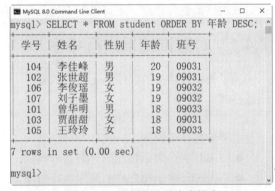

图 7-44　对查询结果降序排序

4. 多字段排序方式

MySQL 中，可以指定按多个字段进行排序。例如，可以使 student 表按照"学号"字段和"年龄"字段进行排序。排序过程中，先按照"学号"字段进行排序，当遇到"学号"字段的值相等的情况时，再把"学号"相等的记录按照"年龄"字段进行排序。

【实例 35】查询学生表 student 中的所有记录，按照"学号"字段的升序方式和"年龄"字段的降序方式进行排序，输入语句如下：

```
USE school
SELECT * FROM student ORDER BY 学号 ASC,年龄 DESC;
```

按 Enter 键，即可完成数据的排序查询，并显示查询结果，如图 7-45 所示。从查询结果可

以看出，数据记录先按照"学号"字段的升序进行
排序，因为有两条学号为 101 的记录，这两条记录
按照"年龄"字段的降序进行排序。

7.4.2　对查询结果进行分组

分组查询是对数据按照某个或多个字段进行
分组，MySQL 中使用 GROUP BY 子句对数据进行
分组，基本语法格式为：

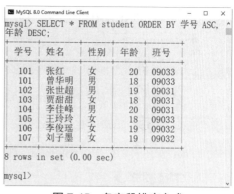

图 7-45　多字段排序方式

```
GROUP BY 属性名 [HAVING <条件表达式>] [WITH
ROLLUP]
```

主要参数介绍如下。

● 属性名：指按照该字段的值进行分组。
● HAVING <条件表达式>：用来限制分组后的显示，满足条件表达式的结果将被显示。
● WITH ROLLUP 关键字：将会在所有记录的最后加上一条记录，该记录是上面所有记
录的总和。

GROUP BY 关键字可以和 GROUP_CONCAT()函数一起使用。GROUP_CONCAT()函数会把
每个分组中指定字段值都显示出来。同时，GROUP BY 关键字通常与集合函数一起。

提示：MySQL 数据库中集合函数包括 MAX()、MIN()、COUNT()、SUM()、AVG()。其中
COUNT()用来统计记录的条数；SUM()用来计算字段的值的总和；AVG()用来计算字段的值的
平均值；MAX()用来查询字段的最大值；MIN()用来查询字段的最小值。

1. 单独使用 GROUP BY 关键字来分组

如果单独使用 GROUP BY 关键字来分组，查询结果就是字段取值的分组情况，字段中取值
相同的记录为一组，但只显示该组的第一条记录。

【实例 36】查询学生表 student 中的所有记录，查询条件是按照表中的"年龄"来进行分组
查询，查询结果与分组前结果进行对比。

先执行不带 GROUP BY 关键字的 SELECT 语句，输入 SQL 语句如下：

```
SELECT * FROM student;
```

按 Enter 键，即可完成数据的分组查询，并显示查询结果，如图 7-46 所示。

接着执行带有 GROUP BY 关键字的 SELECT 语句，其中用于分组的字段为"性别"，输
入 SQL 语句如下：

```
SELECT * FROM student GROUP BY 性别;
```

按 Enter 键，即可完成数据的分组查询，并显示查询结果，如图 7-47 所示。结果中只显示
了两条记录。这两条记录的"性别"字段的值分别为"男"和"女"。查询结果进行比较，GROUP
BY 关键字只显示每个分组的一条记录。这就说明，GROUP BY 关键字单独使用时，只能查询
出分组的一条记录。这样使用的意义不大，因此，一般在使用集合函数时才使用 GROUP BY 关
键字。

2. GROUP BY 关键字与 GROUP_CONCAT()函数一起使用

GROUP BY 关键字与 GROUP_CONCAT()函数一起使用时，每个分组中指定字段值都显示
出来。

【实例 37】查询学生表 student 中的记录，查询条件是按照表中的"性别"来进行分组查询。

使用 GROUP_CONCAT()函数将每个分组的姓名字段的值显示出来。输入 SQL 语句如下：

```
mysql> SELECT * FROM student;
+------+--------+------+------+-------+
| 学号  | 姓名    | 性别  | 年龄  | 班号   |
+------+--------+------+------+-------+
| 101  | 曾华明  | 男    | 18   | 09033 |
| 102  | 张世超  | 男    | 19   | 09031 |
| 103  | 贾甜甜  | 女    | 18   | 09031 |
| 104  | 李佳峰  | 男    | 20   | 09031 |
| 105  | 王玲玲  | 女    | 18   | 09033 |
| 106  | 李俊瑶  | 女    | 19   | 09032 |
| 107  | 刘子墨  | 女    | 19   | 09032 |
| 101  | 张红    | 女    | 20   | 09033 |
+------+--------+------+------+-------+
8 rows in set (0.00 sec)

mysql>
```

图 7-46　显示查询结果

```
mysql> SELECT * FROM student GROUP BY 性别;
+------+--------+------+------+-------+
| 学号  | 姓名    | 性别  | 年龄  | 班号   |
+------+--------+------+------+-------+
| 101  | 曾华明  | 男    | 18   | 09033 |
| 103  | 贾甜甜  | 女    | 18   | 09031 |
+------+--------+------+------+-------+
2 rows in set (0.00 sec)

mysql>
```

图 7-47　显示分组结果

```
SELECT 性别, GROUP_CONCAT(姓名) FROM student GROUP BY 性别;
```

按 Enter 键，即可完成数据的分组查询，并显示查询结果，如图 7-48 所示。结果显示分为两组，"性别"字段取值为"女"的记录是一组，取值为"男"的记录为一组。而且，每一组中所有人的名字都被查询出来，该实例说明，使用 GROUP_CONCAT()函数可以很好地把分组情况表示出来。

3. GROUP BY 关键字与集合函数一起使用

GROUP BY 关键字通常和集合函数一起使用，可以通过集合函数计算分组中的总记录、最大值、最小值等。

【实例 38】查询学生表 student 中的记录，查询条件是按照表中的"性别"来进行分组查询。"性别"字段取值相同的为一组，然后对每一组使用集合函数 COUNT()进行计算，求出每一组的记录数。输入 SQL 语句如下：

```
SELECT 性别,COUNT(*) AS 数量 FROM student GROUP BY 性别;
```

按 Enter 键，即可完成数据的分组查询，并显示查询结果，如图 7-49 所示。结果显示，查询结果按"性别"字段取值进行分组，取值为"女"的记录是一组，取值为"男"的记录是一组。"COUNT(*)AS 数量"条件计算出了"性别"字段不同分组的记录数。

图 7-48　使用 GROUP_CONCAT()函数分组

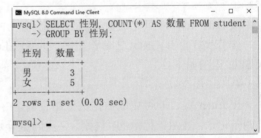

图 7-49　显示分组数量

4．按照多字段进行分组

使用 GROUP BY 可以对多个字段进行分组，GROUP BY 子句后面跟需要分组的字段，MySQL 根据多字段的值来进行层次分组，分组层次从左到右，即先按第 1 个字段分组，然后在第 1 个字段值相同的记录中，再根据第 2 个字段的值进行分组……依此类推。

【实例 39】根据学生姓名和学生性别字段对 student 表中的数据进行分组，输入 SQL 语句如下：

```
SELECT 姓名,性别 FROM student
GROUP BY 姓名,性别;
```

按 Enter 键，即可完成数据的查询，并显示查询结果，如图 7-50 所示。由结果可以看到，查询记录先按照姓名进行分组，再对学生性别字段按不同的取值进行分组。

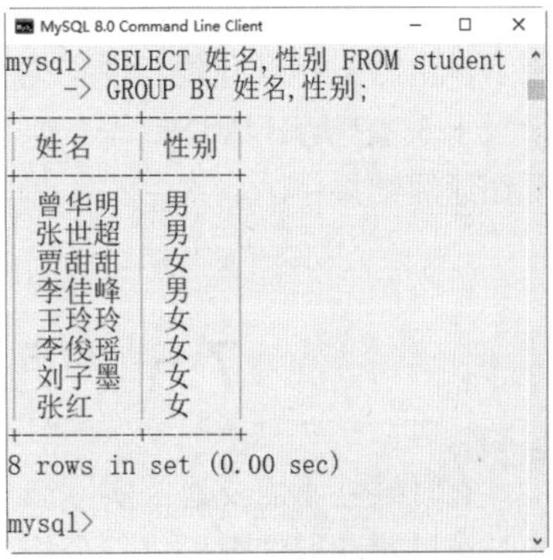

5. GROUP BY 关键字与 WITH ROLLUP 一起使用

使用 WITH ROLLUP 时，将会在所有记录的最后加上一条记录，这条记录是上面所有记录的总和。

【实例 40】查询学生表 student 中的记录，查询条件为按"性别"字段进行分组查询，然后使用 COUNT()函数来计算每组的记录数，并且加上 WITH ROLLUP，输入 SQL 语句如下：

图 7-50　根据多列对查询结果排序

```
SELECT 性别,COUNT(性别) FROM student GROUP BY 性别 WITH ROLLUP;
```

按 Enter 键，即可完成数据的查询，并显示查询结果，如图 7-51 所示。查询结果显示，计算出了各个分组的记录数，并且，在记录的最后加上一条新的记录。该记录的 COUNT(性别)列的值刚好是上面分组的值的总和。

【实例 41】查询学生表 student 中的记录，查询条件为按"性别"字段进行分组查询。使用 GROUP_CONCAT()函数查看每组的姓名字段的值，并且加上 WITH ROLLUP，输入 SQL 语句如下：

```
SELECT 性别, GROUP_CONCAT(姓名) FROM student GROUP BY 性别 WITH ROLLUP;
```

按 Enter 键，即可完成数据的查询，并显示查询结果，如图 7-52 所示。查询结果显示，GROUP_CONCAT(姓名)函数显示了每个分组的"姓名"字段的值，同时，最后一条记录的 GROUP_CONCAT(姓名)列的值刚好是上面分组姓名取值的总和。

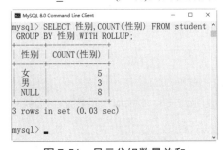

图 7-51　显示分组数量总和

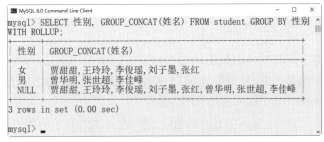

图 7-52　以"性别"分组查询结果

7.4.3　对分组结果过滤查询

GROUP BY 可以和 HAVING 一起限定显示记录所需满足的条件，只有满足条件的分组才会被显示。

【实例 42】根据学生"性别"字段对 student 表中的数据进行分组，并显示学生数量大于 3 的分组信息，输入 SQL 语句如下：

```
SELECT 性别, COUNT(*) AS 数量 FROM student
GROUP BY 性别 HAVING COUNT(*) > 3;
```

按 Enter 键，即可完成数据的查询，并
在"结果"窗格中显示查询结果，如图 7-53
所示。由结果可以看到，性别为女的学生数
量大于 3，满足 HAVING 子句条件，因此出
现在返回结果中。

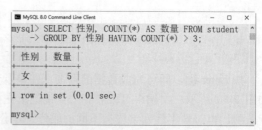

图 7-53　使用 HAVING 子句对分组查询结果过滤

7.5　使用集合函数进行统计查询

有时候并不需要返回实际表中的数据，而只是对数据进行总结，MySQL 提供了一些查询功
能，可以对获取的数据进行分析和报告，这就是聚合函数，具体的名称和作用如表 7-3 所示。

表 7-3　聚合函数

函　　数	作　　用
AVG()	返回某列的平均值
COUNT()	返回某列的行数
MAX()	返回某列的最大值
MIN()	返回某列的最小值
SUM()	返回某列值的和

7.5.1　使用 SUM()求列的和

SUM()是一个求总和的函数，返回指定列值的总和。例如，如果要统计 student 表中有多少条记
录，可以使用 COUNT()函数。如果要统计 student 表中不同班级的人数，也可以使用 COUNT()函数。

【实例 43】使用 COUNT()函数统计 student 表中的记
录数，输入 SQL 语句如下：

```
SELECT COUNT(*) FROM student;
```

按 Enter 键，即可完成数据的计算操作，并显示查询结
果，如图 7-54 所示。由查询结果可以看到，student 表中的
记录总共有 8 条。本实例说明，COUNT()函数计算出来
student 表中的所有记录的总数。

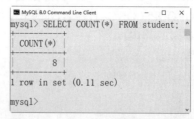

图 7-54　COUNT()函数统计列的和

另外，SUM()可以与 GROUP BY 一起使用，来计
算每个分组的总和。

【实例 44】使用 COUNT()函数统计 student 表中不
同学号的记录数，COUNT 函数与 GROUP BY 关键字
一起使用，输入 SQL 语句如下：

```
SELECT 学号,COUNT(*) FROM student GROUP BY 学号;
```

按 Enter 键，即可完成数据的计算操作，并显示查
询结果，如图 7-55 所示。由查询结果可以看到，student
表中的学号为 101 的记录有 2 条，其他学号的记录都
只有 1 条，从这个实例可以看出，表中的记录先通过

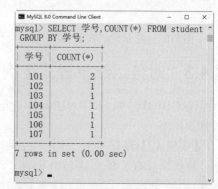

图 7-55　SUM()与 GROUP BY 查询数据

GROUP BY 关键字进行分组，然后，再计算每个分组的记录数。

　　注意：SUM()函数在计算时，忽略列值为 NULL 的行。

7.5.2　使用 AVG()求列平均值

　　AVG()函数通过计算返回的行数和每一行数据的和，求得指定列数据的平均值。

　　【实例 45】在 score 表中，查询学号为 101 的学生成绩平均值，输入 SQL 语句如下：

```
SELECT AVG(分数) AS 平均分
FROM score
WHERE 学号='101';
```

　　按 Enter 键，即可完成数据的计算操作，并显示查询结果，如图 7-56 所示。从查询结果可以看出，学号为"101"的学生的平均成绩为 77。这样，通过添加查询过滤条件，计算出指定学号学生的成绩平均值，而不是所有学生的成绩平均值。

　　另外，AVG()可以与 GROUP BY 一起使用，来计算每个分组的平均值。

　　【实例 46】在 score 表中，查询每个学号的学生成绩平均值，T-SQL 语句如下：

```
SELECT 学号, AVG (分数) AS 平均分
FROM score
GROUP BY 学号;
```

　　按 Enter 键，即可完成数据的计算操作，并显示查询结果，如图 7-57 所示。

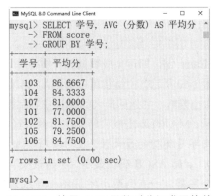

图 7-56　使用 AVG 函数对列求平均值　　　　图 7-57　使用 AVG 函数对分组求平均值

　　提示：GROUP BY 子句根据学号字段对记录进行分组，然后计算出每个分组的平均值，这种分组求平均值的方法非常有用，例如，求不同班级学生成绩的平均值，求不同部门工人的平均工资，求各地的年平均气温等。

7.5.3　使用 MAX()求列最大值

　　MAX()返回指定列中的最大值。

　　【实例 47】在 score 表中查找分数的最大值，T-SQL 语句如下：

```
SELECT MAX(分数) AS 最高分 FROM score;
```

　　按 Enter 键，即可完成数据的计算操作，并显示查询结果，如图 7-58 所示。由结果可以看到，MAX()函数查询出了分数字段的最大值 98。

　　MAX()也可以和 GROUP BY 子句一起使用，求每个分组中的最大值。

　　【实例 48】在 score 表中查找每个学生成绩中的最高分，T-SQL 语句如下：

```
SELECT 学号，MAX(分数) AS 最高分
FROM score
GROUP BY 学号;
```

按 Enter 键，即可完成数据的计算操作，并显示查询结果，如图 7-59 所示。由结果可以看到，GROUP BY 子句根据学号字段对记录进行分组，然后计算出每个分组中的最大值。

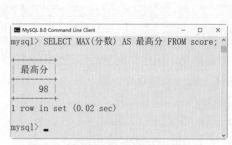

图 7-58　使用 MAX 函数求最大值

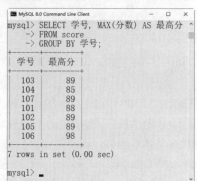

图 7-59　使用 MAX 函数求每个分组中的最大值

MAX()函数不仅适用于查找数值类型，也可以用于字符类型。

【实例 49】在 student 表中查找姓名的最大值，输入 SQL 语句如下：

```
SELECT MAX(姓名) FROM student;
```

按 Enter 键，即可完成数据的计算操作，并显示查询结果，如图 7-60 所示。由结果可以看到，MAX()函数可以对字符进行大小判断，并返回最大的字符或者字符串值。

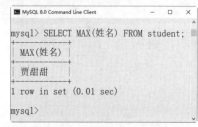

图 7-60　使用 MAX 函数求每个分组中字符串最大值

提示：MAX()函数除了用来找出最大的列值或日期值之外，还可以返回任意列中的最大值，包括返回字符类型的最大值。在对字符类型数据进行比较时，按照字符的 ASCII 码值大小比较，从 a 到 z，a 的 ASCII 码值最小，z 的最大。在比较时，先比较第一个字母，如果相等，继续比较下一个字符，一直到两个字符不相等或者字符结束为止。例如，'b'与't'比较时，'t'为最大值；"bcd"与"bca"比较时，"bcd"为最大值。

7.5.4　使用 MIN()求列最小值

MIN()返回查询列中的最小值。

【实例 50】在 score 表中查找学生的最低分数，T-SQL 语句如下：

```
SELECT MIN(分数) AS 最低分 FROM score;
```

按 Enter 键，即可完成数据的计算操作，并在"结果"窗格中显示查询结果，如图 7-61 所示。由结果可以看到，MIN ()函数查询出了分数字段的最小值为 65。

另外，MIN()也可以和 GROUP BY 子句一起使用，求每个分组中的最小值。

【实例 51】在 score 表中查找每个学生成绩中的最低分，T-SQL 语句如下：

```
SELECT 学号，MIN(分数) AS 最低分
FROM score
GROUP BY 学号;
```

按 Enter 键，即可完成数据的计算操作，并显示查询结果，如图 7-62 所示。由结果可以看

到，GROUP BY 子句根据学号字段对记录进行分组，然后计算出每个分组中的最小值。

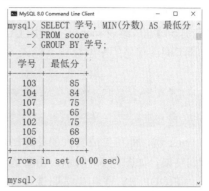

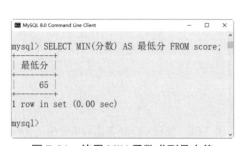

图 7-61　使用 MIN 函数求列最小值　　　　　　图 7-62　使用 MIN 函数求分组中的最小值

提示：MIN()函数与 MAX()函数类似，不仅适用于查找数值类型，也可用于字符类型。

7.5.5　使用 COUNT()统计

COUNT()函数统计数据表中包含的记录行的总数，或者根据查询结果返回列中包含的数据行数。其使用方法有两种。

- COUNT(*)：计算表中总的行数，不管某列有数值或者为空值。
- COUNT(字段名)：计算指定列下总的行数，计算时将忽略字段值为空值的行。

【实例 52】查询课程表 course 表中总的行数，T-SQL 语句如下：

```
SELECT COUNT(*) AS 课程总数
FROM course;
```

按 Enter 键，即可完成数据的计算操作，并显示查询结果，如图 7-63 所示。由查询结果可以看到，COUNT(*)返回课程表 course 中记录的总行数，不管其值是什么，返回的总数的名称为学生总数。

【实例 53】查询课程表 course 中有任何老师编号的课程总数，输入 SQL 语句如下：

```
SELECT COUNT(任课老师编号) AS 存在任课老师编号
FROM course;
```

按 Enter 键，即可完成数据的计算操作，并显示查询结果，如图 7-64 所示。由查询结果可以看到，表中 4 个课程记录只有 1 个没有任课老师编号，因此，任课老师编号为空值 NULL 的记录没有被 COUNT()函数计算。

图 7-63　使用 COUNT 函数计算总记录数　　　　图 7-64　返回有具体列值的记录总数

提示：两个例子中不同的数值，说明了两种方式在计算总数的时候对待 NULL 值的方式的不同。即指定列的值为空的行被 COUNT()函数忽略；但是如果不指定列，而是在 COUNT()函数中使用星号"*"，则所有记录都不会被忽略。

另外，COUNT()函数与 GROUP BY 子句可以一起使用，用来计算不同分组中的记录总数。

【实例 54】在成绩表 score 中，使用 COUNT() 函数统计不同课程号的学生数量，输入 SQL 语句如下：

```
SELECT 课程号 '课程号', COUNT(学号) '学生数量'
FROM score
GROUP BY 课程号;
```

按 Enter 键，即可完成数据的计算操作，并显示查询结果，如图 7-65 所示。由查询结果可以看到，GROUP BY 子句先按照课程号进行分组，然后计算每个分组中的学生数量。

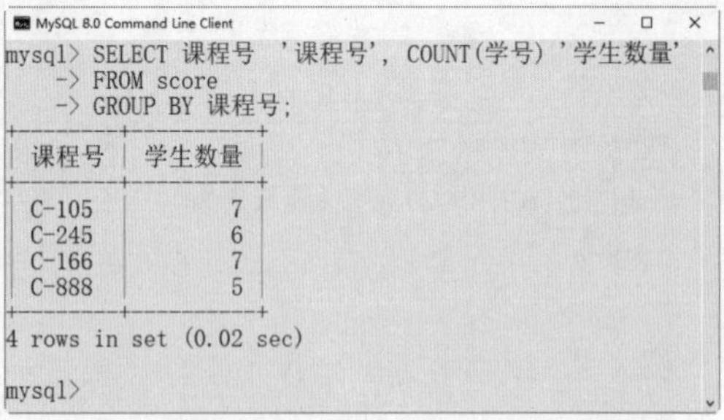

图 7-65　使用 COUNT 函数求分组记录和

7.6　课后习题与练习

一、填充题

1. 在 SELECT 查询语句中使用_____关键字可以消除重复行。

答案：DISTINCT

2. 在 WHERE 子句中，使用字符匹配查询时，通配符_____可以表示任意多个字符。

答案：%

3. 在为列名指定别名时，有时为了方便，可以将_____关键字省略掉。

答案：AS

4. 使用 GROUP BY 进行查询结果排序时，使用 ASC 关键字升序，使用_____关键字降序。

答案：DESC

5. 在 MySQL 数据库中，集合函数包括 AVG()、COUNT()、_____、_____和 MIN()等。

答案：SUM()，MAX()

二、选择题

1. WHERE 子句用来指定_____。

A. 查询结果的分组条件　　　　　　　B. 限定结果集的排序条件

C. 组或聚合的搜索条件　　　　　　　D. 限定返回行的搜索条件

答案：D

2. 使用_____关键字可以将返回的结果集数据按照指定的条件进行排序。

A. GROUP BY　　　　B. HAVING　　　　C. ORDER BY　　　　D. DISTINCT

答案：C

3. GROUP BY 分组查询中可以使用的聚合函数_____。

A. MAX()　　　　B. MIN()　　　　C. COUNT()　　　　D. 以上都可以

答案：D

4. 使用_____函数可以统计数据表中包含的记录行的总数。

A. COUNT()　　　　B. SUM　　　　C. AVG　　　　D. 以上都可以

答案：A

5. 如果想要对查询结果进行分组显示，需要＿＿＿＿＿＿和＿＿＿＿＿＿关键字一起限定查询条件。

A. GROUP BY 和 HAVING　　　　　　　　B. GROUP BY 和 DISTINCT

C. ORDER BY 和 HAVING　　　　　　　　D. ORDER BY 和 DISTINCT

答案：A

三、简答题

1. 简述 SELECT 语句的基本语法。

2. WHERE 子句中可以使用哪些搜索条件？

3. HAVING 子句在查询过程中的作用有哪些？

7.7　新手疑难问题解答

疑问 1：在查询时，有时需要给列添加别名，在添加别名时，需要注意的事项有哪些？

解答：在给列添加别名时，需要注意以下 2 个事项。

（1）当引用中文别名时，不能使用全角引号，否则查询会出错。

（2）当引用英文别名超过两个单词时，则必须用引号将其引起来。

疑问 2：在 SELECT 语句中，何时使用分组子句，何时不必使用分组子句？

解答：SELECT 语句中使用分组子句的先决条件是要有聚合函数。当聚合函数值与其他属性的值无关时，不必使用分组子句；当聚合函数值与其他属性的值有关时，必须使用分组子句。

7.8　实战训练

查询图书管理数据库 Library 中的数据信息。

（1）查询图书信息表 Book，并且为列名增加别名。

（2）查询图书信息表 Book，并且按图书价格降序排序。

（3）查询读者信息表 Reader，列出男性读者的信息。

（4）查询读者信息表 Reader，列出当前状态为"无效"的信息。

（5）查询图书信息表 Book，图书价格在 50～100 元的图书信息。

第8章

数据表的复杂查询

本章内容提要

实际的数据查询往往会涉及两个甚至更多的数据表，这时，就要使用连接来完成查询任务了。通过连接，可以从两个或多个表中根据各个表之间的逻辑关系来查询记录。根据连接的不同，可以将多表连接分为内连接、外连接、复杂条件连接等。根据查询语句的结果，还可以将连接查询分为子查询、合并查询等，另外，还可以使用正则表达式进行查询。本章就来介绍数据的复杂查询，内容包括子查询、连接查询、合并查询、使用正则表达式查询等。

本章知识点

- 数据的子查询。
- 合并查询结果。
- 数据的内连接查询。
- 数据的外连接查询。
- 使用正则表达式查询。

8.1 子查询

子查询也被称为嵌套查询，就是在一个查询语句中嵌套另一个查询。具体来讲，子查询是一个嵌套在 SELECT 语句或其他子查询中的查询，任何允许使用表达式的地方都可以使用子查询，但是要求它返回的是单个值。子查询中可以使用比较运算符，如"<""<="">"">="
"!="等，子查询中常用的操作符有 ANY、SOME、ALL、IN、EXISTS 等。

8.1.1 带比较运算符的子查询

简单子查询中的内层子查询通常作为搜索条件的一部分呈现在 WHERE 字句中，例如，把一个表达式的值和一个由子查询生成的值相比较，这类似于简单比较测试，这里常用的比较运算符有"<""<="">="">=""!="等。

为演示子查询操作，这里仍然使用 school；数据库中的学生信息表（student 表）、成绩表（score 表）、课程表（course 表）、教师表（teacher 表），具体的表结构如图 8-1～图 8-4 所示。

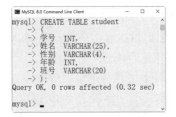

图 8-1　student 表结构

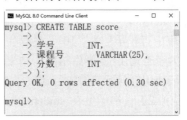

图 8-2　score 表结构

图 8-3　course 表结构

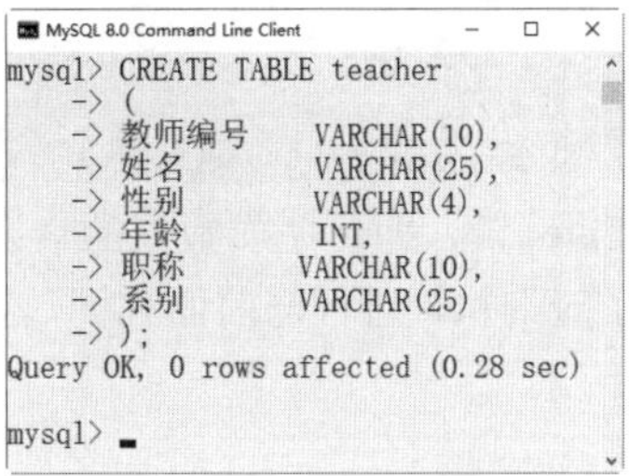

图 8-4　teacher 表结构

数据表创建完成后，分别向这四张表中输入表数据，图 8-5 为 student 表数据记录、图 8-6 为 score 表记录、图 8-7 为 course 表记录、图 8-8 为 teacher 表记录。

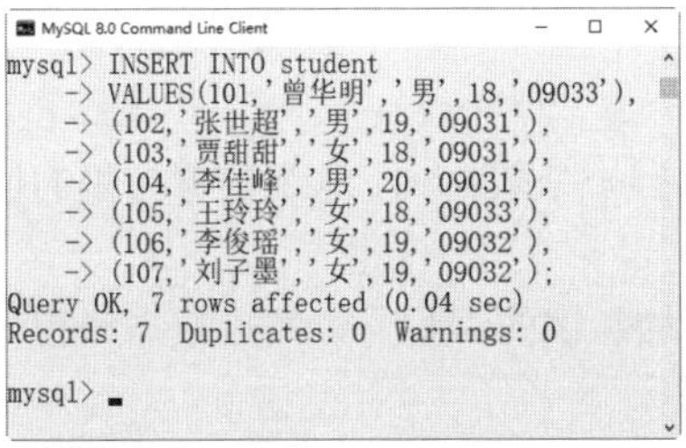

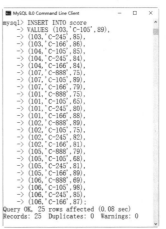

图 8-5　student 表数据记录

图 8-6　score 表数据记录

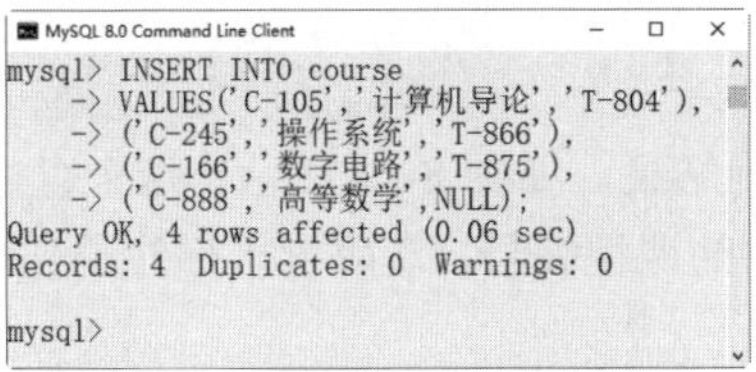

图 8-7　course 表数据记录

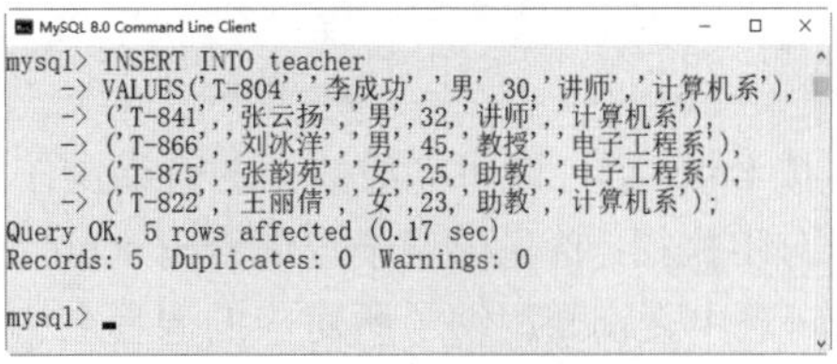

图 8-8　teacher 表数据记录

【实例 1】查询学生表 student 中与学号为 "101" 的学生年龄相同的学生信息。输入 SQL 语句如下：

```
USE school;
```

```
SELECT 学号,姓名,性别,年龄 FROM student
WHERE 年龄=
(SELECT 年龄 FROM student WHERE 学号='101');
```

按 Enter 键，即可完成数据的查询操作，并显示查询结果，如图 8-9 所示。该子查询首先在 student 表中查找学号为 "101" 的学生年龄，得出是 19，然后再执行主查询，在 student 表中查找年龄为子查询 19 的学生信息，结果表明，年龄为 19 的学生有 4 位。

除了使用等号运算符进行比较子查询，还可以使用不等于运算符来查询数据。

【实例 2】查询学生表 student 中与学号为 "101" 的学生不同年龄的学生信息。输入 SQL 语句如下：

```
USE school;
SELECT 学号,姓名,性别,年龄 FROM student
WHERE 年龄<>
(SELECT 年龄 FROM student WHERE 学号='101');
```

按 Enter 键，即可完成数据的查询操作，并在 "结果" 窗格中显示查询结果，如图 8-10 所示。该子查询执行过程与前面相同，在这里使用了不等于 "<>" 运算符，因此返回的结果和前面正好相反。

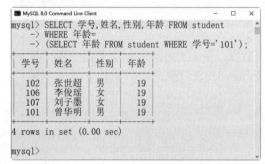

图 8-9　使用等号运算符进行比较子查询

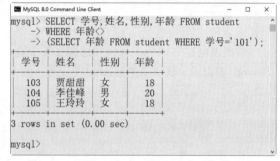

图 8-10　使用不等于运算符进行比较子查询

8.1.2　带 IN 关键字的子查询

使用 IN 关键字进行子查询时，内层查询语句仅仅返回一个数据列，这个数据列里的值将提供给外层查询语句进行比较操作。

【实例 3】在 score 表中查询学号为 "103" 的学生参加考试的课程号，然后根据课程号查询其课程名称，输入 SQL 语句如下：

```
USE school;
SELECT 课程名 FROM course
WHERE 课程号 IN
(SELECT 课程号 FROM score WHERE 学号= '103');
```

按 Enter 键，即可完成数据的查询操作，并显示查询结果，如图 8-11 所示。这个查询过程可以分步执行，首先内层子查询查出 score 表中符合条件的课程编号，然后再执行外层查询，在 course 表中查询课程编号所对应的课程名称。

SELECT 语句中可以使用 NOT IN 运算符，其作用与 IN 正好相反。

【实例 4】与前一个例子语句类似，但是在 SELECT 语句中使用 NOT IN 运算符，T-SQL 语句如下：

```
USE school;
```

```
SELECT 课程名 FROM course
WHERE 课程号 NOT IN
(SELECT 课程号 FROM score WHERE 学号= '103');
```

按 Enter 键，即可完成数据的查询操作，并显示查询结果，如图 8-12 所示。这就说明学号为 "103" 的学生没有参加考试的课程名称为 "高等数学"，这与 IN 运算符返回的结果相反。

| 图 8-11　使用 IN 关键字进行子查询 | 图 8-12　使用 NOT IN 运算符进行子查询 |

8.1.3　带 ANY 关键字的子查询

ANY 关键字也是在子查询中经常使用的，通过使用比较运算符来连接 ANY 得到的结果，它可以用于比较某一列的值是否全部都大于 ANY 后面子查询中的最小值，或者小于 ANY 后面子查询中的最大值。

【实例 5】查询课程编号为 "C-105" 课程且成绩至少高于课程编号为 "C-245" 课程的学生的课程号、学号和分数，并按分数从高到低次序排列。

```
USE school;
SELECT 课程号,学号,分数 FROM score
WHERE 课程号='C-105' and 分数>ANY
(SELECT 分数 FROM score WHERE 课程号= 'C-245')
ORDER BY 分数 DESC;
```

按 Enter 键，即可完成数据的查询操作，并显示查询结果，如图 8-13 所示。

从查询结果中可以看出，ANY 前面的运算符 ">" 代表了对 ANY 后面子查询的结果中任意值进行是否大于的判断，如果要判断小于可以使用 "<"，判断不等于可以使用 "！=" 运算符。

图 8-13　使用 ANY 的子查询

8.1.4　带 ALL 关键字的子查询

ALL 关键字与 ANY 不同，使用 ALL 时需要同时满足所有内层查询的条件。例如，修改前面的例子，用 ALL 操作符替换 ANY 操作符。

【实例 6】查询课程编号为 "C-105" 课程且成绩都高于课程编号为 "C-245" 课程的学生的课程号、学号和分数，并按分数从高到低次序排列。

```
USE school;
SELECT 课程号,学号,分数 FROM score
WHERE 课程号='C-105' and 分数>ALL
(SELECT 分数 FROM score WHERE 课程号= 'C-245')
```

```
ORDER BY 分数 DESC;
```

按 Enter 键，即可完成数据的查询操作，并显示查询结果，如图 8-14 所示。从结果中可以看出，课程号等于"C-105"的信息只返回成绩大于课程号为"C-245"成绩最大值的信息。

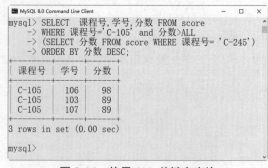

图 8-14　使用 ALL 关键字查询

8.1.5　带 SOME 关键字的子查询

SOME 关键字的用法与 ANY 关键字的用法相似，但是意义不同。SOME 通常用于比较满足查询结果中的任意一个值，而 ANY 要满足所有值才可以。因此，在实际应用时需要特别注意查询条件。

【实例 7】在 score 表中查询学号为"103"的学生参加考试的课程号，然后根据课程号查询其课程名称，输入 SQL 语句如下：

```
USE school;
SELECT 课程名 FROM course
WHERE 课程号=SOME
(SELECT 课程号 FROM score WHERE 学号=
'103');
```

按 Enter 键，即可完成数据的查询操作，并显示查询结果，如图 8-15 所示。

从结果中可以看出，SOME 关键字与 IN 关键字可以完成相同的功能，也就是说，当在 SOME 运算符前面使用"="时，就代表了 IN 关键字的用途。

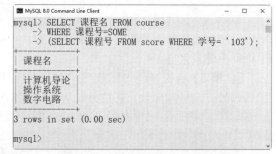

图 8-15　使用 SOME 关键字查询

8.1.6　带 EXISTS 关键字的子查询

EXISTS 关键字代表"存在"的意思，它应用于子查询中，只要子查询返回的结果为空，那么返回就是 true，此时外层查询语句将进行查询；否则就是 false，外层语句将不进行查询。通常情况下，EXISTS 关键字用在 WHERE 子句中。

【实例 8】查询所有任课教师的信息，输入 SQL 语句如下：

```
USE school;
SELECT * FROM teacher a
WHERE EXISTS
(SELECT * FROM course b
WHERE A.教师编号=B.任课老师编号);
```

按 Enter 键，即可完成数据的查询操作，并显示查询结果，如图 8-16 所示。

由结果可以看到，内层查询结果表明课程表 course 中存在与教师表 teacher 中相等的教师编号，因此 EXISTS 表达式返回 TRUE；外层查询语句接收 TRUE 之后对表 teacher 进行查询，返回所有的记录。

NOT EXISTS 与 EXISTS 使用方法相同，返回的结果相反。子查询如果至少返回一行，那么 NOT EXISTS 的结果为 FALSE，此时外层查询语句将不进行查询；如果子查询没有返回任何行，那么 NOT EXISTS 返回的结果是 TRUE，此时外层语句将进行查询。

【实例 9】查询所有非任课教师的信息，输入 SQL 语句如下：

```
USE school;
SELECT * FROM teacher a
WHERE NOT EXISTS
(SELECT * FROM course b
WHERE A.教师编号=B.任课老师编号);
```

按 Enter 键，即可完成数据的查询操作，并显示查询结果，如图 8-17 所示。

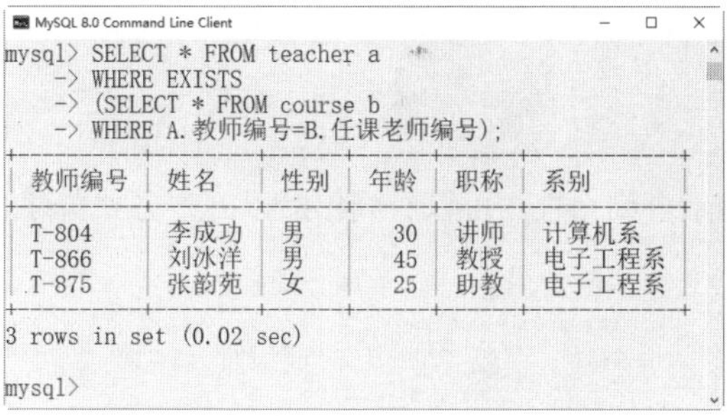

图 8-16　使用 EXISTS 关键字的子查询　　　图 8-17　使用 NOT EXISTS 的子查询

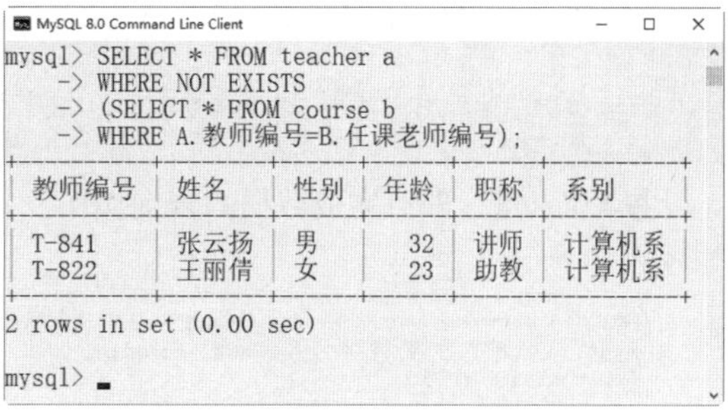

注意：EXISTS 和 NOT EXISTS 的结果只取决于是否会返回行，而不取决于这些行的内容，所以这个子查询输入列表通常是无关紧要的。

8.2　合并查询结果

合并查询结果是将多个 SELECT 语句的查询结果合并到一起。因为某种情况下，需要将几个 SELECT 语句查询出来的结果合并起来显示。

8.2.1　合并查询的语法格式

进行合并查询操作需要使用 UNION 和 UNION ALL 关键字。使用 UNION 关键字时，数据库系统会将所有的查询结果合并到一起，然后去除掉相同的记录；使用 UNION ALL 关键字则只是简单的合并到一起，其语法格式如下：

```
SELECT 语句 1
UNION|UNION ALL
SELECT 语句 2
UNION|UNION ALL…
SELECT n
```

从上面可以知道，可以合并多个 SELECT 语句的查询结果，而且，每个 SELECT 语句之间使用 UNION|UNION ALL 关键字连接。

8.2.2　合并查询的具体应用

在查询时，有时需要将查询结果合并起来显示，例如，现在需要将公司甲和公司乙的员工信息都显示出来，这就需要从公司甲中查询出所有员工的信息，再从公司乙中查询出所有员工的信息，最后将两次查询的结果合并显示出来。

【实例 10】查询 teacher 表中与 student 表中的所有教师和学生的姓名、性别和年龄。

```
USE school;
SELECT 姓名,性别,年龄 FROM student
UNION
SELECT 姓名,性别,年龄 FROM teacher;
```

按 Enter 键，即可完成数据的查询操作，并显示查询结果，如图 8-18 所示。

如果需要将查询结果按照年龄进行排序，可以使用下面的 SQL 语句：

```
USE School;
SELECT 姓名,性别,年龄 FROM student
UNION
SELECT 姓名,性别,年龄 FROM teacher
ORDER BY 年龄;
```

按 Enter 键，即可完成数据的查询操作，并显示查询结果，可以看到年龄以升序方式排序，如图 8-19 所示。

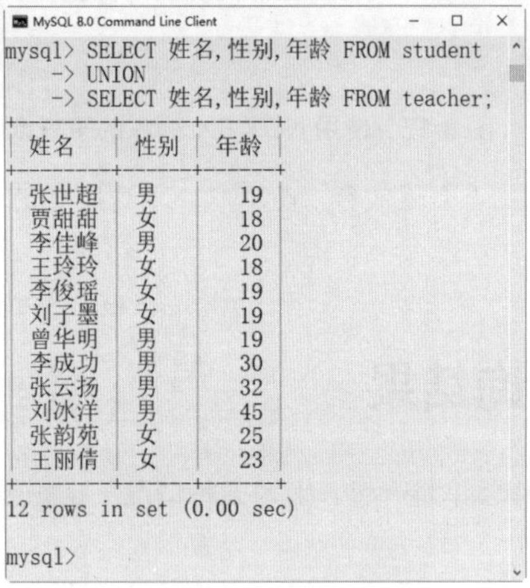

图 8-18　合并查询结果

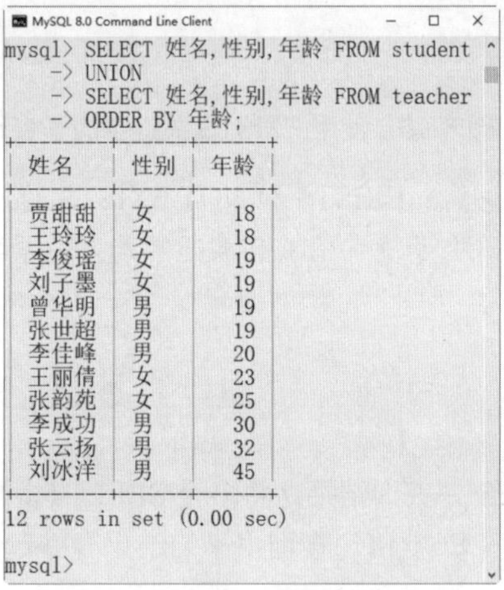

图 8-19　合并后并排序查询结果

如果使用 UNION ALL 关键字，那么只有将查询结果直接合并到一起，结果中可能会存在相同的记录。

【实例 11】查询 student 表中所有学生的姓名、性别和年龄，再查询 teacher 表中教师的姓名、性别与年龄，最后将两次查询结果合并。

```
USE school;
SELECT 姓名,性别,年龄 FROM student
UNION ALL
SELECT 姓名,性别,年龄 FROM teacher;
```

按 Enter 键，即可完成数据的查询操作，并显示查询结果，如图 8-20 所示。从结果中可以看出，使用 UNION ALL 关键字只是将查询结果直接合并到一起，没有消除相同的记录。

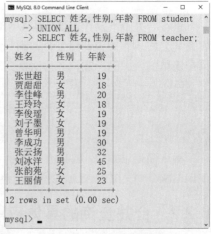

图 8-20　合并查询结果

注意：UNION 关键字和 UNION ALL 关键字都可以合并查询结果，但是两者有一点区别。UNION 关键字合并查询结果时，需要将相同的记录消除掉，而 UNION ALL 关键字则相反，它不会消除掉相同的记录，而是将所有的记录合并到一起。

8.3　内连接查询

连接查询是将两个或两个以上的表按某个条件连接起来，从中选取需要的数据。连接查询是同时查询两个或两个以上的表时使用的，当不同的表中存在表示相同意义的字段时，可以通过该字段来连接这几个表。连接查询主要包括内连接和外连接。

8.3.1　笛卡儿积查询

笛卡儿积是针对一种多种查询的特殊结果来说的，它的特殊之处在于多表查询时没有指定查询条件，查询的是多个表中的全部记录，返回到具体结果是每张表中列的和、行的积。

【实例 12】不适用任何条件查询学生信息表与教师信息表中的全部数据，输入 SQL 语句如下：

```
USE school;
SELECT *FROM student,teacher;
```

按 Enter 键，即可完成数据的查询操作，并显示查询结果，如图 8-21 所示。

图 8-21　笛卡儿积查询结果

从结果可以看出，返回的列共有 11 列，返回的行是 35 行，这是两个表行的乘积，即 5×7=35。

注意：通过笛卡儿积可以得出，在使用多表连接查询时，一定要设置查询条件，否则就会出现笛卡儿积，这样就会降低数据库的访问效率，因此，每一个数据库的使用者都要避免查询结果中笛卡儿积的产生。

8.3.2　内连接的简单查询

内连接查询操作列出与连接条件匹配的数据行，它使用比较运算符比较被连接列的列值。内连接还可以理解为等值连接，它的查询结果全部都是符合条件的数据。

【实例 13】使用内连接查询学生信息表和考试成绩表，输入 SQL 语句如下：

```
USE school;
SELECT * FROM student INNER JOIN score
ON student.学号=score.学号;
```

按 Enter 键，即可完成数据的查询操作，并显示查询结果，如图 8-22 所示。从结果可以看出，内连接查询的结果就是符合条件的全部数据。

```
mysql> USE school;
Database changed
mysql> SELECT * FROM student INNER JOIN score
    -> ON student.学号=score.学号;
+------+--------+------+------+-------+------+--------+------+
| 学号 | 姓名   | 性别 | 年龄 | 班号  | 学号 | 课程号 | 分数 |
+------+--------+------+------+-------+------+--------+------+
|  103 | 贾甜甜 | 女   |   18 | 09031 |  103 | C-105  |   89 |
|  103 | 贾甜甜 | 女   |   18 | 09031 |  103 | C-245  |   85 |
|  103 | 贾甜甜 | 女   |   18 | 09031 |  103 | C-166  |   86 |
|  104 | 李佳峰 | 男   |   20 | 09031 |  104 | C-105  |   85 |
|  104 | 李佳峰 | 男   |   20 | 09031 |  104 | C-245  |   84 |
|  104 | 李佳峰 | 男   |   20 | 09031 |  104 | C-166  |   84 |
|  107 | 刘子墨 | 女   |   19 | 09032 |  107 | C-888  |   75 |
|  107 | 刘子墨 | 女   |   19 | 09032 |  107 | C-105  |   89 |
|  107 | 刘子墨 | 女   |   19 | 09032 |  107 | C-166  |   79 |
|  101 | 曾华明 | 男   |   19 | 09031 |  101 | C-888  |   75 |
|  101 | 曾华明 | 男   |   19 | 09031 |  101 | C-105  |   65 |
|  101 | 曾华明 | 男   |   19 | 09031 |  101 | C-245  |   80 |
|  101 | 曾华明 | 男   |   19 | 09031 |  101 | C-166  |   88 |
```

图 8-22　内连接的简单查询结果

8.3.3　等值内连接查询

等值连接就是指表之间通过“等于”关系连接起来，产生一个连接临时表，然后对该临时表进行处理后生成最终结果。

【实例 14】查询所有学生的姓名、课程号和分数列，输入 SQL 语句如下：

```
USE school;
SELECT student.姓名,score.课程号,score.分数
FROM student,score
WHERE student.学号=score.学号;
```

按 Enter 键，即可完成数据的查询操作，并显示查询结果，如图 8-23 所示。

该语句属于等值连接方式，先按照 student.学号=score.学号连接条件将 student 和 score 表连接起来，产生一个临时表，再从其中选择出 student.姓名、score.课程号、score.分数 3 个列的数据并输出。

注意：这里的查询语句中，连接的条件使用 WHERE 子句而不是 ON，ON 和 WHERE 后面指定的条件相同。

另外，SQL 为了简化输入，允许在查询中使用表的别名，以缩写表名，可以在 FROM 字句中为表定义一个临时别名，然后在查询中引用。

【实例 15】查询“09031”班级所选课程的平均分，输入 SQL 语句如下：

```
USE school;
SELECT y.课程号, AVG(y.分数) AS '分数'
FROM student x,score y
WHERE x.学号=y.学号 AND x.班号='09031' AND y.分数 IS NOT NULL
GROUP BY y.课程号;
```

按 Enter 键，即可完成数据的查询操作，并显示查询结果，如图 8-24 所示。

```
mysql> SELECT student.姓名,score.课程号,score.分数
    -> FROM student,score
    -> WHERE student.学号=score.学号;
+--------+--------+------+
| 姓名   | 课程号 | 分数 |
+--------+--------+------+
| 贾甜甜 | C-105  |   89 |
| 贾甜甜 | C-245  |   85 |
| 贾甜甜 | C-166  |   86 |
| 李佳峰 | C-105  |   85 |
| 李佳峰 | C-245  |   84 |
| 李佳峰 | C-166  |   84 |
| 刘子墨 | C-888  |   75 |
| 刘子墨 | C-105  |   89 |
| 刘子墨 | C-166  |   79 |
| 曾华明 | C-888  |   75 |
| 曾华明 | C-105  |   65 |
| 曾华明 | C-245  |   80 |
| 曾华明 | C-166  |   88 |
| 张世超 | C-888  |   89 |
```

图 8-23　等值内连接查询

```
mysql> SELECT y.课程号, AVG(y.分数) AS '分数'
    -> FROM student x,score y
    -> WHERE x.学号=y.学号 AND x.班号='09031'
AND y.分数 IS NOT NULL
    -> GROUP BY y.课程号
    -> ;
+--------+---------+
| 课程号 | 分数    |
+--------+---------+
| C-105  | 78.5000 |
| C-245  | 82.7500 |
| C-166  | 84.7500 |
| C-888  | 82.0000 |
+--------+---------+
4 rows in set (0.02 sec)

mysql>
```

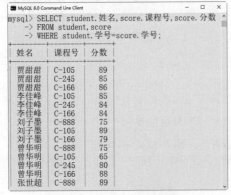

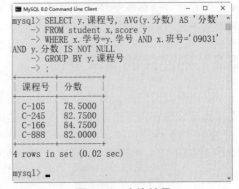

图 8-24　查询结果

8.3.4　非等值内连接查询

非等值连接是指表之间连接关系不是"等于"，而是其他关系。通过指定的非等值关系将两个表连接起来，产生一个连接临时表，然后对该临时表进行处理后生成最终结果。这些非等值关系包括">"">=""<=""<""!>""!<""<>"和 BETWEEN…AND 等。

【实例 16】在学生信息表和考试成绩表之间使用 INNER JOIN 语法进行非等值内连接查询，输入 SQL 语句如下：

```
USE school;
SELECT * FROM student INNER JOIN score
ON student.学号 <> score.学号;
```

按 Enter 键，即可完成数据的查询操作，并显示查询结果，如图 8-25 所示。

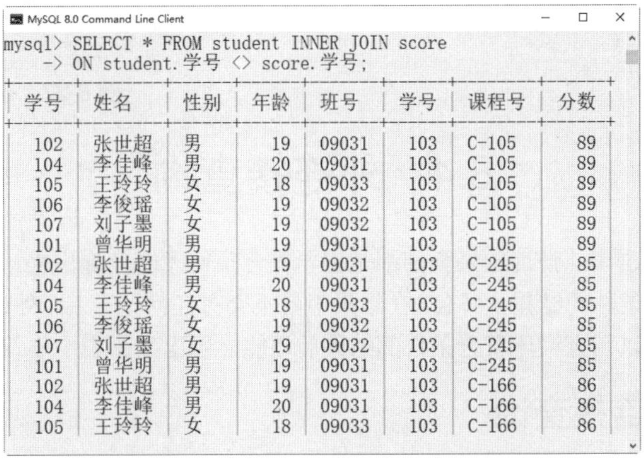

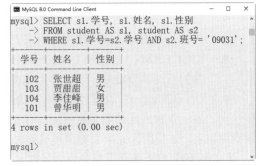

图 8-25　使用 INNER JOIN 进行不相等内连接查询

8.3.5　自连接的内连接查询

在数据查询中有时需要将同一个表进行连接，这种连接称为自连接，进行自连接就如同两个分开的表一样，可以把一个表的某行与同一表中的另一行连接起来。

【实例 17】查询班号='09031'的其他学生信息，SQL 语句如下：

```
USE school;
SELECT s1.学号, s1.姓名, s1.性别
FROM student AS s1, student AS s2
WHERE s1.学号=s2.学号 AND s2.班号= '09031';
```

按 Enter 键，即可完成数据的查询操作，并显示查询结果，如图 8-26 所示。

图 8-26　自连接的内连接查询

8.3.6　带条件的内连接查询

带选择条件的连接查询是在连接查询的过程中，通过添加过滤条件限制查询的结果，使查询的结果更加准确。

【实例 18】查询选项"C-105"课程的成绩高于"105"号学生成绩的所有学生记录，并将成绩从高到低排序。

```
USE school;
SELECT x.课程号,x.学号,x.分数
FROM score x, score y
WHERE x.课程号='C-105' AND x.分数>y.分数 AND y.学号='105' AND y.课程号='C-105'
ORDER BY x.分数 DESC;
```

按 Enter 键，即可完成数据的查询操作，并显示查询结果，如图 8-27 所示。

此处查询的两个表是相同的表，为了防止产生二义性，对表使用了别名。score 表第一次出现的别名为 x，第二次出现的别名为 y，使用 SELECT 语句返回列时明确指出返回以 x 为前缀的列的全名，WHERE 连接两个表，并按照设置的条件对数据进行过滤，然后返回所需数据。

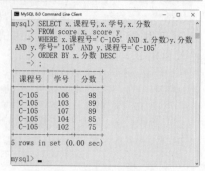

图 8-27 带条件的内连接查询

8.4 外连接查询

几乎所有的查询语句，查询结果全部都是需要符合条件才能查询出来。换句话说，如果执行查询语句后没有符合条件的结果，那么，在结果中就不会有任何记录。而外连接查询则与之相反，通过外连接查询，可以在查询出符合条件的结果后还能显示出某张表中不符合条件的数据。

8.4.1 认识外连接查询

外连接查询包括左外连接、右外连接以及全外连接。具体的语法格式如下：

```
SELECT column_name1, column_name2, …
FROM table1 LEFT|RIGHT| JOIN table2
ON conditions;
```

主要参数介绍如下。

- table1：数据表 1。通常在外连接中被称为左表。
- table2：数据表 2。通常在外连接中被称为右表。
- LEFT JOIN（左连接）：左外连接，使用左外连接时得到的查询结果中，除了符合条件的查询部分结果，还要加上左表中余下的数据。
- RIGHT JOIN（右连接）：右外连接，使用右外连接时得到的查询结果中，除了符合条件的查询部分结果，还要加上右表中余下的数据。
- ON conditions：设置外连接中的条件，与 WHERE 子句后面的写法一样。

为了显示 3 种外连接的演示效果，首先将两张数据表中，根据课程号相等作为条件时的记录查询出来，这是因为成绩表与课程表是根据课程号字段关联的。

【实例 19】根据课程号相等作为条件，来查询两张表的数据记录，输入 SQL 语句如下：

```
USE school;
SELECT * FROM course,score
WHERE course.课程号=score.课程号;
```

按 Enter 键，即可完成数据的查询操作，并显示查询结果，如图 8-28 所示。

从查询结果中可以看出，在查询结果左侧是课程信息表中符合条件的全部数据，在右侧是成绩表中符合条件的全部数据。下面就分别使用 3 种外连接来根据"course.课程号=score.课程

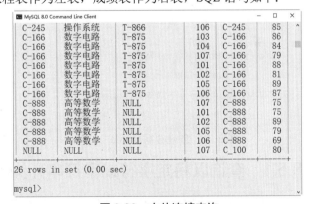

号”这个条件查询数据，请注意观察查询结果的区别。

```
mysql> SELECT * FROM course, score
    -> WHERE course.课程号=score.课程号;
```

课程号	课程名	任课老师编号	学号	课程号	分数
C-105	计算机导论	T-804	103	C-105	89
C-245	操作系统	T-866	103	C-245	85
C-166	数字电路	T-875	103	C-166	86
C-105	计算机导论	T-804	104	C-105	85
C-245	操作系统	T-866	104	C-245	84
C-166	数字电路	T-875	104	C-166	84
C-888	高等数学	NULL	107	C-888	75
C-105	计算机导论	T-804	107	C-105	89
C-166	数字电路	T-875	107	C-166	79
C-888	高等数学	NULL	101	C-888	75
C-105	计算机导论	T-804	101	C-105	65
C-245	操作系统	T-866	101	C-245	80
C-166	数字电路	T-875	101	C-166	88

图 8-28 查看两表的全部数据记录

8.4.2 左外连接查询

左连接的结果包括 LEFT OUTER JOIN 关键字左边连接表的所有行，而不仅仅是连接列所匹配的行。如果左表的某行在右表中没有匹配行，则在相关联的结果集行中右表的所有选择表字段均为空值。

【实例 20】使用左外连接查询，将课程表作为左表，成绩表作为右表，输入 SQL 语句如下：

```
USE school;
SELECT * FROM course LEFT JOIN score
ON course.课程号=score.课程号;
```

按 Enter 键，即可完成数据的查询操作，并显示查询结果，如图 8-29 所示。

结果最后显示的 1 条记录，课程号等于“C-189”的课程在成绩表中没有记录，所以该条记录只取出了课程表中相应的值，而从成绩表中取出的值为空值。

C-105	计算机导论	T-804	101	C-105	65
C-245	操作系统	T-866	101	C-245	80
C-166	数字电路	T-875	101	C-166	88
C-888	高等数学	NULL	102	C-888	89
C-105	计算机导论	T-804	102	C-105	75
C-245	操作系统	T-866	102	C-245	82
C-166	数字电路	T-875	102	C-166	81
C-888	高等数学	NULL	105	C-888	79
C-105	计算机导论	T-804	105	C-105	68
C-245	操作系统	T-866	105	C-245	81
C-166	数字电路	T-875	105	C-166	89
C-888	高等数学	NULL	106	C-888	69
C-105	计算机导论	T-804	106	C-105	98
C-245	操作系统	T-866	106	C-245	85
C-166	数字电路	T-875	106	C-166	87
C-189	大学英语	T_800	NULL	NULL	NULL

```
26 rows in set (0.00 sec)
```

图 8-29 左外连接查询

8.4.3 右外连接查询

右连接是左连接的反向连接。将返回 RIGHT JOIN 关键字右边的表中的所有行。如果右表的某行在左表中没有匹配行，左表将返回空值。

【实例 21】使用右外连接查询，将课程表作为左表，成绩表作为右表，SQL 语句如下：

```
USE school;
SELECT * FROM course RIGHT JOIN score
ON course.课程号=score.课程号;
```

按 Enter 键，即可完成数据的查询操作，并显示查询结果，如图 8-30 所示。

结果最后显示的 1 条记录，课程号等于“C-100”的课程信息在课程表中没有记录，所以该条记录只取出了成绩表中相应的值，而从课程表中取出的值为空值。

C-245	操作系统	T-866	106	C-245	85
C-166	数字电路	T-875	103	C-166	86
C-166	数字电路	T-875	104	C-166	84
C-166	数字电路	T-875	107	C-166	79
C-166	数字电路	T-875	101	C-166	88
C-166	数字电路	T-875	102	C-166	81
C-166	数字电路	T-875	105	C-166	89
C-166	数字电路	T-875	106	C-166	87
C-888	高等数学	NULL	107	C-888	75
C-888	高等数学	NULL	101	C-888	75
C-888	高等数学	NULL	102	C-888	89
C-888	高等数学	NULL	105	C-888	79
C-888	高等数学	NULL	106	C-888	69
NULL	NULL	NULL	107	C_100	80

```
26 rows in set (0.00 sec)

mysql>
```

图 8-30 右外连接查询

8.5　使用正则表达式查询

正则表达式(Regular Expression)是一种文本模式，包括普通字符（例如，a～z 之间的字母）和特殊字符（称为"元字符"）。正则表达式的查询能力比普通字符的查询能力更强大，而且更加的灵活，正则表达式可以应用于非常复杂的数据查询。MySQL 中，使用 REGEXP 关键字来匹配查询正则表达式，语法格式如下：

```
属性名 REGEXP '匹配方式'
```

主要参数介绍如下。

- 属性名：表示需要查询的字段的名称。
- 匹配方式：表示以哪种方式来进行匹配查询，匹配方式参数中有很多的模式匹配字符，它们分别表示不同的意思，如表 8-1 所示。

为演示使用正则表达式查询操作，这里仍然使用 school 数据库，并在数据库中创建数据表 info，表结构如图 8-31 所示。然后在 info 数据表中添加数据记录，如图 8-32 所示。

表 8-1　正则表达式的模式匹配字符

字　　符	描　　述
^	匹配字符串开始的位置
$	匹配字符串结尾的位置
.	匹配字符串中的任意一个字符，包括回车和换行
[字符集合]	匹配"字符集合"中的任何一个字符
[^字符集合]	匹配除了"字符集合"以外的任何一个字符
S1|S2|S3	匹配 S1、S2 和 S3 中的任意一个字符串
*	代表多个该符号之前的字符，包括 0 和 1 个
+	代表多个该符号之前的字符，包括 1 个
字符串 {n}	字符串出现 n 次
字符串 {m,n}	字符串出现至少 m 次，最多 n 次

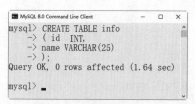

图 8-31　创建数据表 info

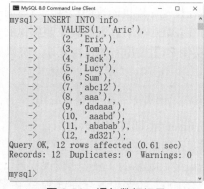

图 8-32　添加数据记录

8.5.1　查询以特定字符或字符串开头的记录

使用字符"^"可以匹配以特定字符或字符串开头的记录。

【实例 22】从 info 表 name 字段中查询以字母 L 开头的记录，输入 SQL 语句如下：

```
USE school;
```

```
SELECT * FROM info WHERE name REGEXP '^L';
```

按 Enter 键，即可完成数据的查询操作，并显示查询结果，如图 8-33 所示。结果显示，查询出了 name 字段中以字母 L 开头的 1 条记录。

【实例 23】从 info 表 name 字段中查询以字符串 aaa 开头的记录，输入 SQL 语句如下：

```
USE school;
SELECT * FROM info WHERE name REGEXP '^aaa';
```

按 Enter 键，即可完成数据的查询操作，并显示查询结果，如图 8-34 所示。结果显示，查询出了 name 字段中以字符串 aaa 开头的 2 条记录。

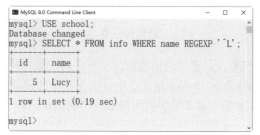

图 8-33　查询以字母 L 开头的记录

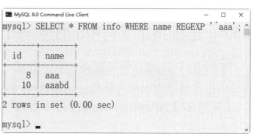

图 8-34　查询以字符串 aaa 开头的记录

8.5.2　查询以特定字符或字符串结尾的记录

使用字符"$"可以匹配以特定字符或字符串结尾的记录。

【实例 24】从 info 表 name 字段中查询以字母 C 结尾的记录，输入 SQL 语句如下：

```
USE school;
SELECT * FROM info WHERE name REGEXP 'c$';
```

按 Enter 键，即可完成数据的查询操作，并显示查询结果，如图 8-35 所示。结果显示，查询出了 name 字段中以字母 c 结尾的 2 条记录。

【实例 25】从 info 表 name 字段中查询以字符串 aaa 结尾的记录，输入 SQL 语句如下：

```
USE school;
SELECT * FROM info WHERE name REGEXP 'aaa$';
```

按 Enter 键，即可完成数据的查询操作，并显示查询结果，如图 8-36 所示。结果显示，查询出了 name 字段中以字符串 aaa 结尾的 2 条记录。

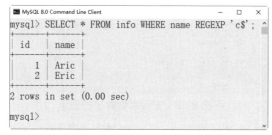

图 8-35　查询以字母 C 结尾的记录

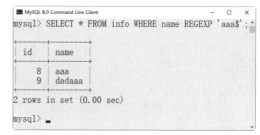

图 8-36　查询以字符串 aaa 结尾的记录

8.5.3　用符号"."代替字符串中的任意一个字符

在用正则表达式查询时，可以用"."替代字符串中的任意一个字符。

【实例 26】从 info 表 name 字段中查询以字母 L 开头，以字母 y 结尾，中间有两个任意字符的记录，输入 SQL 语句如下：

```
USE school;
SELECT * FROM info WHERE name REGEXP '^L..y$';
```

在上述代码中，^L 表示以字母 L 开头，
两个 "." 表示两个任意字符，y$表示以字母 y
结尾。按 Enter 键，即可完成数据的查询操作，
并显示查询结果为 Lucy，如图 8-37 所示。这
个刚好是以字母 L 开头，以字母 y 结尾，中间
有两个任意字符的记录。

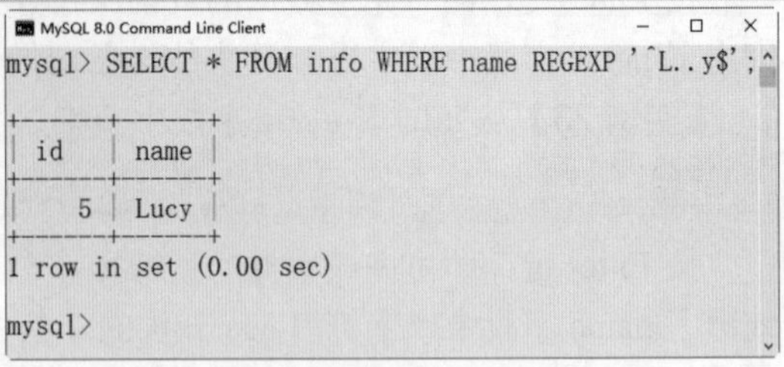

图 8-37　查询以字母 L 开头，以 y
结尾的记录

8.5.4　匹配指定字符中的任意一个

使用方括号[]可以将需要查询字符组成一个字符集，只要记录中包含方括号中的任意字符，
该记录将会被查询出来，例如，通过[abc]可以查询包含 a，b 和 c 这 3 个字母任何一个的记录。

【实例 27】从 info 表 name 字段中查询包含 e、o 和 c 这 3 个字母中任意一个的记录，输入
SQL 语句如下：

```
USE school;
SELECT * FROM info WHERE name REGEXP '[eoc]';
```

按 Enter 键，即可完成数据的查询操作，并显示查询结果，如图 8-38 所示。查询结果都包
含这 3 个字母中任意一个。

另外，使用方括号[]还可以指定集合的区间，例如[a-z]表示从 a~z 的所有字母；[0-9]表示从
0~9 的所有数字，[a-z0-9]表示包含所有的小写字母和数字。

【实例 28】从 info 表 name 字段中查询包含数字的记录，输入 SQL 语句如下：

```
USE school;
SELECT * FROM info WHERE name REGEXP '[0-9]';
```

按 Enter 键，即可完成数据的查询操作，并显示查询结果，如图 8-39 所示。查询结果中，
name 字段取值都包含数字。

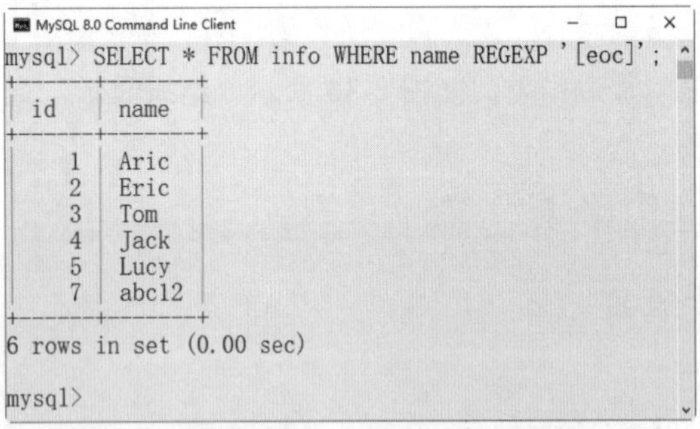

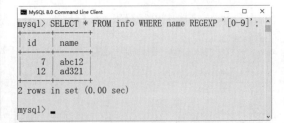

图 8-38　使用方括号（[]）查询　　　　　　图 8-39　查询包含数字的记录

【实例 29】从 info 表 name 字段中查询包含数字或字母 a、b、c 的记录，输入 SQL 语句
如下：

```
USE school;
SELECT * FROM info WHERE name REGEXP '[0-9a-c]';
```

按 Enter 键，即可完成数据的查询操作，并显示查询结果，如图 8-40 所示。查询结果中，
name 字段取值都包含数字或者字母 a、b、c 中的任意一个。

知识扩展： 使用方括号[]可以指定需要匹配字符的集合，如果需要匹配字母 a、b 和 c 时，可

以使用[abc]指定字符集合，每个字符之间不
需要用符号隔开，如果要匹配所有字母，可
以使用[a-zA-Z]。字母 a 和 z 之间用 "-" 隔开，
字母 z 和 A 之间不需要用符号隔开。

8.5.5　匹配指定字符以外的字符

使用[^字符串集合]可以匹配指定字符
以外的字符。

【实例 30】从 info 表 name 字段中查询
包含 a 到 w 字母和数字以外的字符的记录，
输入 SQL 语句如下：

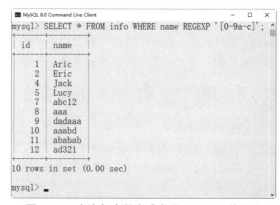

图 8-40　查询包含数字或字母 a、b、c 的记录

```
USE school;
SELECT * FROM info WHERE name REGEXP '[^a-w0-9]';
```

按 Enter 键，即可完成数据的查询操作，
并显示查询结果，如图 8-41 所示。查询结
果只有 Lucy，name 字段取值中包含 y 字母，
这个字母是在指定范围之外的。

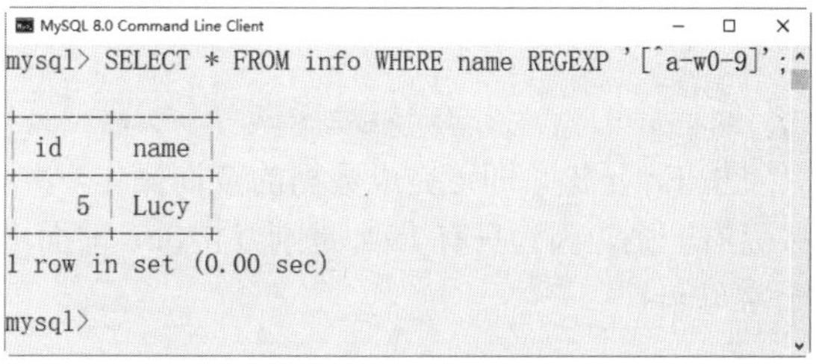

8.5.6　匹配指定字符串

正则表达式可以匹配字符串，当表中的
记录包含这个字符串时，就可以将该记录查

图 8-41　查询包含 a 到 w 字母
和数字以外的记录

询出来。如果指定多个字符串时，需要用符号 "|" 隔开，只要匹配这些字符串中的任意一个即可。

【实例 31】从 info 表 name 字段中查询包含 ic 的记录，输入 SQL 语句如下：

```
USE school;
SELECT * FROM info WHERE name REGEXP 'ic';
```

按 Enter 键，即可完成数据的查询操作，并显示查询结果，如图 8-42 所示。查询结果包含
Aric 和 Eric2 条记录，这 2 条记录都包含 ic。

【实例 32】从 info 表 name 字段中查询包含 ic、uc 和 bd 的记录，输入 SQL 语句如下：

```
USE school;
SELECT * FROM info WHERE name REGEXP 'ic|uc|bd';
```

按 Enter 键，即可完成数据的查询操作，并显示查询结果，如图 8-43 所示。查询结果中包
含 ic、uc 和 bd 这 3 个字符串中的任意一个。

图 8-42　查询包含 ic 的记录

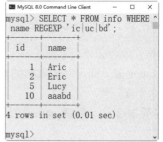

图 8-43　查询包含 ic、uc 和 bd 的记录

知识扩展： 在指定多个字符串时，需要使用符号“|”将这些字符串隔开，每个字符串与“|”之间不能有空格。因为，查询过程中，数据库系统会将空格也当作一个字符，这样就查询不出想要的结果。另外，查询时可以指定多个字符串。

8.5.7 用“*”和“+”匹配多个字符

在正则表达式中，“*”和“+”都可以匹配多个该符号之前的字符，但是，“+”至少表示一个字符，而“*”可以表示 0 个字符。

【实例 33】 从 info 表 name 字段中查询字母 c 之前出现过 a 的记录，输入 SQL 语句如下：

```
USE school;
SELECT * FROM info WHERE name REGEXP 'a*c';
```

按 Enter 键，即可完成数据的查询操作，并显示查询结果，如图 8-44 所示。从查询结果可以得知，Aric、Eric 和 Lucy 中的字母 c 之前并没有 a。因为“*”可以表示 0 个，所以“a*c”表示字母 c 之前有 0 个或者多个 a 出现，这就是属于前面出现过的 0 个情况。

【实例 34】 从 info 表 name 字段中查询字母 c 之前出现过 a 的记录，这里使用符号“+”，输入 SQL 语句如下：

```
USE school;
SELECT * FROM info WHERE name REGEXP 'a+c';
```

按 Enter 键，即可完成数据的查询操作，并显示查询结果，如图 8-45 所示。这里的查询结果只有一条，因为只有 Jack 是刚好字母 c 前面出现了 a。因为“a+c”表示字母 c 前面至少有一个字母 a。

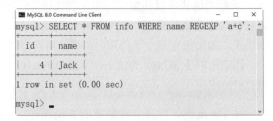

图 8-44 使用“*”查询数据记录   图 8-45 使用“+”查询数据记录

8.5.8 使用{M}或者{M,N}指定字符串连续出现的次数

正则表达式中，“字符串{M}”表示字符串连续出现 M 次，“字符串{M,N}”表示字符串连续出现至少 M 次，最多 N 次。例如，ab{2}表示字符串 ab 连续出现 2 次，ab{2,5}表示字符串 ab 连续出现至少 2 次，最多 5 次。

【实例 35】 从 info 表 name 字段中查询出现过 a 3 次的记录，输入 SQL 语句如下：

```
USE school;
SELECT * FROM info WHERE name REGEXP 'a{3}';
```

按 Enter 键，即可完成数据的查询操作，并显示查询结果，如图 8-46 所示。查询结果中都包含了 3 个 a。

【实例 36】 从 info 表 name 字段中查询出现过 ab 最少 1 次，最多 3 次的记录，输入 SQL 语句如下：

```
USE school;
SELECT * FROM info WHERE name REGEXP 'ab{1,3}';
```

　　按 Enter 键，即可完成数据的查询操作，并显示查询结果，如图 8-47 所示。查询结果中，aaabd 和 abc12 中 ab 出现了一次，ababab 中 ab 出现了 3 次。

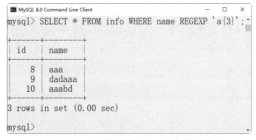

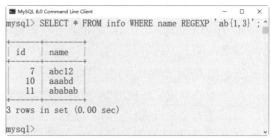

图 8-46　查询出现过 a 3 次的记录　　　　　图 8-47　查询出现过 ab 最少 1 次，
　　　　　　　　　　　　　　　　　　　　　　　　　　　　最多 3 次的记录

　　总之，使用正则表达式可以灵活地设置查询条件，这样，可以让 MySQL 数据库的查询功能更加的强大。而且，MySQL 中的正则表达式与编程语言很相似，因此，学习好正则表达式，对学习编程语言有很大的帮助。

8.6　课后习题与练习

一、填充题

1. 在 SQL 中，关键字 EXISTS 的含义是_____。

答案：存在

2. 能与比较运算符一起使用的关键字有_____、ANY 和 ALL。

答案：SOME

3. 左外连接在 JOIN 语句前使用_____关键字。

答案：LEFT

4. 若在查询语句中包含一个或多个字查询，这种查询方式就是_____。

答案：嵌套查询

5. 合并查询结果的关键字是_____。

答案：UNION

二、选择题

1. 判断一个查询语句是否能够查询出结果，使用的关键字是_____。

A. IN　　　　　　　　B. NOT　　　　　　　C. EXISTS　　　　　　D. 以上都不对

答案：C

2. 在 SQL 中，与 NOT IN 等价的操作符是_____。

A. =SOME　　　　　　B. <>SOME　　　　　C. =ALL　　　　　　D. <>ALL

答案：D

3. 当 FROM 字句中出现多个基本表或视图时，系统将执行_____操作。

A. 等值连接　　　　B. 自然连接　　　　C. 左外连接　　　　D. 笛卡儿积

答案：D

4. SELECT 语句执行的结果是_____。

A. 数据项　　　　　　B. 数据库　　　　　　C. 临时表　　　　　D. 基本表

答案：C

5. 当子查询的条件需要依赖父查询时，这类查询也被称为_____。

A. 相关子查询　　　　B. 等值内连接查询　　C. 全外连接查询　　D. 自然连接查询

答案：A

三、简答题

1. 在什么情况下，使用 IN 关键字来查询数据？

2. 在进行多表查询时，如何避免产生笛卡儿积？

3. 使用 EXISTS 关键字引入的子查询与使用 IN 关键字引入的子查询在语法上有什么不同？

8.7　新手疑难问题解答

疑问 1：相关子查询与简单子查询在执行上有什么不同？

解答：简单子查询中内查询的查询条件与外查询无关，因此，内查询在外层查询处理之前执行；而相关子查询中子查询的查询条件依赖于外层查询中的某个值，因此，每当系统从外查询中检索一个新行时，都要重新对内查询求值，以供外层查询使用。

疑问 2：在使用正则表达式查询数据时，为什么使用通配符格式正确，却没有查找出符合条件的记录？

解答：MySQL 中存储字符串数据时，可能会不小心把两端带有空格的字符串保存到记录中，而在查看表中记录时，MySQL 不能明确地显示空格，数据库操作者不能直观地确定字符串两端是否有空格，例如，使用 LIKE '%e' 匹配以字母 e 结尾的水果的名称，如果字母 e 后面多了一个空格，则 LIKE 语句将不能将该记录查找出来，解决的方法就是将字符串两端的空格删除之后再进行查询。

8.8　实战训练

查询图书管理系统借阅信息。

假设图书管理借阅系统中包含以下几个表。

- BorrowerInfo：包含 CardNumber、BookNumber，BorrowerDate，ReturnDate，RenewDate 和 BorrowState 列。
- CardInfo：包含 CardNumber，UserId，CreateTime，Scope 和 MaxNumber 列。
- UserInfo：包含 Id，UserName，Sex，Age，IdCard，Phone 和 Address 列。

根据具体功能创建表查询需要的语句，具体要求如下：

（1）查询借书卡表 CardInfo 中的所有信息，但要求同时列出每一张借书卡对应的用户信息。

（2）查询借书卡表 CardInfo 中的所有信息，并且同时列出每一张借书卡对应的用户信息，不过这里要求只连接查询出某个时间以前创建的借书卡信息。

（3）查询借书卡表 CardInfo 中的所有信息，但要求同时列出每一张借书卡对应的用户名称。

（4）使用左外连接查询 UserInfo 表和 CardInfo 表中的内容，并将表 UserInfo 作为左外连接的主表，CardInfo 作为左外连接的从表。

第9章

MySQL 编程基础

本章内容提要

对 MySQL 数据库的操作，可以使用图形管理工具进行，还可以使用命令控制台。在控制台下使用语句来操作数据库、表和数据，这些语句即为 MySQL 编程的一部分。本章将介绍 MySQL 编程基础，主要内容包括常量与变量、运算符、流程控制语句等。

本章知识点

- 常量与变量。
- 常用运算符的应用。
- 运算符的优先级。
- 流程控制语句的应用。

9.1　MySQL 语言编程

在 MySQL 数据库中，其编程语言按照功能来划分，可以分为 4 类，分别是数据定义语言、数据操作语言、数据控制语言和 MySQL 增加的语言元素。

1. 数据定义语言（DDL）

数据定义语言是最基础的 MySQL 语言类型，用来执行数据库的任务，例如创建、修改或删除数据库对象。这些数据库对象包括数据库、表、触发器、索引、视图、函数、类型以及用户等。常见的数据定义语言有 CREATE 语句、ALTER 语句、DROP 语句。对于不同的数据库对象，其 CREATE、ALTER、DROP 语句的语法形式会有所不同。

2. 数据操作语言（DML）

数据操作语言用于操作数据库各种对象，检索和修改数据等，数据控制语言的主要语句及功能如下。

- SELECT（查询）语言：从表或视图中检索数据，是使用最频繁的 SQL 语句之一。
- INSERT（插入）语句：将数据插入到表或视图中。
- UPDATE（修改）语句：修改表或视图中的数据，既可以修改表或视图中的一行数据，还可以修改一组或全部数据。

● DELETE（删除）语句：从表或视图中删除数据，还可以根据条件删除指定的数据。

3. 数据控制语言（DCL）

数据控制语言用于安全管理，确定哪些用户可以查看或修改数据库中的数据，默认情况下，只有 sysadmin、dbcreator、db_owner 等角色的用户成员才有权限执行数据控制语句。常见的数据控制语句有以下几种。

● GRANT：授予权限，用于将语句权限或者对象权限授予其他用户或角色。
● REVOKE：删除权限，用于删除授予的权限，但是该语句并不影响用户或角色作为其他角色中的成员继承过来的权限。
● DENY：用于拒绝给当前数据库内的用户或角色授予权限，并防止用户或角色通过组或角色成员继承权限。

4. MySQL 增加的语言元素

MySQL 增加的语言元素不是 SQL 标准所包含的内容，而是为了用户编程的方便增加的语言元素，如常量、变量、运算符、函数、流程控制语句和注释等。每个 SQL 语句都以分号结束，并且 SQL 处理器忽略空格、制表符和回车符等。

9.2　认识常量与变量

在存储过程和自定义函数中，都可以定义和使用变量。变量的定义使用 declare 关键字，定义后可以为变量赋值。变量的作用域为 begin…end 程序段中。该节主要介绍如何定义变量及如何为变量赋值。

9.2.1　认识常量

常量是指在程序运行过程中，其值是不可改变的量。一个数字，一个字母，一个字符串等都可以是一个常量，常量相当于数学中的常数，其作用也和数学中的常数类似。

根据数据类型来划分，可以将常用的常量分为 6 种，分别是字符串常量、数值常量、十六进制常量、日期和时间常量、布尔值、NULL 值。常量的数据类型相当于常量的取值类型。

1. 字符串常量

字符串常量括在单引号内，包含字母和数字字符（a~z、A~Z 和 0~9）以及特殊字符，如感叹号（!）、at 符（@）和数字号（#）。

如果单引号中的字符串包含一个嵌入的引号，可以使用两个单引号表示嵌入的单引号。如下为一些常见的字符串常量：

```
'Time'
'L' 'Ting!'
'I Love MySQL!'
```

2. 数值常量

在 SQL 语言中，数值常量包括整数也包括小数，不过，小数或整数都不需要使用单引号将其括上，例如：

```
2019.41、3.0、2018、5、-8
```

注意：在使用数值常量的过程中，若要指示一个数是正数还是负数，对数值型常量应用"+"

或 "-" 一元运算符，如果没有应用 "+" 或 "-" 一元运算符，数值常量将使用正数。另外，在数值常量的各个位之间不要加逗号，例如，123456 这个数字不能表示为：123,456。

3. 十六进制常量

MySQL 支持十六进制值。一个十六进制值通常指定为一个字符串常量，每对十六进制数字被转换为一个字符，其最前面有一个大写字母 "X" 或小写字母 "x"。在引导中只可以使用数字 "0" 到 "9" 及字母 a 到 f 或 A 到 F。例如 MySQL 字符串的十六进制值为 "x'4D7953514C' "。

十六进制数值不区分大小写，其前缀 X 或 x 可以被 "0x" 取代而且不用引号。即 X'41'可以替换为 0x41。而 "0x" 中 x 一定要小写。

十六进制值的默认类型为字符串，如果想要确保该值作为数字处理，可以使用 cast(ASUNSIGNED)函数来转换，如果要将一个字符串或数字转换为十六进制格式的字符串，可以使用 hex()函数来转换。

4. 日期和时间常量

在 SQL 语言中，日期和时间常量使用特定格式的字符日期值来表示，并用单引号括起来。表达日期的字符串，要符合日期和时间数据类型表示方法，在 MySQL 中，日期是按照年-月-日的顺序来表示的，中间的间隔符 "-" 也可以使用 "\" "@" "%" 等特殊符号。日期和时间常量的值必须符合日期和时间的标准，如一月份没有 32 号，二月份没有 30 号等。例如：

```
'2020-12-5'与'2020/12/5'
```

5. 布尔值

MySQL 中的布尔值包含两个可能的值，分别为 TRUE 和 FALSE。
- TRUE 表示真，通常表示一个表达式或条件成立，其数字值为 "1"。
- FALSE 表示假，通常表示一个表达式或条件不成立，其数字值为 "0"。

6. NULL 值

NULL 值通常用来表示 "没有值" "无数据" 等意义，并且不同于数字类型的 "0" 或字符串类型的空字符串。

9.2.2　定义变量

变量可以保存查询之后的结果，可以在查询语句中使用变量，也可以将变量中的值插入到数据表中，在 SQL 中变量的使用非常灵活方便，可以在任何 SQL 语句集合中声明使用，根据其定义的环境，可以分为用户变量和系统变量。

1. 用户变量

用户变量是用户可自定义的变量，它是一个能够拥有特定数据类型的对象，其作用范围仅限制在程序内部。MySQL 中使用 DECLARE 关键字来定义变量。定义变量的基本语法如下：

```
DECLARE  var_name[,…]  type  [DEFAULT value]
```

下面对定义变量的各个部分语法进行详细说明。

（1）DECLARE 关键字用来声明变量。

（2）var_name 参数是变量的名称，可以同时定义多个变量。

（3）type 参数用来指定变量的类型。

（4）DEFAULT value 子句为变量提供一个默认值。默认值可以是一个常数，也可以是一个表达式。如果没有给变量指定默认值，初始值为 NULL。

【实例 1】定义名称为 studentid 的变量，类型为 CHAR，默认值为"一年级"，SQL 语句如下：

```
DECLARE studentid CHAR(10) default '一年级';
```

在 MySQL 中，如果想要设置局部变量的值，可以使用 SET 语句为变量赋值，语法格式为：

```
SET var_name = expr [, var_name = expr]…
```

主要参数介绍如下。

- SET 关键字：是用来给变量赋值的。
- var_name：为变量的名称。
- expr：是赋值表达式。

提示：一个 SET 语句可以同时为多个变量赋值，各个变量的赋值语句之间用逗号隔开。@符号必须放在用户变量的前面，以便将它和列名区分开。

【实例 2】声明 3 个变量 v1、v2、v3，其中 v1 和 v2 的数据类型为 INT，v3 的数据类型为 CHAR，使用 SET 语句为 3 个变量赋值，SQL 语句如下：

```
DECLARE v1,v2 INT;
DECLARE v3 CHAR(50);
SET @v1=66,@v2=88,@v3='自定义变量';
```

另外，MySQL 中还可以使用 SELECT…INTO 语句为变量赋值。基本语法格式如下：

```
SELECT  col_name[,…]  INTO  var_name[,…]
 FROM  table_name  WHERE  condition
```

主要参数介绍如下。

- col_name：表示查询的字段名称。
- var_name：为变量的名称。
- table_name：参数指查询的表的名称。
- condition：参数指查询条件。

上述语句可以实现将 SELECT 选定的列值直接存储在对应位置的变量中。

【实例 3】声明一个变量 student_name，将学生编号为 2 的学生姓名赋值给该变量。

```
DECLARE student_name CHAR(50);
SELECT sname INTO student_name
FROM student
WHERE sid=2;
```

2. 系统变量

系统变量是 MySQL 系统提供的内部使用的变量，不用用户定义，就可以直接使用，对用户而言，其作用范围并不仅仅局限于某一程序，而是任何程序均可以随时调用。在 MySQL 中，引用系统变量时，一般以标记符"@@"开头，对于某些特定的系统变量可以省略这两个@符号。常用的系统变量及其含义如表 9-1 所示。

表 9-1　常用的全局变量

全局变量名称	含　义
@@ERROR	返回执行的上一个 TransacSQL 语句的错误号
@@FETCH_STATUS	返回针对连接当前打开的任何游标，发出的上一条游标 FETCH 语句的状态
@@IDENTITY	返回插入到表的 IDENTITY 列的最后一个值
@@LANGUAGE	返回当前所用语言的名称
@@NESTLEVEL	返回对本地服务器上执行的当前存储过程的嵌套级别（初始值为 0）

续表

全局变量名称	含　义
@@OPTIONS	返回有关当前 SET 选项的信息
@@PACK_RECEIVED	返回 MySQL 自上次启动后从网络读取的输入数据包数
@@PACK_SENT	返回 MySQL 自上次启动后写入网络的输出数据包个数
@@PACKET_ERRORS	返回自上次启动 MySQL 后，在 MySQL 连接上发生的网络数据包错误数
@@ROWCOUNT	返回上一次语句影响的数据行的行数
@@SPID	返回当前用户进程的会话 ID
@@TIMETICKS	返回每个时钟周期的微秒数
@@VERSION	返回当前安装的日期、版本和处理器类型
@@TRANCOUNT	返回当前连接的活动事务数

下面给出一个实例，来介绍全局变量的使用方法。

【实例 4】查看当前 MySQL 的版本信息，SQL 语句如下：

```
SELECT @@VERSION AS 'MySQL 版本';
```

按 Enter 键，即可完成通过全局变量查询当前 MySQL 的版本信息的操作，显示结果，如图 9-1 所示。

图 9-1　使用全局变量

9.3　常用运算符及优先级

在 MySQL 中，运算符的作用是告诉 MySQL 执行特定算术或逻辑操作的符号。常用的运算符有算术运算符、比较运算符、逻辑运算符、位运算符等，使用运算符可以灵活地计算数据表中的数据。

9.3.1　算术运算符

在 MySQL 中，算术运算符主要用于各类数值的运算，包括加（+）、减（-）、乘（*）、除（/）、求余（或称取模运算，%），它们是 SQL 中最基本的运算符，MySQL 中的算术运算符如表 9-2 所示。

表 9-2　MySQL 中的算术运算符

运　算　符	作　用
+	加法运算
-	减法运算
*	乘法运算
/	除法运算，返回商
%	求余运算，返回余数

下面分别讨论不同算术运算符的使用方法。

【实例 5】创建数据表 tmp，定义数据类型为 INT 的字段 num，插入值 100，对 num 值进行算术运算。

首先创建表 tmp，输入语句如下：

```
CREATE TABLE tmp( num INT);
```

向字段 num 插入数据 100：

```
INSERT INTO tmp value(100);
```

接下来，对 num 值进行加法和减法运算：

```
SELECT num, num+10, num-10+5, num+10-5,
num+20 FROM tmp;
```

按 Enter 键，即可返回计算结果，如图 9-2
所示。由计算结果可以看到，可以对 num 字段的
值进行加法和减法的运算，而且由于 "+" 和 "−"
的优先级相同，因此先加后减，或者先减后加之
后的结果是相同的。

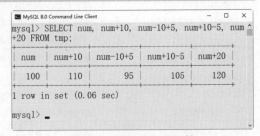

图 9-2　数值的加减运算

【实例 6】对 tmp 表中的 num 进行乘法、除
法运算。

```
SELECT num, num *2, num /2, num/3, num%3 FROM tmp;
```

按 Enter 键，即可完成数据的乘法与除法运算，如图 9-3 所示。由计算结果可以看到，对
num 进行除法运算时，由于 100 无法被 3 整除，因此 MySQL 对 num/3 求商的结果保存了小数
点后面四位，结果为 33.3333；100 除以 3 的余数为 1，因此取余运算 num%3 的结果为 1。

在数学运算时，除数为 0 的除法是没有意义的，因此除法运算中的除数不能为 0，如果被 0
除，则返回结果为 NULL。

【实例 7】用 0 除 num。

```
SELECT num, num / 0, num %0 FROM tmp;
```

按 Enter 键，即可完成数据的计算，如图 9-4 所示。由计算结果可以看到，对 num 进行除
法求商或者求余运算的结果均为 NULL。

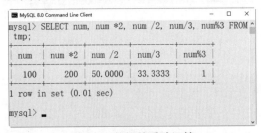

图 9-3　数据的乘除运算

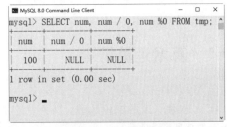

图 9-4　用 0 除数据

9.3.2　比较运算符

一个比较运算符的结果总是 1、0 或者 NULL，比较运算符经常在 SELECT 查询条件子句中
使用，用来查询满足指定条件的记录。MySQL 中比较运算符如表 9-3 所示。

下面给出几个实例，来介绍常用比较运算符的使用方法。

1. 等于运算符 "="

等号 "=" 用来判断数字、字符串和表达式是否相等。如果相等，返回值为 1，否则返回值
为 0。

【实例 8】使用 "=" 进行相等判断，语句如下：

```
SELECT 5=6,'9'=9,888=888,'0.02'=0,'keke'='keke',(2+80)=(60+22),NULL=NULL;
```

表 9-3　MySQL 中的比较运算符

运　算　符	作　　用
=	等于
<=>	完全等于（可以比较 NULL）
<>(!=)	不等于
<=	小于或等于
>=	大于或等于
<	小于
>	大于
IS NULL	判断一个值是否为 NULL
IS NOT NULL	判断一个值是否不为 NULL
LEAST	在有两个或多个参数时，返回最小值
GREATEST	当有两个或多个参数时，返回最大值
BETWEEN AND	判断一个值是否落在两个值之间
ISNULL	与 IS NULL 相同
IN	判断一个值是 IN 列表中的任意一值
NOT IN	判断一个值不是 IN 列表中的任意一个值
LIKE	通配符匹配
REGEXP	正则表达式匹配

执行结果如图 9-5 所示。由结果可以看到，在进行判断时，'9'=9 和 888=888 的返回值相同，都是 1。因为在进行比较判断时，MySQL 自动进行了转换，把字符'8'转换成数字 8；'keke'='keke' 为相同的字符比较，因此返回值为 1；表达式 2+80 和 60+22 的结果都为 82，结果相等，因此返回值为 1；由于 "=" 不能用于空值 NULL 的判断，因此返回值为 NULL。

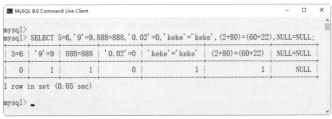

图 9-5　使用 "=" 进行相等判断

知识扩展： 数值比较时有如下规则。

（1）若有一个或两个参数为 NULL，则比较运算的结果为 NULL。

（2）若同一个比较运算中的两个参数都是字符串，则按照字符串进行比较。

（3）若两个参数均为整数，则按照整数进行比较。

（4）若一个字符串和一个数字进行相等判断，则 MySQL 可以自动将字符串转换为数字。

2. 安全等于运算符 "<=>"

这个操作符具备 "=" 操作符的所有功能，唯一不同的是 "<=>" 可以用来判断 NULL 值。在两个操作数均为 NULL 时，其返回值为 1 而不为 NULL；当其中一个操作数为 NULL 时，其返回值为 0 而不为 NULL。

【实例 9】使用 "<=>" 进行相等的判断，语句如下：

```
SELECT 5<=>6,'8'<=>8,8<=>8,'0.08'<=>0,'k'<=>'k',(2+4)<=>(3+3),NULL<=>NULL;
```

执行结果如图 9-6 所示。由结果可以看到，"<=>"在执行比较操作时和"="的作用是相似的，唯一的区别是"<=>"可以用来对 NULL 进行判断，两者都为 NULL 时返回值为 1。

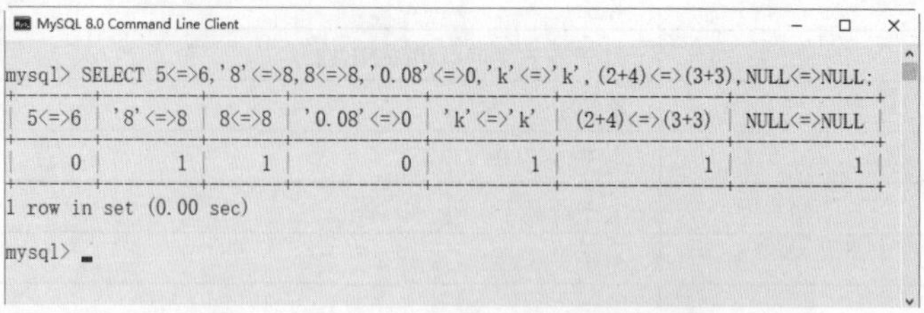

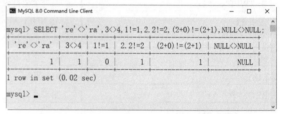

图 9-6 使用"<=>"进行相等的判断

3. 不等于运算符 "<>" 或者 "!="

"<>"或者"!="用于判断数字、字符串、表达式不相等的判断。如果不相等，返回值为 1，否则返回值为 0。这两个运算符不能用于判断空值 NULL。

【实例 10】使用"<>"或"!="进行不相等的判断，SQL 语句如下：

```
SELECT
're'<>'ra',3<>4,1!=1,2.2!=2,(2+0)!=(2+1),
NULL<>NULL;
```

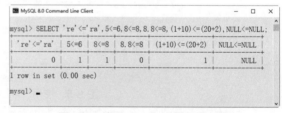

图 9-7 用"<>"或"!="进行不相等的判断

执行结果如图 9-7 所示。

4. 小于或等于运算符 "<="

"<="用来判断左边的操作数是否小于或等于右边的操作数。如果小于或等于，返回值为 1，否则返回值为 0。"<="不能用于判断空值 NULL。

【实例 11】使用"<="进行比较判断，SQL 语句如下：

```
SELECT 're'<='ra',5<=6,8<=8,8.8<=8,(1+10)<=(20+2),NULL<=NULL;
```

执行结果如图 9-8 所示。由结果可以看出，左边操作数小于或等于右边操作数时，返回值为 1，例如，'5'<='6'；左边操作数大于右边操作数时，返回值为 0，例如，8.8<=8，返回值为 0；比较空值 NULL 时，返回 NULL。

图 9-8 使用"<="进行比较判断

5. 小于运算符 "<"

"<"运算符用来判断左边的操作数是否小于右边的操作数。如果小于，返回值为 1，否则返回值为 0。"<"不能用于判断空值 NULL。

【实例 12】使用"<"进行比较判断，SQL 语句如下：

```
SELECT 'ra'<'re',5<6,8<8,8.8<8,(1+10)<(20+2),NULL<NULL;
```

执行结果如图 9-9 所示。

6. 大于或等于运算符 ">="

">="运算符用来判断左边的操作数是否大于或等于右边的操作数。如果大于或等于，返回值为 1，否则返回值为 0。">="不能用于判断空值 NULL。

【实例 13】使用">="进行比较判断，SQL 语句如下：

```
SELECT 'ra'>='re',5>=6,8>=8,8.8>=8,(10+1)>=(20+2),NULL>=NULL;
```

执行结果如图 9-10 所示。由结果可以看到，左边操作数大于或等于右边操作数时，返回值为 1，例如，8>=8；当左边操作数小于右边操作数时，返回值为 0，例如，5>=6；同样比较 NULL 值时返回 NULL。

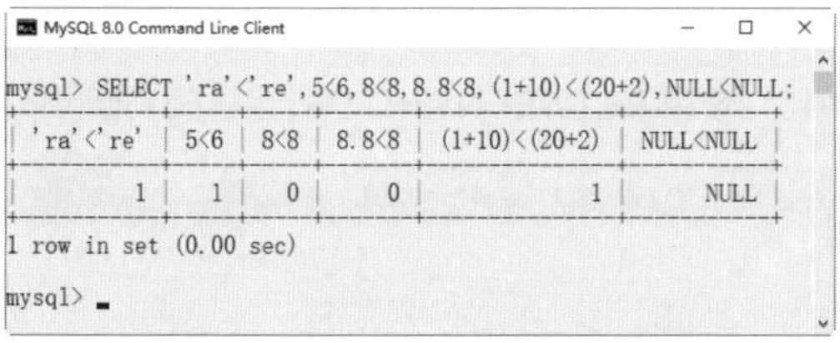

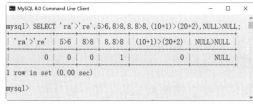

图 9-9　使用 "<" 进行比较判断

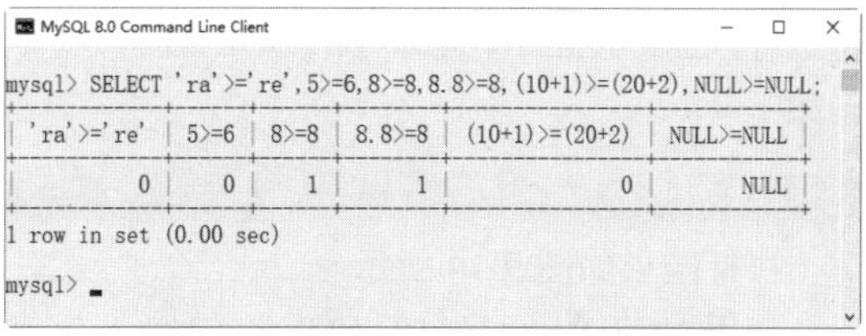

图 9-10　使用 ">=" 进行比较判断

7. 大于运算符 ">"

">" 运算符用来判断左边的操作数是否大于右边的操作数。如果大于，返回值为 1，否则返回值为 0。">" 不能用于判断空值 NULL。

【实例 14】使用 ">" 进行比较判断，SQL 语句如下：

```
SELECT 'ra'>'re',5>6,8>8,8.8>8,(10+1)>(20+2),NULL>NULL;
```

执行结果如图 9-11 所示。由结果可以看到，左边操作数大于右边时，返回值为 1，例如，8.8>8；当左边操作数小于右边操作数时，返回 0，例如，5>6；同样比较 NULL 值时返回 NULL。

8. IS NULL(ISNULL)，IS NOT NULL 运算符

IS NULL 和 ISNULL 用来检验一个值是否为 NULL。如果为 NULL，返回值为 1，否则返回值为 0；IS NOT NULL 检验一个值是否非 NULL。如果非 NULL，返回值为 1，否则返回值为 0。

【实例 15】使用 IS NULL、ISNULL 和 IS NOT NULL 判断 NULL 值和非 NULL 值，SQL 语句如下：

```
SELECT NULL IS NULL,ISNULL(NULL),ISNULL(66),66 IS NOT NULL;
```

执行结果如图 9-12 所示。由结果可以看出，IS NULL 和 ISNULL 的作用相同，使用格式不同。ISNULL 和 IS NOT NULL 的返回值正好相反。

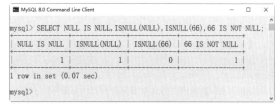

图 9-11　使用 ">" 进行比较判断

图 9-12　检验一个值是否为 NULL

9. BETWEEN AND 运算符

语法格式为：expr BETWEEN min AND max。如果 expr 大于或等于 min 且小于或等于 max，返回值为 1，否则返回值为 0。

【实例 16】使用 BETWEEN AND 进行值区间判断，输入 SQL 语句如下：

```
SELECT 66 BETWEEN 0 AND 100,6 BETWEEN 0 AND 10,10 BETWEEN 0 AND 5;
```

执行结果如图 9-13 所示。

10. IN、NOT IN 运算符

IN 运算符用来判断操作数是否为 IN 列表中的其中一个值。如果是，返回值为 1，否则返回

值为 0。NOT IN 运算符用来判断操作数
是否不为 IN 列表中的其中一个值。如果
不是，返回值为 1，否则返回值为 0。

【实例 17】使用 IN、NOT IN 运算
符进行判断。使用 IN 运算符的 SQL 语
句如下：

```
SELECT 6 IN (5,6,'ke'), 'bb' IN
(9,10,'ke');
```

执行结果如图 9-14 所示。

使用 NOT IN 运算符的 SQL 语句如下：

```
SELECT 6 NOT IN (5,6,'ke'), 'bb' NOT IN (9,10,'ke');
```

执行结果如图 9-15 所示。

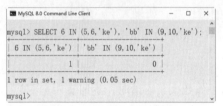

图 9-13 使用 BETWEEN AND 进行值区间判断

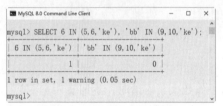

图 9-14 IN 运算符的应用

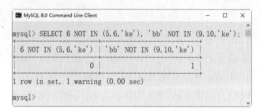

图 9-15 NOT IN 运算符的应用

由结果可以看到，IN 和 NOT IN 的返回值正好相反。在左侧表达式为 NULL 的情况下，或
是表中找不到匹配项并且表中一个表达式为 NULL 的情况下，IN 的返回值均为 NULL。

11. LIKE 运算符

LIKE 运算符用来匹配字符串，语法格式为：expr LIKE 匹配条件，如果 expr 满足匹配条件，
则返回值为 1(TRUE)；如果不匹配，则返回值为 0（FALSE）。若 expr 或匹配条件中任何一个
为 NULL，则结果为 NULL。

LIKE 运算符在进行匹配时，可以使用下面两种通配符：

（1）"%" 匹配任何数目字符，甚至包括零字符。

（2）"_" 只能匹配一个字符。

【实例 18】使用运算符 LIKE 进行字符串匹配运算，SQL 语句如下：

```
SELECT 'keke' LIKE 'keke','keke' LIKE 'kek_','keke' LIKE '%e','keke' LIKE 'k___','k' LIKE
NULL;
```

执行结果如图 9-16 所示。由结果可以看出，指定匹配字符串为 keke。第一组比较 keke
直接匹配 keke 字符串，满足匹配条件，返回值为 1；第二组比较 "kek_" 表示匹配以 kek 开
头的长度为 4 位的字符串，keke 正好 4 个字符，满足匹配条件，因此匹配成功，返回值为 1；
"%e" 表示匹配以字母 e 结尾的字符串，keke 满足匹配条件，匹配成功，返回值为 1；"k_ _"
表示匹配以 k 开头
长度为 4 的字符串，
keke 满足匹配条件，
返回值为 1；当字符
k 与 NULL 匹配时，
结果为 NULL。

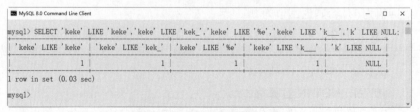

图 9-16 LIKE 运算符的应用

9.3.3　逻辑运算符

在 SQL 中，所有逻辑运算符的求值结果为 TRUE、FALSE 或 NULL。在 MySQL 中，它们分别显示为 1(TRUE)、0(FALSE)和 NULL。MySQL 中的逻辑运算符如表 9-4 所示。

表 9-4　MySQL 中的逻辑运算符

运　算　符	作　　用
NOT 或者 !	逻辑非
AND 或者 &&	逻辑与
OR 或者 ‖	逻辑或
XOR	逻辑异或

下面给出几个实例，来介绍常用逻辑运算符的使用方法。

1. NOT 或者 "!"

逻辑非运算符 NOT 或者 "!" 表示当操作数为 0 时，返回值为 1；当操作数不为 0 时，返回值为 0；当操作数为 NULL 时，返回值为 NULL。

【实例 19】分别使用逻辑非运算符 NOT 和 "!" 进行逻辑判断。

NOT 的 SQL 语句如下：

```
SELECT NOT 7,NOT (7-7),NOT -7,NOT NULL,NOT 7+7;
```

执行结果如图 9-17 所示。

"!" 的 SQL 语句如下：

```
SELECT !7,!(7-7),!-7,!NULL,!7+7;
```

执行结果如图 9-18 所示。

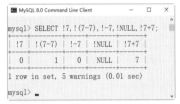

<table>
<tr><td align="center">图 9-17　运算符 NOT 的应用</td><td align="center">图 9-18　运算符 "!" 的应用</td></tr>
</table>

由结果可以看到，前 4 列 NOT 和 "!" 的返回值都相同。但是最后 1 列结果不同。出现这种结果的原因是 NOT 与 "!" 的优先级不同。NOT 的优先级低于 "+"，因此 "NOT 7+7" 先计算 "7+7"，然后再进行逻辑非运算，因为操作数不为 0，因此 "NOT 7+7" 最终返回值为 0；另一个逻辑非运算符 "!" 的优先级高于 "+" 运算符，因此 "!7+7" 先进行逻辑非运算 "!7"，结果为 0，然后再进行加法运算 "0+7"，因此，最终返回值为 7。

提示：在使用运算符时，一定要注意不同运算符的优先级，如果不能确定优先级顺序，最好使用括号，以保证运算结果的正确。

2. AND 或者 "&&"

逻辑与运算符 AND 或者 "&&" 表示当所有操作数均为非零值、并且不为 NULL 时，返回值为 1；当一个或多个操作数为 0 时，返回值为 0；其余情况返回值为 NULL。

【实例 20】分别使用逻辑与运算符 AND 和 "&&" 进行逻辑判断。

运算符 AND 的 SQL 语句如下：

```
SELECT 8 AND -8, 8 AND 0, 8 AND NULL, 0 AND NULL;
```

执行结果如图 9-19 所示。

运算符"&&"的 SQL 语句如下：

```
SELECT 8 && -8, 8 && 0, 8 && NULL, 0 && NULL;
```

执行结果如图 9-20 所示。

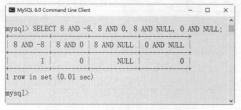

图 9-19　运算符 AND 的应用

图 9-20　运算符"&&"的应用

由结果可以看到，AND 和"&&"的作用相同。"8 AND -8"中没有 0 或 NULL，因此返回值为 1；"8 AND 0"中有操作数 0，因此返回值为 0；"8 AND NULL"中虽然有 NULL，但是没有操作数 0，返回结果为 NULL。

3. OR 或者"||"

逻辑或运算符 OR 或者"||"表示当两个操作数均为非 NULL 值，且任意一个操作数为非零值时，结果为 1，否则结果为 0；当有一个操作数为 NULL，且另一个操作数为非零值时，则结果为 1，否则结果为 NULL；当两个操作数均为 NULL 时，则所得结果为 NULL。

【实例 21】分别使用逻辑或运算符 OR 和"||"进行逻辑判断。

运算符 OR 的 SQL 语句如下：

```
SELECT 8 OR -8 OR 0,8 OR 4,8 OR NULL,0
OR NULL,NULL OR NULL;
```

执行结果如图 9-21 所示。

运算符"||"的 SQL 语句如下：

```
SELECT 8 || -8 || 0,8 || 4,8 || NULL,0
|| NULL,NULL || NULL;
```

执行结果如图 9-22 所示。

由结果可以看出，OR 和"||"的作用相同。"8 OR -8 OR 0"中有 0，但同时包含有非 0 的值 8 和-8，返回值结果为 1；"8 OR 4"中没有操作数 0，返回值结果为 1；

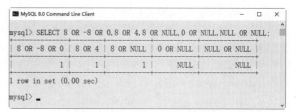

图 9-21　运算符 OR 的应用

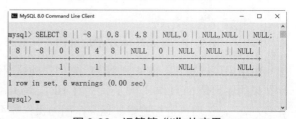

图 9-22　运算符"||"的应用

"8 || NULL"中虽然有 NULL，但是有操作数 8，返回值结果为 1；"0 OR NULL"中没有非 0值，并且有 NULL，返回值结果为 NULL；"NULL OR NULL"中只有 NULL，返回值结果为 NULL。

4. XOR

逻辑异或运算符 XOR。当任意一个操作数为 NULL 时，返回值为 NULL；对于非 NULL的操作数，如果两个操作数都是非 0 值或者都是 0 值，则返回值结果为 0；如果一个为 0 值，另一个为非 0 值，返回值结果 1。

【实例 22】使用异或运算符 XOR 进行逻辑判断，SQL 语句如下：

```
SELECT 8 XOR 8,0 XOR 0,8 XOR 0,8 XOR NULL,8 XOR 8 XOR 8;
```

执行结果如图 9-23 所示。

由结果可以看到，"8 XOR 8"和"0
XOR 0"中运算符两边的操作数都为非零
值，或者都是零值，因此返回 0；"8 XOR
0"中两边的操作数，一个为 0 值，另一个
为非 0 值，返回结果为 1；"8 XOR NULL"
中有一个操作数为 NULL，返回值为
NULL；"8 XOR 8 XOR 8"中有多个操作

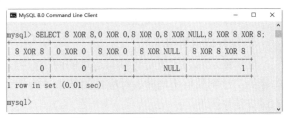

图 9-23　运算符 XOR 的应用

数，运算符相同，因此运算顺序从左到右依次运算，"8 XOR 8"的结果为 0，再与 8 进行异或
运算，因此结果为 1。

9.3.4　位运算符

位运算符是用来对二进制字节中的位进行位移或者测试的运算符。MySQL 中提供的位运
算符，如表 9-5 所示。

表 9-5　MySQL 中的位运算符

运　算　符	作　用
|	位或
&	位与
^	位异或
<<	位左移
>>	位右移
~	位取反，反转所有比特

下面给出几个实例，来介绍常用位运算符的使用方法。

1. 位或运算符"|"

位或运算的实质是将参与运算的两个数据，按对应的二进制数值逐位进行逻辑或运算。对
应的二进制位有一个或两个为 1 则该位的运算结果为 1，否则为 0。

【实例 23】使用位或运算符进行运算，SQL 语句如下：

```
SELECT 8|12,6|4|1;
```

执行结果如图 9-24 所示。

8 的二进制数值为 1000，12 的二进制数值为 1100，按位或运算之后，结果为 1100，即整
数 12；6 的二进制数值为 0110，4 的二进制数值为 0100，1 的二进制数值为 0001，按位或运算
之后，结果为 0111，也是整数 7。

2. 位与运算符"&"

位与运算的实质是将参与运算的两个数据，按对应的二进制数值逐位进行逻辑与运算。对
应的二进制位都为 1，则该位的运算结果为 1，否则为 0。

【实例 24】使用位与运算符进行运算，SQL 语句如下：

```
SELECT 8 & 12, 6 & 4 & 1;
```

执行结果如图 9-25 所示。

8 的二进制数值为 1000，12 的二进制数值为 1100，按位与运算之后，结果为 1000，即整

数 8；6 的二进制数值为 0110，4 的二进制数值为 0100，1 的二进制数值为 0001，按位与运算之后，结果为 0000，也是整数 0。

3. 位异或运算符 "^"

位异或运算的实质是将参与运算的两个数据，按对应的二进制数值逐位进行逻辑异或运算。对应的二进制数值不同时，对应位的结果才为 1。如果两个对应位数都为 0 或都为 1，则对应位的运算结果为 0。

【实例 25】使用位异或运算符进行运算，SQL 语句如下：

```
SELECT 8^12,4^2,4^1;
```

执行结果如图 9-26 所示。8 的二进制数值为 1000，12 的二进制数值为 1100，按位异或运算之后，结果为 0100，即整数 4；4 的二进制数值为 0100，2 的二进制数值为 0010，按位异或运算之后，结果为 0110，即整数 6；1 的二进制数值为 0001，按位异或运算之后，结果为 0101，即整数 5。

图 9-24 位或运算符 "|" 的应用　　图 9-25 位与运算符 "&" 的应用　　图 9-26 位异或运算符 "^" 的应用

4. 位左移运算符 "<<"

位左移运算符 "<<" 的功能是让指定二进制数值的所有位都左移指定的位数。左移指定位数之后，左边高位的数值将被移出并丢弃，右边低位空出的位置用 0 补齐。语法格式为：a<<n；这里的 n 指定值 a 要移动的位置。

【实例 26】使用位左移运算符进行运算，SQL 语句如下：

```
SELECT 6<<2,8<<1;
```

执行结果如图 9-27 所示。6 的二进制数值为 0000 0110，左移 2 位之后变成 0001 1000，即整数 24；8 的二进制数值为 0000 1000，左移 1 位之后变成 0001 0000，即整数 16。

5. 位右移运算符 ">>"

位右移运算符 ">>" 的功能是让指定的二进制数值的所有位都右移指定的位数。右移指定位数之后，右边低位的数值将被移出并丢弃，左边高位空出的位置用 0 补齐。语法格式为：

```
a>>n;
```

这里的 n 指定值 a 要移动的位置。

【实例 27】使用位右移运算符进行运算，SQL 语句如下：

```
SELECT 6>>1,8>>2;
```

执行结果如图 9-28 所示。6 的二进制数值为 0000 0110，右移 1 位之后变成 0000 0011，即整数 3；8 的二进制数值为 0000 1000，右移 2 位之后变成 0000 0010，即整数 2。

6. 位取反运算符 "~"

位取反运算的实质是将参与运算的数据，按对应的二进制数值逐位反转，即 1 取反后变为 0，0 取反后变为 1。

【实例 28】使用位取反运算符进行运算，SQL 语句如下：

```
SELECT 6&~2;
```

　　执行结果如图 9-29 所示。逻辑运算 6&～2，由于位取反运算符"～"的级别高于位与运算符"&"，因此先对 2 取反操作，取反的结果为 1101。然后再与数值 6 进行运算，结果为 0100，即整数 4。

图 9-27　位左移运算符的应用

图 9-28　位右移运算符的应用

图 9-29　位取反运算符的应用

9.3.5　运算符的优先级

　　运算符的优先级决定了不同的运算符在表达式中计算的先后顺序，表 9-6 列出了 MySQL 中的各类运算符及其优先级。

表 9-6　运算符按优先级由低到高排列

优 先 级	运 算 符
最低	=（赋值运算），:=
	‖, OR
	XOR
	&&,AND
	NOT
	BETWEEN,CASE,WHEN,THEN,ELSE
	=(比较运算)，<=>，>=，>，<=，<，<>，!=，IS，LIKE，REGEXP，IN
	|
	&
	<<，>>
	-，+
	*，/（DIV），%（MOD）
	^
	-(符号)，～（位反转）
最高	!

　　可以看到，不同运算符的优先级是不同的。一般情况下，级别高的运算符先进行计算，如果级别相同，MySQL 按表达式的顺序从左到右依次计算。当然，在无法确定优先级的情况下，可以使用圆括号（）来改变优先级，并且这样会使计算过程更加清晰。

9.4　认识流程控制语句

　　存储过程和自定义函数中使用流程控制来控制语句的执行。MySQL 中用来构造控制流程的语句有：IF 语句、CASE 语句、LOOP 语句、LEAVE 语句、ITERATE 语句、REPEAT 语句和 WHILE 语句。本小节将详细讲解这些流程控制语句。

9.4.1　IF 语句

IF 语句用来进行条件判断。根据判断结果为 TURE 或 FALSE 执行不同的语句。其语法的格式如下：

```
IF search_condition THEN statement_list
[ELSEIF search_condition THEN statement_list]…
[ELSE statement_list]
END IF
```

主要参数介绍如下。

- search_condition 参数：表示条件判断语句。如果该参数值为 TRUE，执行相应的 SQL 语句；如果 search_condition 为 FALSE，则执行 ELSE 子句中的语句。
- statement_list 参数：表示不同条件的执行语句，可以包含一条或多条语句。

【实例 29】IF 语句的示例，SQL 语句如下：

```
IF price>=30 THEN
    SELECT '价格太高';
Else SELECT '价格适中';
End IF;
```

该示例判断 price 的值，如果 price 大于或等于 30，输出字符串"价格太高"，否则输出字符串"价格适中"，IF 语句都需要用 END IF 来结束。

9.4.2　CASE 语句

CASE 语句也用来进行条件判断，可以实现比 IF 语句更为复杂的条件判断。CASE 语句有两种基本格式，第一种基本格式如下：

```
CASE case_value
WHEN when_value THEN statement_list
[WHEN when_value THEN statement_list]…
[ELSE statement_list]
END CASE
```

主要参数介绍如下。

- case_value 参数：表示条件判断的表达式，该表达式的值决定哪个 WHEN 子句被执行。
- when_value 参数：表示表达式可能的取值；如果某个 when_value 表达式与 case_value 表达式的结果相同，则执行对应的 THEN 关键字后的 statement_list 中的语句。
- statement_list 参数：表示不同 when_value 值的执行语句。

CASE 语句另一种语法格式如下：

```
CASE
WHEN search_condition THEN statement_list
[WHEN search_condition THEN statement_list] …
[ELSE statement_list]
END CASE
```

主要参数介绍如下。

- search_condition 参数：表示条件判断语句。
- statement_list 参数：表示不同条件的执行语句。该语句中的 WHEN 语句将被逐条执行，若 search_condition 判断为真，则执行相应的 THEN 关键字后面的 statement_list 语句。如果没有条件匹配，ELSE 子句后的语句将被执行。

【实例 30】下面是一个 CASE 语句的示例。SQL 语句如下：

```
CASE did
```

```
WHEN 1001 THEN SELECT '一年级';
WHEN 1002 THEN SELECT '二年级';
WHEN 1003 Then SELECT '三年级';
END CASE;
```

代码也可以是下面的写法：

```
CASE
WHEN did=1001 THEN SELECT '一年级';
WHEN did=1002 THEN SELECT '二年级';
WHEN did=1003 Then SELECT '三年级';
END CASE;
```

9.4.3　LOOP 语句

LOOP 语句可以重复执行特定的语句，实现简单的循环。但是 LOOP 语句本身并不进行条件判断，没有停止循环的语句，必须使用 LEAVE 语句才能停止循环，跳出循环过程。LOOP 语句的基本语法格式如下：

```
[begin_label:] LOOP
statement_list
END LOOP [end_label]
```

主要参数介绍如下。

● begin_label 参数：表示循环的开始。
● end_label 参数：表示循环的结束。
● statement_list 参数：表示需要循环执行的语句。

【实例 31】下面是一个 loop 语句的示例。SQL 语句如下：

```
DECLARE  aa int default 0;
    add_sum:LOOP
        SET aa=aa+1;
    END LOOP add_sum;
```

该示例中执行的是 aa 加 1 的操作，循环中没有跳出循环的语句，所以该循环为死循环。

9.4.4　LEAVE 语句

LEAVE 语句主要用来跳出任何被标注的流程控制语句。其语法格式如下：

```
LEAVE label
```

主要参数 label 表示循环的标志。LEAVE 语句需要和循环或 BEGIN…END 语句一起使用。

【实例 32】下面是一个 LEAVE 语句跳出循环语句的示例。SQL 语句如下：

```
DECLARE  aa int default 0;
    add_sum:LOOP
        SET aa=aa+1;
    IF aa>50 THEN LEAVE add_sum;
    END IF;
END LOOP add_sum;
```

该示例在上例的基础上，在循环体内增加了 LEAVE 跳出循环的语句，在 aa 大于 50 后跳出循环。

9.4.5　ITERATE 语句

ITERATE 语句也是用来跳出循环的语句。但 ITERATE 只可以出现在 LOOP、REPEAT 和 WHILE 语句内。ITERATE 语句是跳出本次循环，然后直接进入下一次循环。ITERATE 意思为"再次循环"。ITERATE 语句的基本语法格式如下：

```
ITERATE label
```

语法中的 label 参数表示循环的标志。

【实例 33】下面是一个 ITERATE 语句跳出循环语句的示例。SQL 语句如下：

```
CREATE PROCEDURE pp (a INT)
BEGIN
    la: LOOP
    SET a =a + 1;
IF a < 10 THEN ITERATE la;
END IF;
    LEAVE la;
    END LOOP la;
    SET @x = a;
END
```

该例子中 a 变量为输入参数，在 LOOP 循环中，a 值加 1，IF 条件语句中进行判断，如果 a 值小于 10，则使用 ITERATE la 跳出本次循环，又一次从头开始 LOOP 循环，a 值再次加 1，若 a 大于或等于 10 则 ITERATE la 语句不执行，执行下面的 LEAVE la 语句跳出整个循环语句。

9.4.6　REPEAT 语句

REPEAT 语句创建的是带条件判断的循环过程。循环语句每次执行完都会对表达式进行判断，若表达式为真，则结束循环，否则再次重复执行循环中的语句。当条件判断为真时，就会跳出循环语句。REPEAT 语句的基本语法格式如下：

```
[begin_label:] REPEAT
statement_list
UNTIL search_condition
END REPEAT [end_label]
```

主要参数介绍如下。

- begin_label 参数：表示语句的开始。
- end_label 参数：表示语句的结束。开始与结束标记均可以省略。
- statement_list 参数：表示循环的执行语句。
- search_condition 参数：表示结束循环的条件，该条件为真时结束跳出循环，该参数为假时，再次执行循环语句。

【实例 34】下面是一个 REPEAT 语句的示例。SQL 语句如下：

```
Declare ss int default 0;
REPEAT
    SET ss=ss+1;
  UNTIL ss>=100;
END REPEAT;
```

该示例循环中执行 ss 加 1 的操作。当 ss 的值小于 100 时，再次重复 ss 加 1 的操作，当 ss 值大于或等于 100 时，条件判断表达式为真，则结束循环。

9.4.7　WHILE 语句

WHILE 语句也是有条件控制的循环语句。但 WHILE 语句和 REPEAT 语句是不同的。WHILE 在执行语句时，先对条件表达式进行判断，若该条件表达式为真，则执行循环内的语句。否则，退出循环过程。WHILE 语句的基本语法格式如下：

```
[begin_label:] WHILE search_condition DO
statement_list
END WHILE [end_label]
```

主要参数介绍如下。

- begin_label 参数：表示语句开始标记。
- end_label 参数：表示语句结束标记。
- search_condition 参数：表示为条件判断表达式，若该条件判断表达式为真，则执行循环中的语句，否则退出循环。

【实例 35】下面是一个 WHILE 循环语句的示例。SQL 语句如下：

```
DECLARE ss int default 0;
    WHILE ss<=100 DO
        SET ss=ss+1
    END WHILE;
```

该循环执行 ss 加 1 的操作，进入循环过程前，先进行 ss 值的判断。若 ss 值小于或等于 100，则进入循环过程，执行循环过程中的语句；否则，退出循环过程。

9.5　课后习题与练习

一、填充题

1. 在 MySQL 数据库中，其编程语言按照功能来划分，可以分为 4 类，分别是＿＿＿＿、＿＿＿＿、＿＿＿＿和 MySQL 增加的语言元素。

答案：数据定义语言，数据操作语言，数据控制语言

2. 常量根据数据类型来划分，可以分为＿＿＿＿、＿＿＿＿、十六进制常量、＿＿＿＿、布尔值、NULL 值等。

答案：字符串常量，数值常量，日期和时间常量

3. 在 SQL 中，用户变量名前要加上的前缀是＿＿＿＿，系统变量名前一般要加上的前缀是＿＿＿＿。

答案：@，@@

4. ＿＿＿＿语句为循环控制语句，它用于重复执行符合条件的 SQL 语句或语句块。

答案：WHILE

5. &&运算符属于＿＿＿＿运算符，&运算符属于＿＿＿＿运算符。

答案：逻辑，位

二、选择题

1. SQL 语言具有＿＿＿＿的功能。

A. 数据定义，数据操作，数据控制　　　　B. 关系规范化，数据操作，数据控制
C. 数据定义，关系规范化，数据控制　　　　D. 数据定义，数据操作，关系规范化

答案：A

2. 使用 SQL 语言，用户可以直接操作＿＿＿＿。

A. 基本表　　　　B. 视图　　　　C. 基本表和视图　　　　D. 以上都不对

答案：C

3. 下面关于系统变量的描述正确的是＿＿＿＿。

A. 系统变量在所有程序中都有效　　　　B. 用户不能自定义系统变量
C. 用户不能手工修改系统变量的值　　　　D. 以上都对

答案：D

4. 下列运算符中，优先级最高的是_____。

A. /　　　　　　　　B. |　　　　　　　　C. &　　　　　　　　D. OR

答案：A

5. 下面关于 CASE 语句正确的是_____。

A. CASE 关键字后面必须要有表达式

B. CASE 关键字后面必须要有表达式或者字段名称

C. CASE 关键字后面必须要有字段名称

D. CASE 关键字可以没有任何表达式或者字段名称

答案：B

三、简答题

1. 简述定义字符串常量与字符串变量的方法。

2. 在编写复杂表达式时，如何才能更改运算符的优先级？

3. 简述 MySQL 中流程控制语句的使用。

9.6　新手疑难问题解答

疑问 1：在使用 WHILE 循环语句时，会不会出现不停地执行 WHILE 中的语句的现象呢？

解答：当然会了，我们把这种一直重复执行的语句叫作死循环。如果想要避免发生死循环，就要为 WHILE 语句设置合理的判断条件，并且可以使用 BREAK 和 CONTINUE 关键字来控制循环的执行。

疑问 2：给变量赋值后，能不能查看赋值后变量的值？

解答：可以查看。用户可以通过 PRINT 语句将变量的值输出，也可以直接使用 SELECT 语句来显示变量的值。具体使用方法如下：

```
PRINT @name;
```

或者

```
SELECT @name;
```

9.7　实战训练

练习使用 SQL 语言中的相关内容。

（1）计算 1+2+3+4+⋯+100 的结果。

（2）编写一段程序，用于计算长方形的周长。

（3）使用 WHILE 循环输出一个倒三角，具体效果如下：

```
                    *****
                    ****
                    ***
                    **
                    *
```

（4）查看当前 MySQL 的服务器名称、语言以及版本。

（5）假设创建一个学生成绩表，并输入成绩信息。要求使用 CASE 语句实现查询学生成绩评级标准的功能。

第10章

内置函数与自定义函数

⏱ 本章内容提要

    MySQL 提供了众多功能强大、方便易用的内置函数。使用这些函数可以帮助开发者做很多事情，比如字符串的处理、数值和日期的运算等，可以极大地提高对数据库的管理效率。本章就来介绍 MySQL 内置函数的应用以及创建自定义函数的方法，主要内容包括数学函数、字符串函数、日期和时间函数的应用，以及自定义函数的创建、修改、查看、删除等。

⏱ 本章知识点

- 数学函数的应用。
- 字符串函数的应用。
- 日期和时间函数的应用。
- 条件判断函数的应用。
- 系统信息函数的应用。
- 加密和解密函数的应用。
- 自定义函数。

10.1　数学函数

    数学函数是用来处理数值数据方面的运算，常见的数学函数有：绝对值函数、三角函数（包含正弦函数、余弦函数、正切函数、余切函数等）、对数函数等。使用数学函数过程中，如果有错误产生，该函数将会返回空值 NULL。MySQL 中常用的数学函数如表 10-1 所示。

表 10-1　MySQL 中常用的数学函数

数 学 函 数	作　　用
ABS(x)	返回 x 的绝对值
PI()	返回圆周率（3.141593）
SQRT(x)	返回非负数 x 的二次方根
MOD(x,y)	返回 x 除以 y 之后的余数
CEIL(x)和 CEILING(x)	返回不小于 x 的最小整数值

续表

数 学 函 数	作　　用
FLOOR(x)	返回不大于 x 的最大整数值
RAND()	返回 0～1 的随机数
RAND(x)	返回 0～1 的随机数。x 值相同时返回的随机数相同
ROUND(x)	返回最接近于参数 x 的整数，对 x 值进行四舍五入
ROUND(x,y)	返回最接近于参数 x 的值，此值保留到小数点后面的 y 位
TRUNCATE(x,y)	返回数值 x 保留到小数点后 y 位的值
SIGN(x)	返回参数 x 的符号。x 为负数、0、正数时分别返回-1、0 和 1
POW(x,y),POWER(x,y)	返回 x 的 y 次乘方的结果值
EXP(x)	返回 e 的 x 次方后的值
LOG(x)	返回 x 的自然对数，x 相对于基数 e 的对数
LOG10(x)	返回 x 以 10 为底的对数
RADIANS(x)	返回参数 x 由角度转换为弧度的值
DEGREES(x)	返回参数 x 由弧度转换为角度的值
SIN(x)	返回参数 x 的正弦值
ASIN(x)	返回参数 x 的反正弦，即正弦为 x 的值
COS(x)	返回参数 x 的余弦值
ACOS(x)	返回参数 x 的反余弦，即余弦为 x 的值
TAN(x)	返回参数 x 的正切值
ATAN(x)	返回参数 x 的反正切值
COT(x)	返回参数 x 的余切值

10.1.1　求绝对值和返回圆周率

ABS()函数用来求绝对值。PI()返回圆周率 π 的值。

【实例 1】练习使用 ABS()函数和 PI()函数。输入语句如下：

```
SELECT ABS(10), ABS(-10.8),ABS(-0),pi();
```

按 Enter 键，即可返回执行结果，如图 10-1 所示。从结果可以看出，正数的绝对值为其本身；负数的绝对值为其相反数，0 的绝对值为 0。返回的圆周率值保留了 7 位有效数字。

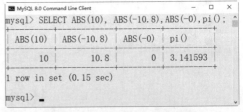

图 10-1　返回绝对值与圆周率

10.1.2　获取数平方根与求余

MOD()函数用于求余运算，SQRT(x)函数返回非负数 x 的二次方根。

【实例 2】练习使用 MOD()函数。输入语句如下：

```
SELECT MOD(38,5),MOD(24,4),MOD(36.6,6.6);
```

按 Enter 键，即可返回执行结果，如图 10-2 所示。

【实例 3】求 64，30 和-64 的二次平方根，输入语句如下：

```
SELECT SQRT(64), SQRT(30), SQRT(-64);
```

按 Enter 键，即可返回执行结果，如图 10-3 所示。

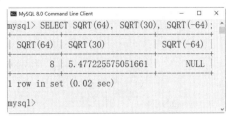

图 10-2　返回求余值　　　　　图 10-3　返回二次平方根值

10.1.3　获取四舍五入后的值

ROUND(x)函数返回最接近于参数 x 的整数；ROUND(x,y)函数对参数 x 进行四舍五入的操作，返回值保留小数点后面指定的 y 位；TRUNCATE(x,y)函数对参数 x 进行截取操作，返回值保留小数点后面指定的 y 位。

【实例4】练习使用 ROUND(x)函数，输入语句如下：

```
SELECT ROUND(-8.6),ROUND(-9.44),ROUND(-42.88),ROUND(13.44),ROUND(-8.12);
```

按 Enter 键，即可返回执行结果，如图 10-4 所示。执行结果可以看出，ROUND(x)将值 x 四舍五入之后保留了整数部分。

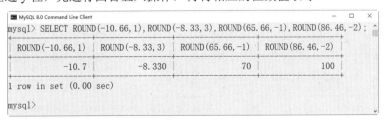

图 10-4　使用 ROUND(x)函数返回值

【实例5】练习使用 ROUND(x,y)函数，输入语句如下：

```
SELECT ROUND(-10.66,1),ROUND(-8.33,3),ROUND(65.66,-1),ROUND(86.46,-2);
```

按 Enter 键，即可返回执行结果，如图 10-5 所示。执行结果可以看出，根据参数 y 值，将参数 x 四舍五入后得到保留小数点后 y 位的值，x 值小数位不够 y 位的补零；如 y 为负值，则保留小数点左边 y 位，先进行四舍五入操作，再将相应的位数值取零。

图 10-5　使用 ROUND(x,y)函数返回值

【实例6】练习使用 TRUNCATE(x,y)函数，输入语句如下：

```
SELECT TRUNCATE(5.25,1),TRUNCATE(7.66,1),TRUNCATE(45.88,0),TRUNCATE(56.66,-1);
```

按 Enter 键，即可返回执行结果，如图 10-6 所示。执行结果可以看出，TRUNCATE(x,y)函数并不是四舍五入的函数，而是直接截去指定保留 y 位之外的值。y 取负值时，先将小数点左

边第 y 位的值归零，右边其余低位全部截去。

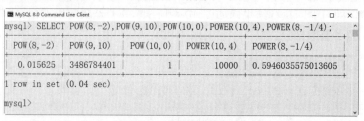

图 10-6　使用 TRUNCATE(x,y)函数返回值

10.1.4　求数值的幂运算

POW(x,y)和 POWER(x,y)函数用于计算 x 的 y 次方。

【实例 7】练习使用 POW(x,y)和 POWER(x,y)函数，对参数 x 进行 y 次乘方的求值，输入语句如下：

```
SELECT POW(8,-2),POW(9,10),POW(10,0),POWER(10,4),POWER(8,-1/4);
```

按 Enter 键，即可返回执行结果，如图 10-7 所示。

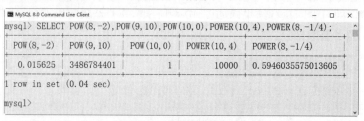

图 10-7　求数值的幂运算

10.1.5　求数值的对数运算值

LOG(x)返回 x 的自然对数，x 相对于基数 e 的对数。

【实例 8】使用 LOG(x)函数计算自然对数，输入语句如下：

```
SELECT LOG(15), LOG(-15);
```

按 Enter 键，即可返回执行结果，如图 10-8 所示。对数定义域不能为负数，因此 LOG(-15)返回结果为 NULL。

LOG10(x)返回 x 的基数为 10 的对数。

【实例 9】使用 LOG10 计算以 10 为基数的对数，输入语句如下：

```
SELECT LOG10(100), LOG10(1000), LOG10(-1000);
```

按 Enter 键，即可返回执行结果，如图 10-9 所示。

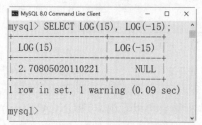

图 10-8　使用 LOG(x)函数计算自然对数

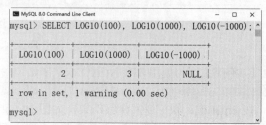

图 10-9　使用 LOG10 计算以 10 为基数的对数

10.1.6　角度与弧度的相互转换

RADIANS(x)将参数 x 由角度转换为弧度。

【实例 10】使用 RADIANS 将角度转换为弧度，输入语句如下：

```
SELECT RADIANS(60),RADIANS(360);
```

按 Enter 键，即可返回执行结果，如图 10-10 所示。

DEGREES(x)将参数 x 由弧度转换为角度。

【实例 11】使用 DEGREES 将弧度转换为角度，输入语句如下：

```
SELECT DEGREES(PI()), DEGREES(PI()/2);
```

按 Enter 键，即可返回执行结果，如图 10-11 所示。

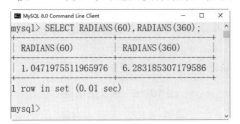

图 10-10　使用 RADIANS 将角度转换为弧度

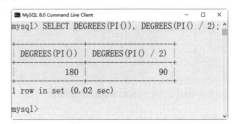

图 10-11　使用 DEGREES 将弧度转换为角度

10.1.7　求正弦值与余弦值

MySQL 数据库中分别使用 SIN(x)和 COS(x)函数分别返回正弦值和余弦值。其中 x 表示弧度数。一个平角是 π 弧度，即 180 度=π 度。因此，将度转换成弧度的公式是弧度=度×π/180。

【实例 12】通过 SIN(x)函数和 COS(x)函数计算弧度为 0.5 的正弦值和余弦值。

```
SELECT SIN(0.5),COS(0.5);
```

按 Enter 键，即可返回执行结果，如图 10-12 所示。

除了能够计算正弦值和余弦值外，还可以利用 ASIN(x)函数和 ACOS(x)函数计算反正弦值和反余弦值。无论是 ASIN(x)函数，还是 ACOS(x)函数，它们的取值都必须为-1~1，否则返回的值将会是空值(NULL)。

【实例 13】通过 ASIN(x)函数和 ACOS(x)函数计算弧度为 0.5 的反正弦值和反余弦值。

```
SELECT ASIN(0.5),ACOS(0.5);
```

按 Enter 键，即可返回执行结果，如图 10-13 所示。

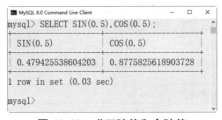

图 10-12　求正弦值和余弦值

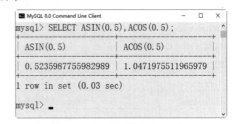

图 10-13　求反正弦值和反余弦值

10.1.8　求正切值与余切值

在数据计算中，求正切值和余切值也经常被用到，其中求正切值使用 TAN(x)函数，求余切值使用 COT(x)函数，TAN(x)函数的返回值是 COT(x)函数返回值的倒数。

【实例 14】通过 TAN(x)函数和 COT(x)函数计算 0.5 的正弦值和余弦值。

```
SELECT TAN(0.5), COT(0.5);
```

按 Enter 键，即可返回执行结果，如图 10-14 所示。

另外，在数学计算中，还可以通过 ATAN(x)函数或 ATAN2(x,y)来计算反正切的值。

【实例 15】通过 ATAN(x)函数或 ATAN2(x,y)来计算数值 0.5 的反正切值。

```
SELECT ATAN(0.5), ATAN2(0.5);
```

按 Enter 键，即可返回执行结果，如图 10-15 所示。

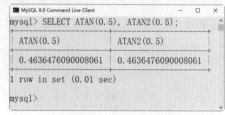

图 10-14　求正弦值和余弦值　　　　图 10-15　求反正切值

注意：反正切值与反正弦值不一样，反正弦值（或反余弦值）指定的弧度范围为-1~1，如果超出这个范围则返回空值（NULL），但是，在求反正切值时，没有规定弧度的范围。而且，COT(x)函数没有反余切值函数。

10.2　字符串函数

字符串函数是在 MySQL 数据库中经常被用到的一类函数，主要用于计算字符串的长度、合并字符串等操作，如表 10-2 所示为 MySQL 数据库中的字符串函数及其功能介绍。

表 10-2　MySQL 中的字符串函数

字符串函数	作　用
CHAR_LENGTH(str)	返回字符串 str 的字符数
LENGTH(str)	返回字符串 str 的长度
CONCAT(s1,s2,…)	返回字符串 s1，s2 等多个字符串合并为一个字符串
CONCAT_WS(x,s1,s2,…)	同 CONCAT(s1,s2,…)，但是每个字符串之前要加上 x
INSERT(s1,x,len,s2)	将字符串 s2 替换 s1 的 x 位置开始长度为 len 的字符串
LOWER(str)和 LCASE(str)	将字符串 str 中字母转换为小写
UPPER(str)和 UCASE(str)	将字符串 str 中字母转换为大写
LEFT(str,len)	返回字符串 str 的最左面 len 个字符
RIGHT(str,len)	返回字符串 str 的最右面 len 个字符
LPAD(s1,len,s2)	字符串 s2 来填充 s1 的开始处，使字符串长度达到 len
RPAD(s1,len,s2)	字符串 s2 来填充 s1 的结尾处，使字符串长度达到 len
LTRIM(str)	删除字符串 str 开始处的空格
RTRIM(str)	删除字符串 str 结尾处的空格
TRIM(str)	删除字符串 str 开始处和结尾处的空格

字符串函数	作　　用
TRIM(s1 from str)	删除字符串 str 中开始处和结尾处的子字符串 s1
REPEAT(str,n)	将字符串 str 重复 n 数
SPACE(n)	返回一个由 n 个空格组成的字符串
REPLACE(str,s1,s2)	使用字符串 s2 替换字符串 str 中所有的子字符串 s1
STRCMP(s1,s2)	比较字符串 s1，s2 的大小
SUBSTRING(str,pos,len)	获取从字符串 s 中的第 n 个位置开始长度为 len 的字符串
MID(str,pos,len)	同 SUBSTRING(str,pos,len)
LOCATE(s1,str)	从字符串 str 中获取 s1 的开始位置
POSITION(s1 IN str)	同 LOCATE(s1,str)
INSTR(str,s1)	从字符串 str 中获取 s1 的开始位置
REVERSE(str)	返回和原始字符串 str 顺序相反的字符串
ELT(n,s1,s2,s3,…，sn)	返回指定位置的字符串，根据 n 的取值，返回指定的字符串 sn
FIELD(s,s1,s2,s3,…)	返回字符串 s 在列表 s1，s2，…中第一次出现的位置
FIND_IN_SET(s1,s2)	返回字符串 s1 在字符串列表 s2 中出现的位置
MAKE_SET(x,s1,s2,s3,…)	按 x 的二进制数值从 s1，s2，…，sn 中获取字符串

10.2.1　计算字符串的字符数

CHAR_LENGTH(str) 返回值为字符串 str 所包含的字符个数。一个多字节字符算作一个单字符。

【实例 16】使用 CHAR_LENGTH 函数计算字符串字符个数，输入语句如下：

```
SELECT  CHAR_LENGTH('hello'),  CHAR_
LENGTH('World');
```

按 Enter 键，即可返回执行结果，如图 10-16 所示。

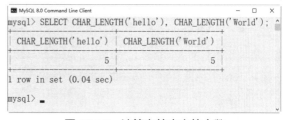

图 10-16　计算字符串字符个数

10.2.2　计算字符串的长度

使用 LENGTH 函数可以计算字符串的长度，它的返回值是数值。

【实例 17】使用 LENGTH 函数计算字符串长度，输入语句如下：

```
SELECT LENGTH('Hello'), LENGTH('World');
```

按 Enter 键，即可返回执行结果，如图 10-17 所示。

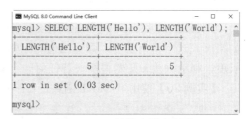

图 10-17　计算字符串长度

10.2.3　合并字符串

CONCAT(s1,s2,…)返回结果为连接参数产生的字符串。如有任何一个参数为 NULL，则返回值为 NULL。如果所有参数均为非二进制字符串，则结果为非二进制字符串。如果自变量中含有任一二进制字符串，则结果为一个二进制字符串。

【实例 18】使用 CONCAT 函数连接字符串，输入语句如下：

```
SELECT CONCAT('MySQL', '8.0'),CONCAT('My',NULL, 'SQL');
```

按 Enter 键，即可返回执行结果，如图 10-18 所示。

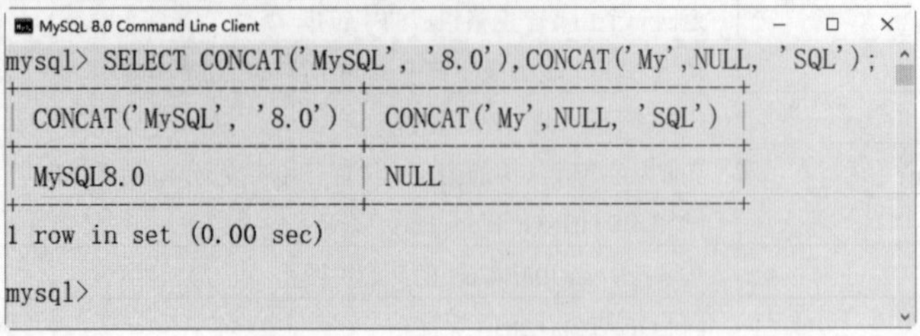

图 10-18　连接字符串

CONCAT_WS(x,s1,s2,…)，CONCAT_WS 代表 CONCAT With Separator，是 CONCAT() 的特殊形式。第一个参数 x 是其他参数的分隔符。分隔符的位置放在要连接的两个字符串之间。分隔符可以是一个字符串，也可以是其他参数。如果分隔符为 NULL，则结果为 NULL。函数会忽略任何分隔符参数后的 NULL 值。

【实例 19】使用 CONCAT_WS 函数连接带分隔符的字符串，输入语句如下：

```
SELECT CONCAT_WS('-', '张晓明','男', '32岁'),
CONCAT_WS('*', '李明', NULL, '经理');
```

按 Enter 键，即可返回执行结果，如图 10-19 所示。

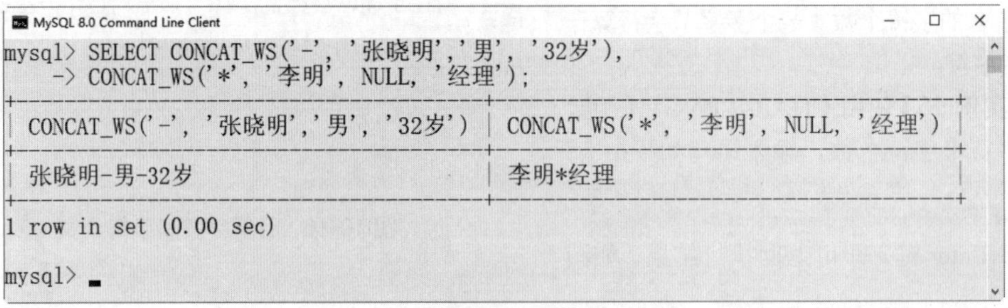

图 10-19　连接带分隔符的字符串

10.2.4　替换字符串

INSERT(s1,x,len,s2) 返回字符串 s1，s1 中起始于 x 位置长度为 len 的子字符串将被 s2 取代。如果 x 超过字符串长度，则返回值为原始字符串。假如 len 的长度大于 x 位置后总的字符串的长度，则从位置 x 开始替换。若任何一个参数为 NULL，则返回值为 NULL。

【实例 20】使用 INSERT 函数进行字符串替代操作，输入语句如下：

```
SELECT INSERT('passion',4, 4, 'word') AS c1,
INSERT('passion',-2, 4, 'word') AS c2,
INSERT ('passion',4, 100, 'wd') AS c3;
```

按 Enter 键，即可返回执行结果，如图 10-20 所示。

第一个函数 INSERT('passion',4, 4, 'word')) 将 "passion" 第 4 个字符开始长度为 4 的字符串替换为 word，结果为 "pasword"；第二个函数 INSERT('passion',-2, 4, 'word') 中起始位置-2 超出了字符串长度，直接返回原字符；第三个函数 INSERT ('passion',4, 100, 'wd') 替换长度超出了

原字符串长度，则从第 4 个字符开始，截取后面所有的字符，并替换为指定字符 wd，结果为
"paswd"。

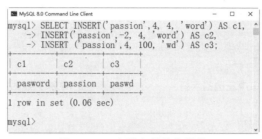

图 10-20　字符串的替代操作

10.2.5　字母大小写转换

LOWER (str)或者 LCASE (str)将字符串 str 中的字母字符全部转换成小写字母。

【实例 21】使用 LOWER 函数或者 LCASE 函数将字符串中所有字母字符转换为小写，输入
语句如下：

```
SELECT LOWER('HELLO'), LCASE('WORLD');
```

按 Enter 键，即可返回执行结果，如图 10-21 所示。

UPPER(str)或者 UCASE(str)将字符串 str 中的字母字符全部转换成大写字母。

【实例 22】使用 UPPER 函数或者 UCASE 函数将字符串中所有字母字符转换为大写，输入
语句如下：

```
SELECT UPPER('hello'), UCASE('world');
```

按 Enter 键，即可返回执行结果，如图 10-22 所示。

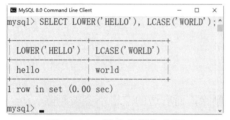

图 10-21　转换字母为小写

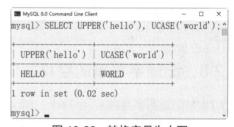

图 10-22　转换字母为大写

10.2.6　获取指定长度字符串

LEFT(s,n)返回字符串 s 开始的最左边 n 个字符。

【实例 23】使用 LEFT 函数返回字符串中左边的字符，输入语句如下：

```
SELECT LEFT('Administrator',5);
```

按 Enter 键，即可返回执行结果，如图 10-23 所示。

RIGHT(s,n)返回字符串 s 最右边 n 个字符。

【实例 24】使用 RIGHT 函数返回字符串中右边的字符，输入语句如下：

```
SELECT RIGHT('Administrator ',6);
```

按 Enter 键，即可返回执行结果，如图 10-24 所示。

```
MySQL 8.0 Command Line Client                    —  □  ×
mysql> SELECT LEFT('Administrator',5);

| LEFT('Administrator',5) |

| Admin                   |

1 row in set (0.00 sec)

mysql>
```

图 10-23　返回字符串中左边的字符

```
MySQL 8.0 Command Line Client                    —  □  ×
mysql> SELECT RIGHT('Administrator ',6);

| RIGHT('Administrator ',6) |

| rator                     |

1 row in set (0.00 sec)

mysql>
```

图 10-24　返回字符串中右边的字符

10.2.7　填充字符串

LPAD(s1,len,s2)返回字符串 s1，其左边由字符串 s2 填充，填充长度为 len。假如 s1 的长度大于 len，则返回值被缩短至 len 字符。

【实例 25】使用 LPAD 函数对字符串进行填充操作，输入语句如下：

```
SELECT LPAD('smile',6,'??'), LPAD('smile',4,'??');
```

按 Enter 键，即可返回执行结果，如图 10-25 所示。

```
MySQL 8.0 Command Line Client                    —  □  ×
mysql> SELECT LPAD('smile',6,'??'), LPAD('smile',4,'??');

| LPAD('smile',6,'??') | LPAD('smile',4,'??') |

| ?smile               | smil                 |

1 row in set (0.01 sec)

mysql>
```

图 10-25　对字符串进行填充操作

字符串"smile"长度小于 6，LPAD('smile',6,'??')返回结果为"?smile"，左侧填充'?'，长度为 6；字符串"smile"长度大于 4，不需要填充，因此 LPAD('smile',4,'??')只返回被缩短的长度为 4 的子串"smil"。

10.2.8　删除字符串的空格

LTRIM(s)返回字符串 s，字符串左侧空格字符被删除，而右边的空格不会被删除。

【实例 26】使用 LTRIM 函数删除字符串左边的空格，输入语句如下：

```
SELECT CONCAT('(',LTRIM(' world '),')');
```

按 Enter 键，即可返回执行结果，如图 10-26所示。

RTRIM(s)返回字符串 s，字符串右侧空格字符被删除，左边的空格不会被删除。

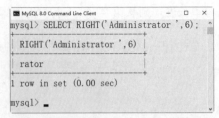

```
MySQL 8.0 Command Line Client                    —  □  ×
mysql> SELECT CONCAT('(',LTRIM(' world '),')');

| CONCAT('(',LTRIM(' world '),')') |

| (world )                         |

1 row in set (0.02 sec)

mysql>
```

图 10-26　删除字符串左边的空格

【实例 27】使用 RTRIM 函数删除字符串右边的空格，输入语句如下：

```
SELECT CONCAT('(', RTRIM (' world '),')');
```

按 Enter 键，即可返回执行结果，如图 10-27 所示。

TRIM(s)删除字符串 s 两侧的空格。

【实例 28】使用 TRIM 函数删除指定字符串两端的空格，输入语句如下：

```
SELECT CONCAT('(', TRIM(' world '),')');
```

按 Enter 键，即可返回执行结果，如图 10-28 所示。

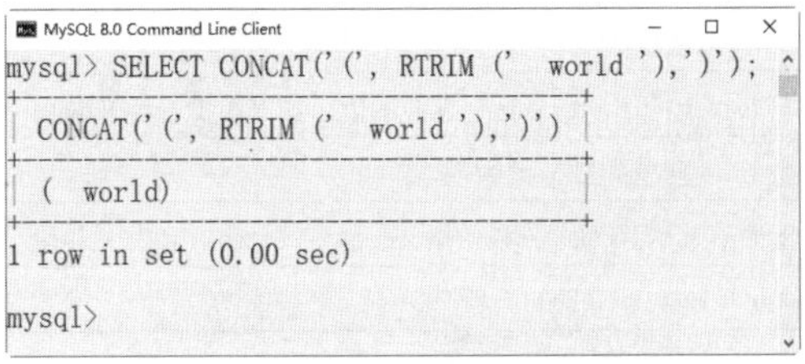

图 10-27　删除字符串右边的空格 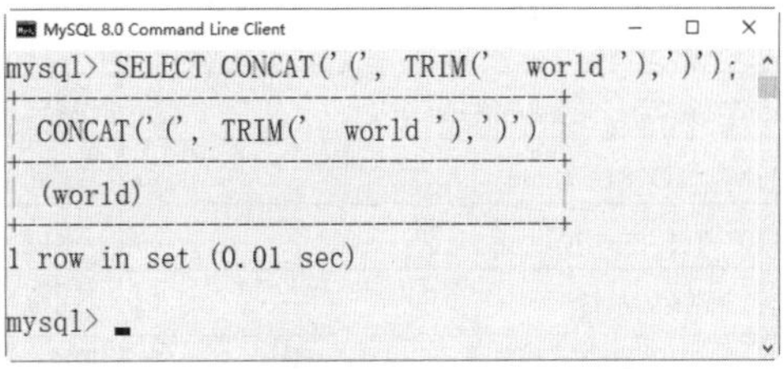　　　　图 10-28　删除指定字符串两端的空格

10.3　日期和时间函数

日期和时间函数主要用来处理日期和时间的值，一般的日期函数除了使用 DATE 类型的参数外，也可以使用 DATETIME 或 TIMESTAMP 类型的参数，只是忽略了这些类型值的时间部分。类似的情况还有，以 TIME 类型为参数的函数，可以接受 TIMESTAMP 类型的参数，只是忽略了日期部分，许多日期函数可以同时接受数值和字符串类型的参数，本节将介绍常用日期和时间函数的功能及用法，如表 10-3 所示。

表 10-3　MySQL 中的日期和时间函数

日期和时间函数	作　　用
CURDATE()和 CURRENT_DATE()	返回当前系统的日期
CURTIME()和 CURRENT_TIME()	返回当前系统的时间值
CURRENT_TIMESTAMP()、LOCALTIME()、 NOW()、SYSDATE()和 LOCALTIME STAMP()	返回当前系统的日期和时间值
UNIX_TIMESTAMP()	以 UNIX 时间戳的形式返回当前时间
UNIX_TIMESTAMP(data)	将时间 data 以 UNIX 时间戳的形式返回
FROM_UNIXTIME(date)	把 UNIX 时间戳转换为普通格式的时间
UTC_DATE()	返回 UTC 日期，UTC 为世界标准时间
UTC_TIME()	返回 UTC 时间
MONTH(date)	返回日期参数 date 中月份，范围为 1～12
MONTHNAME(date)	返回日期参数 data 中的月份名称，如 January
DAYNAME(date)	返回日期参数 date 对应的星期几，如 Monday
DAYOFWEEK(date)	返回日期参数 date 对应的星期几，1 表示星期日，2 表示星期一等
WEEKDAY(date)	返回日期参数 date 对应的星期几。0 表示星期一，1 表示星期二等
WEEK(date,mode)	返回日期参数 date 在一年中是第几个星期，范围是 0～53
WEEKOFYEAR(date)	返回日期参数 date 在一年中是第几个星期，范围是 1～53
DAYOFYEAR(date)	返回日期参数 date 是本年中第几天
DAYOFMONTH(date)	返回日期参数 date 在本月中是第几天
YEAR(date)	返回日期参数 date 对应的年份
QUARTER(date)	返回日期参数 date 是第几季度，范围是 1～4
HOUR(time)	返回时间参数 time 对应的小时数
MINUTE(time)	返回时间参数 time 对应的分钟数

续表

日期和时间函数	作　用
SECOND(time)	返回时间参数 time 对应的秒数
EXTRACT(type FROM date)	从日期 data 中获取指定的值，type 指定返回的值，如 YEAR、HOUR 等
TIME_TO_SEC(time)	返回将时间参数 time 转换为秒值的数值
SEC_TO_TIME(seconds)	将以秒为单位的时间 s 转换为时分秒的格式
TO_DAYS(data)	计算日期 data~0000 年 1 月 1 日的天数
FROM_DAYS	
ADDTIME(time,expr)	加法计算时间值函数，返回将 expr 值加上原始时间 time 之后的值
SUBTIME(time,expr)	减法计算时间值函数，返回将原始时间 time 减去 expr 值之后的值
DATEDIFF(date1,date2)	计算两个日期之间间隔的函数，返回参数 date1 减去 date2 之后的值
DATE_FORMAT(date,format)	将日期和时间格式化的函数，返回根据参数 format 指定的格式显示的 date 值
TIME_FORMAT(time,format)	将时间格式化的函数，返回根据参数 format 指定的格式显示的 time 值
GET_FORMAT(val_type,format_type)	返回日期时间字符串的显示格式的函数，返回值是一个格式字符串，val_type 表示日期数据类型，包含有 DATE、DATETIME 和 TIME；format_type 表示格式化显示类型，包含有 EUR、INTERVAL、ISO、JIS、USA

下面挑选常见的日期和时间函数进行讲解。

10.3.1　获取当前日期和当前时间

CURDATE() 和 CURRENT_DATE() 函数作用相同，将当前日期按照'YYYY-MM-DD'或 YYYYMMDD 格式的值返回，具体格式根据函数用在字符串或是数字语境中而定。

【实例 29】使用日期函数获取系统当期日期，输入语句如下：

```
SELECT CURDATE(),CURRENT_DATE();
```

按 Enter 键，即可返回执行结果，如图 10-29 所示。可以看到，两个函数作用相同，都返回了相同的系统当前日期。

CURTIME() 和 CURRENT_TIME() 函数作用相同，将当前时间以'HH:MM:SS'或 HHMMSS 的格式返回，具体格式根据函数用在字符串或是数字语境中而定。

【实例 30】使用时间函数获取系统当期日期，输入语句如下：

```
SELECT CURTIME(),CURRENT_TIME();
```

按 Enter 键，即可返回执行结果，如图 10-30 所示。

图 10-29　使用日期函数

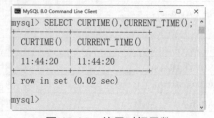

图 10-30　使用时间函数

10.3.2　获取当前日期和时间

CURRENT_TIMESTAMP()、LOCALTIME()、NOW()和 SYSDATE()4 个函数的作用相同，返回当前日期和时间值，格式为'YYYY-MM-DD HH:MM:SS'或 YYYYMMDDHHMMSS，具体格式根据函数是否用在字符串或数字语境而定。

【实例 31】使用日期和时间函数获取当前系统日期和时间，输入语句如下：

```
SELECT CURRENT_TIMESTAMP(),LOCALTIME(),NOW(),SYSDATE();
```

按 Enter 键，即可返回执行结果，如图 10-31 所示。可以看到，4 个函数返回的结果是相同的。

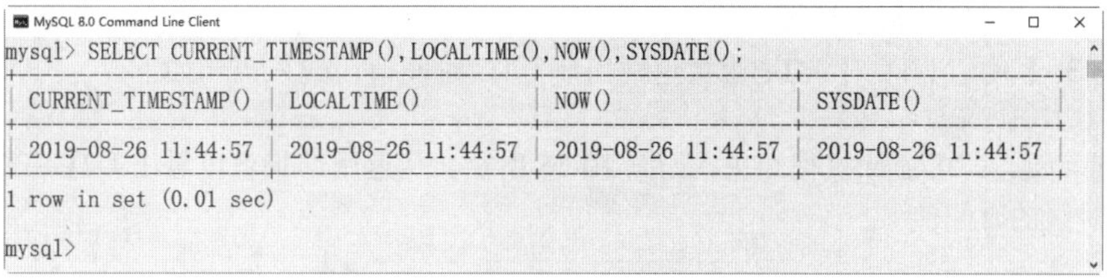

图 10-31　获取当前系统日期和时间

10.3.3　获取 UNIX 格式的时间

UNIX_TIMESTAMP(date)若无参数调用，则返回一个无符号整数类型的 Unix 时间戳（'1970-01-01 00:00:00'GMT 之后的秒数）。若用 date 来调用 UNIX_TIMESTAMP()，它会将参数值以'1970-01-01 00:00:00'GMT 后的秒数的形式返回。

【实例 32】使用 UNIX_TIMESTAMP 函数返回 UNIX 格式的时间戳，输入语句如下：

```
SELECT UNIX_TIMESTAMP(), UNIX_TIMESTAMP(NOW()), NOW();
```

按 Enter 键，即可返回执行结果，如图 10-32 所示。

图 10-32　返回 UNIX 格式的时间戳

FROM_UNIXTIME(date)函数把 UNIX 时间戳转换为普通格式的日期和时间值，与 UNIX_TIMESTAMP(date)函数互为反函数。

【实例 33】使用 FROM_UNIXTIME 函数将 UNIX 时间戳转换为普通格式时间，输入语句如下：

```
SELECT FROM_UNIXTIME('1566791210');
```

按 Enter 键，即可返回执行结果，如图 10-33 所示。

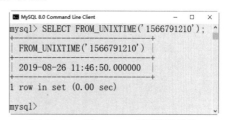

图 10-33　将 UNIX 时间戳转换为
普通格式时间

10.3.4 返回 UTC 日期和返回 UTC 时间

UTC_DATE()函数返回当前 UTC（世界标准时间）日期值，其格式为'YYYY-MM-DD'或 YYYYMMDD，具体格式取决于函数是否用在字符串或数字语境中。

【实例 34】使用 UTC_DATE()函数返回当前 UTC 日期值，输入语句如下：

```
SELECT UTC_DATE();
```

按 Enter 键，即可返回执行结果，如图 10-34 所示。从返回结果可以看出使用 UTC_DATE() 函数返回的值为当前时区的日期值。

UTC_TIME()返回当前 UTC 时间值，其格式为'HH:MM:SS'或 HHMMSS，具体格式取决于函数是否用在字符串或数字语境中。

【实例 35】使用 UTC_TIME()函数返回当前 UTC 时间值，输入语句如下：

```
SELECT UTC_TIME();
```

按 Enter 键，即可返回执行结果，如图 10-35 所示。从返回结果可以看出 UTC_TIME()函数返回当前时区的时间值。

图 10-34 返回当前 UTC 日期值

图 10-35 返回当前 UTC 时间值

10.3.5 获取指定日期的月份

MONTH(date)函数返回 date 对应的月份，范围值从 1 到 12。

【实例 36】使用 MONTH()函数返回指定日期中的月份，输入语句如下：

```
SELECT MONTH('2019-08-13');
```

按 Enter 键，即可返回执行结果，如图 10-36 所示。

【实例 37】使用 MONTHNAME()函数返回指定日期中的月份的名称，输入语句如下：

```
SELECT MONTHNAME('2019-08-13');
```

按 Enter 键，即可返回执行结果，如图 10-37 所示。从返回结果可以看出使用 MONTHNAME (date) 函数返回日期 date 对应月份的英文全名。

图 10-36 返回指定日期中的月份

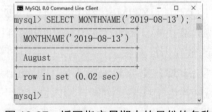

图 10-37 返回指定日期中的月份的名称

10.3.6 获取指定日期的星期数

DAYNAME(d)函数返回 d 对应的工作日英文名称，例如 Sunday，Monday 等。

【实例 38】使用 DAYNAME() 函数返回指定日期的工作日名称，输入语句如下：

```
SELECT DAYNAME('2019-08-13');
```

按 Enter 键，即可返回执行结果，如图 10-38 所示。

DAYOFWEEK(d) 函数返回 d 对应的一周中的索引（位置）。1 表示周日，2 表示周一，……，7 表示周六。

【实例 39】使用 DAYOFWEEK() 函数返回日期对应的周索引，输入语句如下：

```
SELECT DAYOFWEEK('2019-08-13');
```

按 Enter 键，即可返回执行结果，如图 10-39 所示。

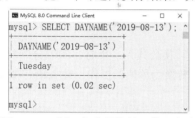

图 10-38　返回指定日期的工作日名称

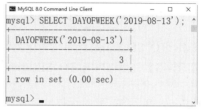

图 10-39　返回日期对应的周索引

10.3.7　获取指定日期在一年中的星期周数

WEEK(d) 计算日期 d 是一年中的第几周。WEEK() 的双参数形式允许指定该星期是否起始于周日或周一，以及返回值的范围是否为从 0 到 53 或从 1 到 53。

【实例 40】使用 WEEK() 函数查询指定日期是一年中的第几周，输入语句如下：

```
SELECT WEEK('2019-08-20',1);
```

按 Enter 键，即可返回执行结果，如图 10-40 所示。

WEEKOFYEAR(d) 计算某天位于一年中的第几周，范围是从 1 到 53。

【实例 41】使用 WEEKOFYEAR() 查询指定日期是一年中的第几周，输入语句如下：

```
SELECT WEEKOFYEAR('2019-08-20');
```

按 Enter 键，即可返回执行结果，如图 10-41 所示。从结果可以看到，WEEK() 函数和 WEEKOFYEAR() 函数返回结果相同。

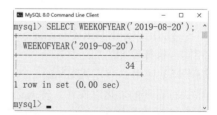

图 10-40　使用 WEEK() 函数　　　　　　图 10-41　使用 WEEKOFYEAR() 函数

【实例 42】使用 EXTRACT(type FROM date/time) 函数提取日期时间参数中指定的类型，输入语句如下：

```
SELECT NOW(),EXTRACT(YEAR FROM NOW())AS c1,
EXTRACT(YEAR_MONTH FROM NOW())AS c2,
EXTRACT(DAY_MINUTE FROM'2019-08-06 12:22:49')AS c3;
```

按 Enter 键，即可返回执行结果，如图 10-42 所示。由执行结果可以看出，EXTRACT 函数可以取出当前系统日期时间的年份和月份；也可以取出指定日期时间的日和分钟数，结果由日、小时和分钟数组成。

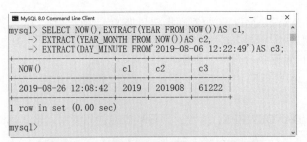

图 10-42　提取日期时间参数中指定的类型

10.3.8　时间和秒钟的相互转换

TIME_TO_SEC(time)返回已转化为秒的 time 参数。转换公式为：小时*3600+分钟*60+秒。

【实例 43】使用 TIME_TO_SEC(time)函数将时间值转换为秒值的操作，输入语句如下：

```
SELECT TIME_TO_SEC('18:35:25');
```

按 Enter 键，即可返回执行结果，如图 10-43 所示。由执行结果可以看出，根据计算公式：
18*3600+35*60+25，得出结果秒数 66925。

【实例 44】使用 SEC_TO_TIME(seconds)函数将秒值转换为时间格式的操作，输入语句如下：

```
SELECT SEC_TO_TIME(66925);
```

按 Enter 键，即可返回执行结果，如图 10-44 所示。由执行结果可以看出，将上一个范例中
得到的秒数 66925 通过函数 SEC_TO_TIME 计算，返回结果是时间值 18:35:25，为字符串型。

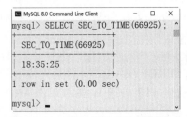

图 10-43　将时间值转换为秒值　　　　　　　图 10-44　将秒值转换为时间格式

10.3.9　日期和时间的加减运算

DATE_ADD(date, INTERVAL expr type)或者 ADDDATE(date, INTERVAL expr type)，两个函
数作用相同，执行日期的加运算。

【实例 45】使用 DATE_ADD(date, INTERVAL expr type)和 ADDDATE(date, INTERVAL expr
type)函数执行日期的加运算操作，输入语句如下：

```
SELECT DATE_ADD('2019-10-31 23:59:59', INTERVAL 1 SECOND) AS c1,
    ADDDATE('2019-10-31 23:59:59', INTERVAL 1 SECOND) AS c2,
    DATE_ADD('2019-10-31 23:59:59', INTERVAL '1:1' MINUTE_SECOND) AS c3;
```

按 Enter 键，即可返回执行结果，如图 10-45 所示。

由执行结果可以看出，DATE_ADD 和 ADDDATE 函数功能完全相同，在原始时间'2019-10-31
23:59:59'上加一秒之后结果都是'2019-11-01 00:00:00'；在原始时间加一分钟一秒的写法是表达式
'1:1'，最终可得结果'2019-11-01 00:01:00'。

【实例 46】使用 DATE_SUB(date, INTERVAL expr type)和 SUBDATE(date, INTERVAL expr
type)函数执行日期的减法运算操作，输入语句如下：

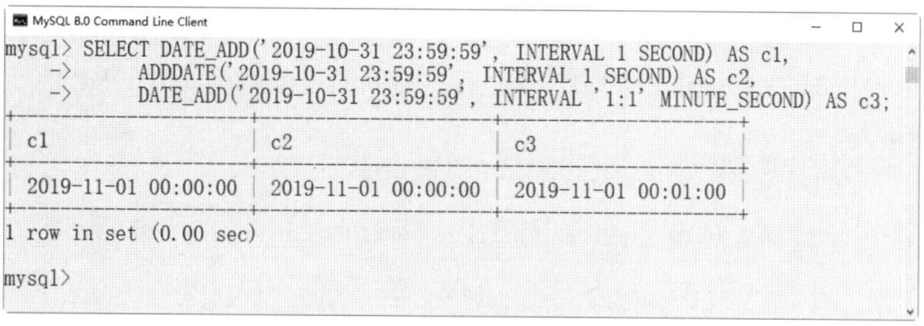

图 10-45　执行日期的加运算

```
SELECT DATE_SUB('2019-01-02', INTERVAL 31 DAY) AS c1,
  SUBDATE('2019-01-02', INTERVAL 31 DAY) AS c2,
  DATE_SUB('2019-01-01 00:01:00',INTERVAL '0 0:1:1' DAY_SECOND) AS c3;
```

按 Enter 键，即可返回执行结果，如图 10-46 所示。由执行结果可以看出，DATE_SUBD 和
SUBDATE 函数功能完全相同。

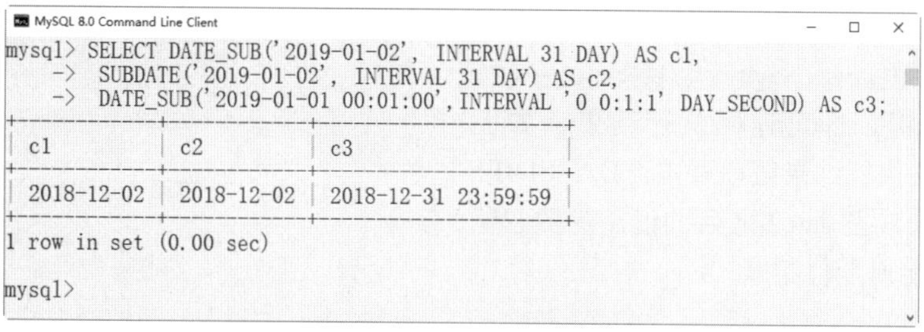

图 10-46　执行日期的减法运算

注意：DATE_ADD 和 DATE_SUB 函数在指定加减的时间段时，也可以指定负值，加法的
负值即返回原始时间之前的日期和时间，减法的负值即返回原始时间之后的日期和时间。

【实例 47】用 ADDTIME(time, expr)函数进行时间的加法运算的操作，输入语句如下：

```
SELECT ADDTIME('2019-10-31 23:59:59','0:1:1'),
ADDTIME('10:30:59','5:10:37');
```

按 Enter 键，即可返回执行结果，如图 10-47 所示。

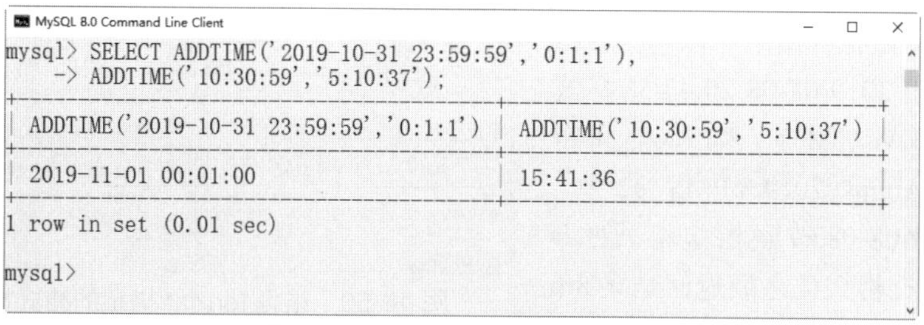

图 10-47　进行时间的加法运算

由执行结果可以看出，在原始日期时间'2019-10-31 23:59:59'上加上 0 小时 1 分 1 秒之后，
返回的日期时间是'2019-11-01 00:01:00'；在原始时间'10:30:59'上加上 5 小时 10 分 37 秒之后，
返回的日期时间是'25:41:36'。

【实例 48】使用 SUBTIME(time, expr)函数进行时间的减法运算的操作，输入语句如下：

```
SELECT SUBTIME('2019-10-31 23:59:59','0:1:1'),
SUBTIME('10:30:59','5:12:37');
```

按 Enter 键，即可返回执行结果，如图 10-48 所示。由执行结果可以看出，在原始日期时间

'2019-10-31 23:59:59'上减去 0 小时 1 分 1 秒之后，返回的日期时间是'2019-10-31 23:58:58'；在原始时间'10:30:59'上减去 5 小时 12 分 37 秒之后，返回的日期时间是'05:18:22'。

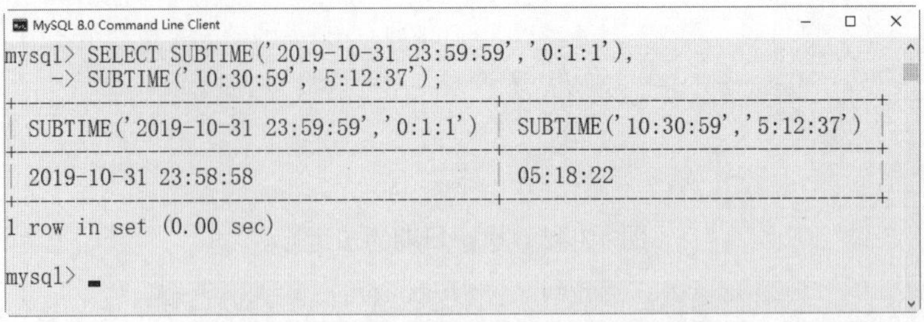

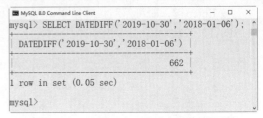

图 10-48　使用 SUBTIME(time, expr)函数

【实例 49】使用 DATEDIFF(date1, date2)函数计算两个日期之间的间隔天数的操作，输入语句如下：

```
SELECT DATEDIFF('2019-10-30','2018-01-06');
```

按 Enter 键，即可返回执行结果，如图 10-49 所示。由执行结果可以看出，DATEDIFF 函数返回 date1 减去 date2 之后的值，参数忽略时间值，只是将日期值相减。

图 10-49　计算两个日期之间的间隔天数

10.3.10　将日期和时间进行格式化

DATE_FORMAT(date, format)根据 format 指定的格式显示 date 值。

【实例 50】使用 DATE_FORMAT(date, format)函数根据 format 指定的格式显示 date 值的操作，输入语句如下：

```
SELECT DATE_FORMAT('2019-08-08 20:43:58','%W %M %Y %l %p')AS c1,
 DATE_FORMAT('2019-08-08','%D %b %y %T')AS c2;
```

按 Enter 键，即可返回执行结果，如图 10-50 所示。由执行结果可以看出，c1 中将日期时间值'2019-08-08 20:43:58'格式化为指定格式'%W %M %Y %l %p'，可得结果'Thursday August 2019 8 PM'；c2 中，将日期值'2019-08-08'按照指定格式'%D %b %y %T'进行格式化之后返回结果'8th Aug 19 00:00:00'。

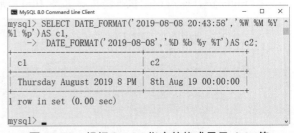

图 10-50　根据 format 指定的格式显示 date 值

【实例 51】使用 TIME_FORMAT(time, format)函数根据 format 指定的格式显示 time 值的操作，输入语句如下：

```
SELECT TIME_FORMAT('2019-08-08 20:48:58','%W %M %Y %l %p %r') AS c1,
  TIME_FORMAT('15:45:55','%l %p %r')AS c2,
TIME_FORMAT('35:08:55','%H %k %h %r')AS c3;
```

按 Enter 键，即可返回执行结果，如图 10-51 所示。由执行结果可以看出，c1 中，此函数的参数 format 中如果包含非时间格式说明符时，返回结果为 NULL。

【实例 52】使用 GET_FORMAT(val_type, format_type)函数返回日期时间字符串的显示格式的操作，输入语句如下：

```
SELECT GET_FORMAT(DATE,'EUR'),
   GET_FORMAT(DATETIME,'USA');
```

按 Enter 键，即可返回执行结果，如图 10-52 所示。由执行结果可以看出，GET_FORMAT 函数中，参数 val_type 和 format_type 取值不同，可以得到不同的日期和时间格式化字符串的结果。

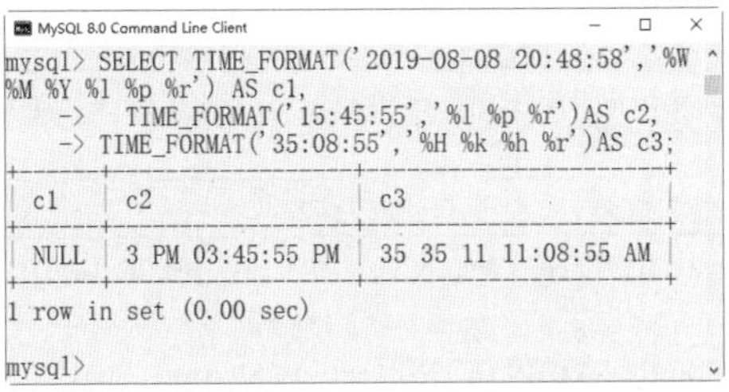

图 10-51　根据 format 指定的格式显示 time 值 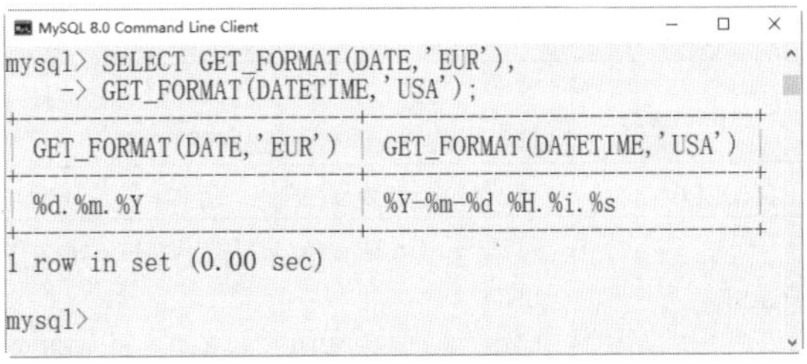　　　图 10-52　返回日期和时间字符串的显示格式

【实例 53】在 DATE_FORMAT 函数中，使用 GET_FORMAT 函数返回的显示格式字符串来显示指定的日期值，输入语句如下：

```
SELECT NOW(),DATE_FORMAT(NOW(),GET_FORMAT(DATE,'EUR'));
```

按 Enter 键，即可返回执行结果，如图 10-53 所示。由执行结果可以看出，当前系统时间 NOW()函数返回值是'2019-08-26 12:45:32'，使用 GET_FORMAT 函数将此日期时间值格式化为欧洲习惯的日期，最终可得结果'26.08.2019'。

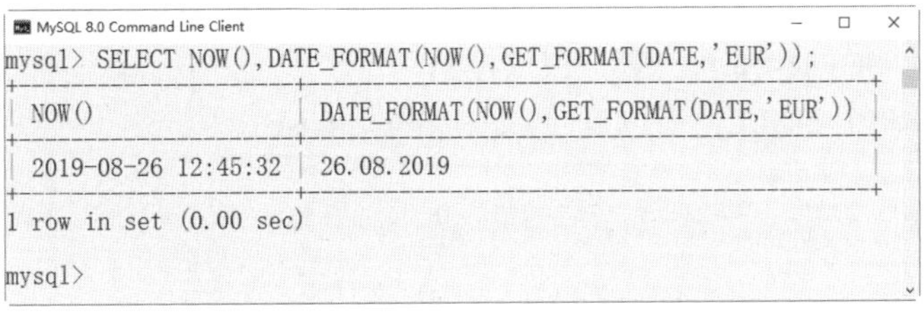

图 10-53　使用 GET_FORMAT 函数

10.4　其他内置函数

在 MySQL 中，除了数学函数、字符串函数、日期和时间函数外，还有一些其他内置函数，如条件判断函数、系统信息函数、加密和解密函数等。

10.4.1　条件判断函数

条件判断函数也被称为控制流函数，函数根据满足的条件不同，执行相应的流程。MySQL 中的条件判断函数有 IF、IFNULL 和 CASE 等，如表 10-4 所示。

【实例 54】使用 IF(expr,v1,v2)函数根据 expr 表达式结果返回相应值的操作，输入语句如下：

```
SELECT IF(1<2,1,0)AS c1,
IF(1>5,'√','×')AS c2,
IF(STRCMP('abc','ab'),'yes','no') AS c3;
```

按 Enter 键，即可返回执行结果，如图 10-54 所示。由执行结果可以看出，c1 中，表达式 1<2 所得结果是 true，则返回结果为 v1，即数值 1；c2 中，表达式 1>5 结果是 false，则返回结果为 v2，即字符串'×'；c3 中，先用函数 STRCMP 比较两个字符串的大小，字符串'abc'和'ab'比较结果返回值为 1，也就是表达式 expr 返回结果不等于 0 且不等于 NULL，则返回值为 v1，即字符串'yes'.

表 10-4   MySQL 中的条件判断函数

控制流函数	作 用
IF(expr,v1,v2)	返回表达式 expr 得到不同运算结果时对应的值。若 expr 是 TRUE（expr<>0 and expr<>NULL），则 IF() 的返回值为 v1，否则返回值为 v2
IFNULL(v1,v2)	返回参数 v1 或 v2 的值。假如 v1 不为 NULL，则返回值为 v1，否则返回值为 v2
CASE	写法一：CASE expr WHEN v1 THEN r1 [WHEN v2 THEN r2]…[WHEN vn THEN rn]…[ELSE r(n+1)] END 写法二：CASE WHEN v1 THEN r1[WHEN v2 THEN r2]…[WHEN vn THEN rn]…ELSE r(n+1) END

【实例 55】使用 IFNULL(v1,v2)函数根据 v1 取值返回相应值的操作，输入语句如下：

```
SELECT IFNULL(8,9),IFNULL(NULL,'OK'),
    IFNULL(SQRT(-8),'false'),SQRT(-8);
```

按 Enter 键，即可返回执行结果，如图 10-55 所示。由执行结果可以看出，当 IFNULL 函数中参数 v1=8 和 v2=9 都不为空，即 v1=8 不为空，返回 v1 的值为 8；当 v1=NULL，则返回 v2 的值即字符串'OK'；当 v1=SQRT(-8)时，函数 SQRT(-8) 返回值为 NULL，即 v1=NULL，所以返回 v2 为字符串'false'.

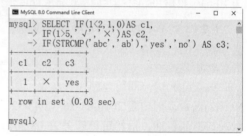

图 10-54   根据 expr 表达式结果返回相应值

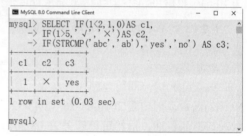

图 10-55   根据 v1 取值返回相应值

【实例 56】使用 CASE 函数根据 expr 取值返回相应值的操作，输入语句如下：

```
SELECT CASE WEEKDAY(NOW()) WHEN 0 THEN '星期一' WHEN 1 THEN '星期二' WHEN 2 THEN '星期三' WHEN
3 THEN '星期四' WHEN 4 THEN '星期五' WHEN 5 THEN '星期六' ELSE '星期天' END AS column1,
NOW(),WEEKDAY(NOW()),DAYNAME(NOW());
```

按 Enter 键，即可返回执行结果，如图 10-56 所示。由执行结果可以看出，NOW()函数得到当前系统时间是 2019 年 08 月 26 日，函数 DAYNAME(NOW())得到当天是'Monday'，函数 WEEKDAY(NOW())返回当前时间的工作日索引是 0，即对应的是星期一。

【实例 57】使用 CASE 函数根据 vn 取值返回相应值的操作，输入语句如下：

```
SELECT CASE WHEN WEEKDAY(NOW())=0 THEN '星期一' WHEN WEEKDAY(NOW())=1 THEN '星期二' WHEN
WEEKDAY(NOW())=2 THEN '星期三' WHEN WEEKDAY(NOW())=3 THEN '星期四' WHEN WEEKDAY(NOW())=4 THEN '
星期五' WHEN WEEKDAY(NOW())=5 THEN '星期六' ELSE '星期天' END AS column1,
NOW(),WEEKDAY(NOW()),DAYNAME(NOW());
```

按 Enter 键，即可返回执行结果，如图 10-57 所示。

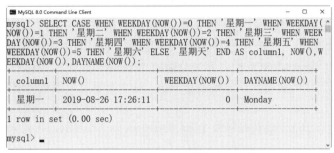

图 10-56　根据 expr 取值返回相应值

图 10-57　根据 vn 取值返回相应值

此例跟上一个范例返回结果一样，只是使用了 CASE 函数的不同写法，WHEN 后面为表达式，当表达式返回结果为 TRUE 时，取 THEN 后面的值，如果都不是，则返回 ELSE 后面的值。

10.4.2　系统信息函数

MySQL 的系统信息包含数据库的版本号、当前用户名和连接数、系统字符集、最后一个自动生成的值等，本节将介绍使用 MySQL 中的函数返回这些系统信息，如表 10-5 所示。

表 10-5　MySQL 中的系统信息函数

系统信息函数	作　　用
VERSION()	返回当前 MySQL 版本号的字符串
CONNECTION_ID()	返回 MySQL 服务器当前用户的连接次数
PROCESSLIST	SHOW PROCESSLIST; 输出结果显示正在运行的线程，不仅可以查看当前所有的连接数，还可以查看当前的连接状态，帮助识别出问题的查询语句等。如果是 root 账号，能看到所有用户的当前连接，如果是普通账号，只能看到自己占用的连接
DATEBASE() SCHEMA()	这两个函数的作用相同，都是显示目前正在使用的数据库名称
USER() CURRENT_USER CURRENT_USER() SYSTEM_USER() SESSION_USER()	获取当前登录用户名的函数。这几个函数返回当前被 MySQL 服务器验证过的用户名和主机名组合。一般情况下，这几个函数返回值是相同的
CHARSET(str)	获取字符串的字符集函数。返回参数字符串 str 使用的字符集
COLLATION(str)	返回参数字符串 str 的排列方式
LAST_INSERT_ID()	获取最后一个自动生成的 ID 值的函数。自动返回最后一个 INSERT 或 UPDATE 为 AUTO_INCREMENT 列设置的第一个发生的值

【实例 58】使用 SHOW PROCESSLIST 命令输出当前用户的连接信息的操作，输入语句如下：

```
SHOW PROCESSLIST;
```

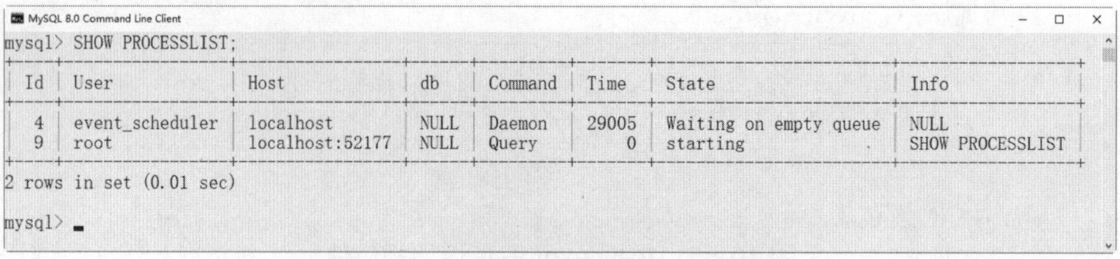

```
mysql> SHOW PROCESSLIST;
+----+-----------------+-----------------+------+---------+-------+------------------------+------------------+
| Id | User            | Host            | db   | Command | Time  | State                  | Info             |
+----+-----------------+-----------------+------+---------+-------+------------------------+------------------+
|  4 | event_scheduler | localhost       | NULL | Daemon  | 29005 | Waiting on empty queue | NULL             |
|  9 | root            | localhost:52177 | NULL | Query   |     0 | starting               | SHOW PROCESSLIST |
+----+-----------------+-----------------+------+---------+-------+------------------------+------------------+
2 rows in set (0.01 sec)

mysql>
```

图 10-58　输出当前用户的连接信息

按 Enter 键，即可返回执行结果，如图 10-58 所示。

由执行结果可以看出，显示出连接信息的 8 列内容，各列的含义与用途详解如下。

- Id 列：用户登录 MySQL 时，系统分配的“connection id”，标识一个用户。
- User 列：显示当前用户。如果不是 root，这个命令就只显示用户权限范围内的 SQL 语句。
- Host 列：显示这个语句是从哪个 ip 的哪个端口上发出的，可用来追踪出现问题语句的用户。
- db 列：显示这个进程目前连接的是哪个数据库。
- Command 列：显示当前连接的执行的命令，一般就是休眠（sleep），查询（query），连接（connect）。
- Time 列：显示这个状态持续的时间，单位是秒。
- State 列：显示使用当前连接的 SQL 语句的状态，很重要的列，后续会有所有状态的描述，请注意，state 只是语句执行中的某一个状态。一个 SQL 语句，以查询为例，可能需要经过 Copying to tmp table，Sorting result，Sending data 等状态才可以完成。
- Info 列：显示这个 SQL 语句，因为长度有限，所以长的 SQL 语句就显示不全，但是一个判断问题语句的重要依据。

使用另外的命令行登录 MySQL，此时将会把所有连接显示出来，在后来登录的命令行下再次输入 SHOW PROCESSLIST 命令，结果如下：

```
SHOW PROCESSLIST;
```

按 Enter 键，即可返回执行结果，如图 10-59 所示。由执行结果可以看出，当前活动用户登录连接为 9 的用户，正在执行的 Command 命令是 Query（查询），使用的查询命令为 SHOW PROCESSLIST；其余还有 1 个连接是 4，处于 Daemon 状态。

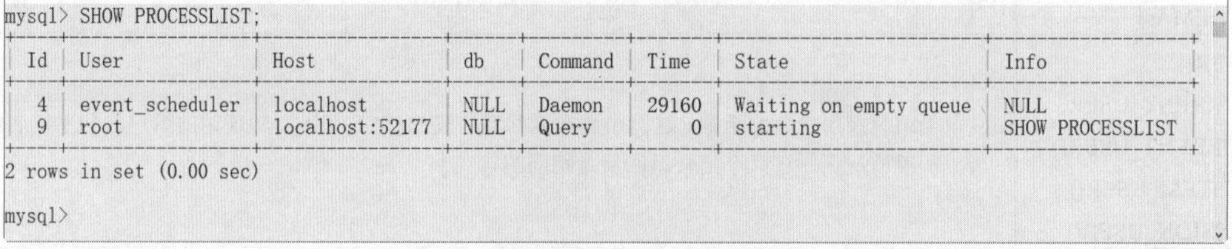

```
mysql> SHOW PROCESSLIST;
+----+-----------------+-----------------+------+---------+-------+------------------------+------------------+
| Id | User            | Host            | db   | Command | Time  | State                  | Info             |
+----+-----------------+-----------------+------+---------+-------+------------------------+------------------+
|  4 | event_scheduler | localhost       | NULL | Daemon  | 29160 | Waiting on empty queue | NULL             |
|  9 | root            | localhost:52177 | NULL | Query   |     0 | starting               | SHOW PROCESSLIST |
+----+-----------------+-----------------+------+---------+-------+------------------------+------------------+
2 rows in set (0.00 sec)

mysql>
```

图 10-59　显示所有连接

【实例 59】使用 CHARSET(str)函数返回参数字符串 str 使用的字符集的操作，输入语句如下：

```
SELECT CHARSET('test'),
CHARSET(CONVERT('test' USING latin1)),
CHARSET(VERSION());
```

按 Enter 键，即可返回执行结果，如图 10-60 所示。由执行结果可以看出，CHARSET('test')
返回系统默认的字符集 gbk；CHARSET(CONVERT('test' USING latin1))返回改变字符集函数
convert 转换之后的字符集 latin1；而 VERSION()函数返回的字符串本身就是使用 utf8 字符集。

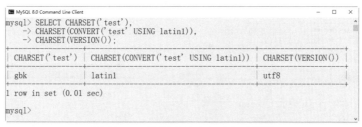

图 10-60　使用 CHARSET(str)函数

LAST_INSERT_ID()自动返回最后一个 INSERT 或 UPDATE 操作为 AUTO_INCREMENT 列
设置的第一个发生值。

【实例 60】使用 SELECT LAST_INSERT_ID 查看最后一个自动生成的列值，执行过程如下。

首先一次插入一条记录，这里先创建表 student01，其 Id 字段带有 AUTO_INCREMENT 约
束，输入语句如下：

```
CREATE TABLE student01 (Id INT AUTO_INCREMENT NOT NULL PRIMARY KEY,
    Name VARCHAR(30));
```

分别单独向表 student01 中插入 2 条记录：

```
INSERT INTO student01 VALUES(NULL, '张小明');
INSERT INTO student01 VALUES(NULL, '张小磊');
```

查询数据表 student01 中数据：

```
SELECT * FROM student01;
```

按 Enter 键，即可返回执行结果，如图 10-61 所示。

查看已经插入的数据可以发现，最后一条插入的记录的 Id 自段值为 2，使用 LAST_INSERT_
ID()查看最后自动生成的 Id 值。

```
SELECT LAST_INSERT_ID();
```

按 Enter 键，即可返回执行结果，如图 10-62 所示。可以看到，一次插入一条记录时，返回
的值为最后一条记录插入的 Id 值。

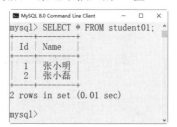
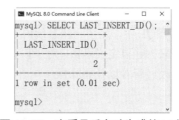

图 10-61　查看最后一个自动生成的列值　　图 10-62　查看最后自动生成的 Id 值

接下来，一次同时插入多条记录，向表中插入多条记录的输入语句如下：

```
INSERT INTO student01 VALUES
    (NULL, '王小雷'),(NULL,'张小凤'),(NULL,'展小天');
```

查询已经插入的记录，输入语句如下：

```
SELECT * FROM student01;
```

按 Enter 键，即可返回执行结果，如图 10-63 所示。

可以看到最后一条记录的 Id 自段值为 5，使用 LAST_INSERT_ID()查看最后自动生成的 Id 值。

```
SELECT LAST_INSERT_ID();
```

按 Enter 键，即可返回执行结果，如图 10-64 所示。结果显示，LAST_INSERT_ID 值不是 5 而是 3。

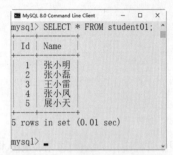

图 10-63　一次同时插入多条记录

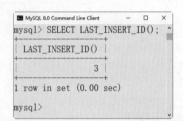

图 10-64　使用 LAST_INSERT_ID()函数

知识扩展：由上述实例可以看出，返回的结果值不是 5 而是 3，这是因为在向数据表中插入一条新记录时，LAST_INSERT_ID()返回带有 AUTO_INCREMENT 约束的字段最新生成的值 2；继续向表中同时添加 3 条记录，读者可能以为这时 LAST_INSERT_ID 值为 5，而显示结果为 3，因为当使用一条 INSERT 语句插入多个行时，LAST_INSERT_ID()只返回插入的第一行数据产生的值，在这里为第 3 条记录。

10.4.3　数据加密函数

MySQL 中加密函数用来对数据进行加密的处理，以保证数据表中某些重要数据不被别人窃取，这些函数能保证数据库的安全。使用 MD5(str)函数可以将字符串 str 计算出一个 MD5 比特校验码，该值以 32 位十六进制数字的二进制字符串形式返回。

【实例 61】使用 MD5(str)函数返回加密字符串的操作，输入语句如下：

```
SELECT MD5('mypassword');
```

按 Enter 键，即可返回执行结果，如图 10-65 所示。该加密函数的加密形式是可逆的，可以在应用程序中使用。由于 MD5 的加密算法是公开的，所以这种函数的加密级别不高。

在 MySQL 中，除了一些系统内置函数外，还可以根据实际需要来创建自定义函数。对于创建的自定义函数，还可以进行修改、查看以及删除操作。

图 10-65　使用 MD5(str)函数

10.5　自定义函数

10.5.1　创建自定义函数

使用 CREATE FUNCTION 语句可以创建自定义函数，基本语法格式如下：

```
CREATE FUNCTION func_name ( [func_parameter] )
RETURNS type
[characteristic…] routine_body
```

主要参数介绍如下。

- CREATE FUNCTION 为用来创建存储函数的关键字。
- func_name 表示存储函数的名称。
- func_parameter 为存储过程的参数列表，参数列表形式如下：

```
[ IN | OUT | INOUT ] param_name type
```

参数介绍如下。

（1）IN 表示输入参数。

（2）OUT 表示输出参数。

（3）INOUT 表示既可以输入也可以输出。

（4）param_name 表示参数名称。

（5）type 表示参数的类型，该类型可以是 MySQL 数据库中的任意类型。

【实例 62】创建自定义函数，名称为 name_student，该函数返回 SELECT 语句的查询结果，数值类型为字符串型，SQL 语句如下：

```
DELIMITER //
CREATE FUNCTION name_student (aa INT)
RETURNS CHAR(50)
BEGIN
    RETURN  (SELECT 姓名 FROM student
WHERE 学号=aa);
END //
```

按 Enter 键，即可返回执行结果，如图 10-66 所示。

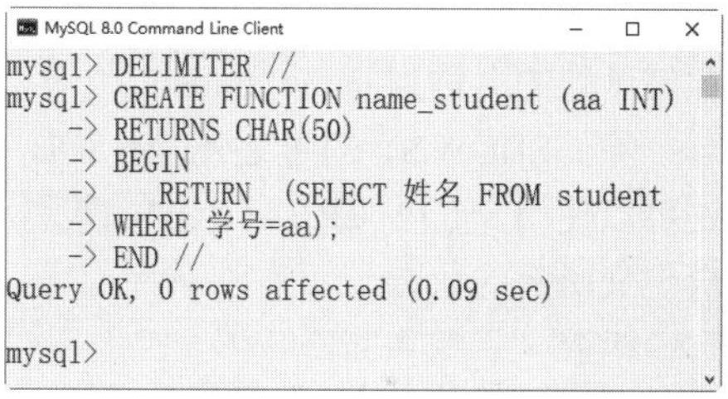

这里创建一个名称为 name_student 的自定义函数，参数定义 aa，返回一个 CHAR 类型的结果。SELECT 语句从 student 表中查询学号等于 aa 的记录，并将该记录中的"姓名"字段返回。

注意：如果在创建存储函数中报错：you *might* want to use the less safe log_bin_trust_function_creators variable。需要执行以下代码：

图 10-66　创建 name_student 自定义函数

```
SET GLOBAL log_bin_trust_function_creators = 1;
```

10.5.2　调用自定义函数

在 MySQL 中，自定义函数的使用方法与 MySQL 内部函数的使用方法是一样的。用户自己定义的函数与 MySQL 内部函数的性质相同。区别在于，自定义函数是用户自己定义的，而内部函数是 MySQL 的开发者定义的。

【实例 63】调用自定义函数 name_student，SQL 语句如下：

```
SELECT name_student (102);
```

按 Enter 键，即可返回执行结果，如图 10-67 所示。

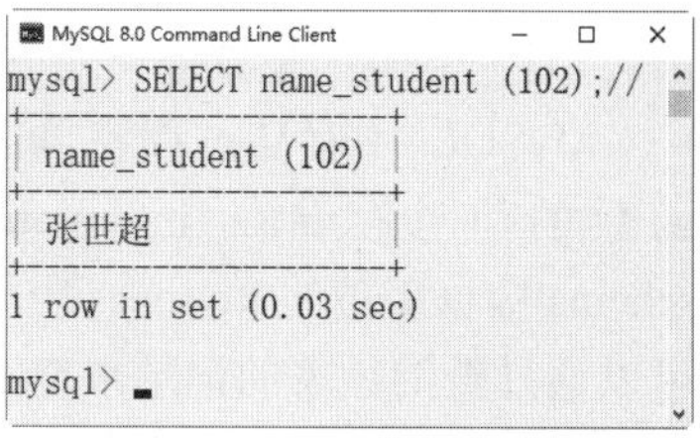

虽然自定义函数和存储过程的定义稍有不同，但可以实现相同的功能，读者应该在实际应用中灵活选择使用。

图 10-67　调用自定义函数

10.5.3　查看自定义函数

MySQL 存储了自定义函数的状态信息，用户可以使用 SHOW STATUS 语句或 SHOW CREATE 语句来查看，也可直接从系统的 information_schema 数据库中查询。

SHOW STATUS 语句可以查看自定义函数的状态，其基本语法格式如下：

```
SHOW FUNCTION STATUS [LIKE 'pattern']
```

这个语句是一个 MySQL 的扩展。它返回子程序的特征，如数据库，名字，类型，创建者及创建和修改日期。如果没有指定样式，根据使用的语句，所有存储程序或所有自定义函数的信息都被列出。PROCEDURE 和 FUNCTION 分别表示查看存储过程和自定义函数；LIKE 语句表示匹配存储过程或自定义函数的名称。

【实例 64】SHOW STATUS 语句示例，SQL 语句如下：

```
SHOW FUNCTION STATUS LIKE 'N%'\G
```

按 Enter 键，即可返回执行结果，如图 10-68 所示。

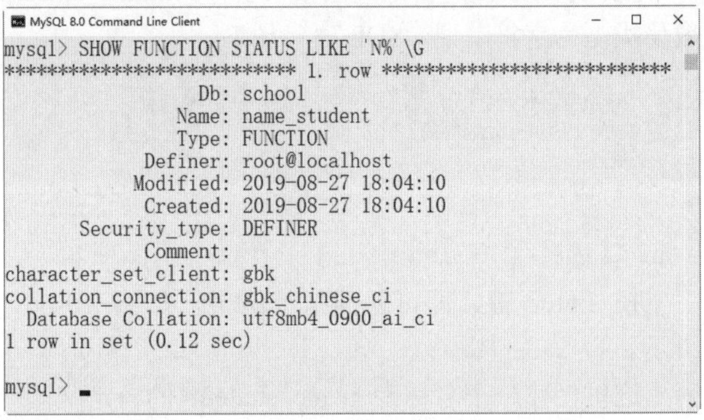

"SHOW FUNCTION STATUS LIKE 'N%'\G;"语句获取数据库中所有名称以字母 'N' 开头自定义函数的信息。通过上面的语句可以看到，这个自定义函数所在的数据库为 school，存储函数的名称为 name_student。

除了 SHOW STATUS 之外，MySQL 还可以使用 SHOW CREATE 语句查看自定义函数的状态。

图 10-68　查看自定义函数

```
SHOW CREATE FUNCTION sp_name
```

这个语句是一个 MySQL 的扩展。类似于 SHOW CREATE TABLE，它返回一个可用来重新创建已命名子程序的确切字符串。FUNCTION 表示查看的自定义函数；LIKE 语句表示匹配自定义函数的名称。

【实例 65】SHOW CREATE 语句示例，SQL 语句如下：

```
SHOW CREATE FUNCTION name_student \G
```

按 Enter 键，即可返回执行结果，如图 10-69 所示。

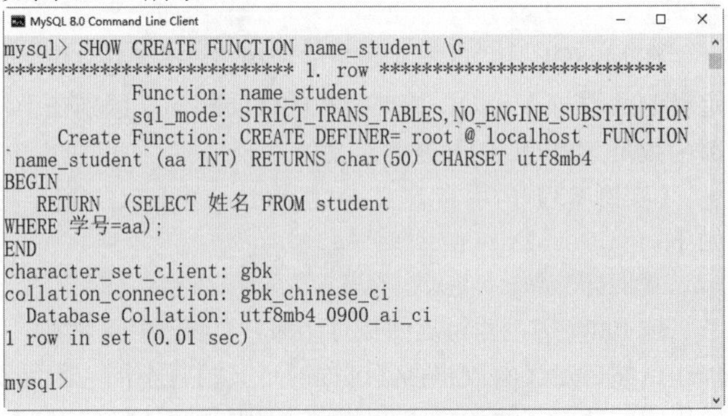

执行上面的语句可以得到自定义函数的名称为 name_student，sql_mode 为 sql 的模式，Create Function 为自定义函数的具体定义语句，还有数据库设置的一些信息。

MySQL 中存储过程和自定义函数的信息存储在 information_schema 数据库下的 Routines 表中。可以通过查询该表的记录来查询存储过程和自定义函数的信息。其基本语法形式如下：

图 10-69　显示自定义函数信息

```
SELECT * FROM information_schema.Routines
WHERE ROUTINE_NAME=' sp_name ' ;
```

其中，ROUTINE_NAME 字段中存储的是存储过程和自定义函数的名称；sp_name 参数表示存储过程或自定义函数的名称。

【实例 66】查询名称为 name_student 的自定义函数的信息，SQL 语句如下：

```
SELECT * FROM information_schema.Routines
WHERE ROUTINE_NAME='name_student'  AND  ROUTINE_TYPE = 'FUNCTION' \G
```

按 Enter 键，即可返回执行结果，如图 10-70 所示。

```
MySQL 8.0 Command Line Client
mysql> SELECT * FROM information_schema.Routines
    -> WHERE ROUTINE_NAME='name_student'  AND  ROUTINE_TYPE = '
FUNCTION' \G
*************************** 1. row ***************************
           SPECIFIC_NAME: name_student
         ROUTINE_CATALOG: def
          ROUTINE_SCHEMA: school
            ROUTINE_NAME: name_student
            ROUTINE_TYPE: FUNCTION
               DATA_TYPE: char
CHARACTER_MAXIMUM_LENGTH: 50
  CHARACTER_OCTET_LENGTH: 200
       NUMERIC_PRECISION: NULL
           NUMERIC_SCALE: NULL
      DATETIME_PRECISION: NULL
      CHARACTER_SET_NAME: utf8mb4
          COLLATION_NAME: utf8mb4_0900_ai_ci
          DTD_IDENTIFIER: char(50)
            ROUTINE_BODY: SQL
      ROUTINE_DEFINITION: BEGIN
   RETURN  (SELECT 姓名 FROM student
WHERE 学号=aa);
END
           EXTERNAL_NAME: NULL
       EXTERNAL_LANGUAGE: SQL
         PARAMETER_STYLE: SQL
        IS_DETERMINISTIC: NO
         SQL_DATA_ACCESS: CONTAINS SQL
                SQL_PATH: NULL
           SECURITY_TYPE: DEFINER
```

图 10-70　查看自定义函数信息

在 information_schema 数据库下的 Routines 表中，存储所有存储过程和自定义函数的定义。使用 SELECT 语句查询 Routines 表中的存储过程和自定义函数的定义时，一定要使用 ROUTINE_NAME 字段指定存储过程或自定义函数的名称。否则，将查询出所有的存储过程或自定义函数的定义。如果有存储过程和自定义函数名称相同，则需要同时指定 ROUTINE_TYPE 字段表明查询是哪种类型的存储程序。

10.5.4　修改自定义函数

自定义函数创建完成后，如果需要修改，可以使用 alter 语句来进行修改，其语法为：

```
ALTER FUNCTION sp_name [characteristic …]
```

sp_name 为待修改的自定义函数名称，characteristic 用来指定特性，可能的取值为：

```
{ CONTAINS SQL | NO SQL | READS SQL DATA | MODIFIES SQL DATA }
| SQL SECURITY { DEFINER | INVOKER }
| COMMENT 'string'
```

主要参数介绍如下。

- CONTAINS SQL：表示存储过程包含 SQL 语句，但不包含读或写数据的语句。
- NO SQL：表示存储过程中不包含 SQL 语句。

- READS SQL DATA：表示存储过程中包含读数据的语句。
- MODIFIES SQL DATA：表示存储过程中包含写数据的语句。
- SQL SECURITY { DEFINER | INVOKER }：指明谁有权限来执行。
- DEFINER：表示只有定义者自己才能够执行。
- INVOKER：表示调用者可以执行。
- COMMENT 'string'：表示注释信息。

【实例 67】 修改自定义函数 name_student 的定义。将读写权限改为 MODIFIES SQL DATA，并指明调用者 SSOER 可以执行。

首先查询 name_student 修改前的信息：

```
SELECT SPECIFIC_NAME,SQL_DATA_ACCESS,SECURITY_TYPE
FROM information_schema.Routines
WHERE ROUTINE_NAME='name_student' ;
```

按 Enter 键，即可返回执行结果，如图 10-71 所示。

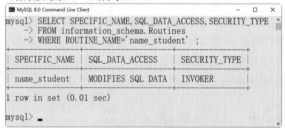

图 10-71 查看自定义函数 name_student

修改自定义函数 name_student 的定义，SQL 语句如下：

```
ALTER FUNCTION name_student
    MODIFIES SQL DATA
    SQL SECURITY INVOKER ;
```

按 Enter 键，即可返回执行结果，如图 10-72 所示。

然后查看 name_student 修改后的信息，结果如图 10-73 所示。

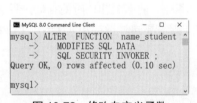

图 10-72 修改自定义函数

图 10-73 查询修改后的自定义函数

结果显示，自定义函数修改成功。从查询的结果可以看出，访问数据的权限（SQL_DATA_ACCESS）已经变成 MODIFIES SQL DATA，安全类型（SECURITY_TYPE）已经变成了 INVOKER。

10.5.5 删除自定义函数

删除自定义函数，可以使用 DROP 语句，其语法格式如下：

```
DROP FUNCTION [IF EXISTS] sp_name
```

这个语句被用来移除一个自定义函数，即从服务器移除一个指定的子程序。sp_name 为要移除的自定义函数的名称。

提示：IF EXISTS 子句是一个 MySQL 的扩展。如果自定义函数不存在，它防止发生错误并产生一个可以用 SHOW WARNINGS 查看的警告。

【实例 68】删除自定义函数，SQL 语句如下：

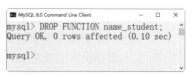

图 10-74　删除自定义函数

```
DROP FUNCTION name_student;
```

按 Enter 键，即可返回执行结果，如图 10-74 所示。

10.6　课后习题与练习

一、填充题

1. 数据库中，系统函数主要包括＿＿＿＿＿、＿＿＿＿＿、＿＿＿＿＿等。

答案：数学函数，字符串函数，日期和时间函数

2. 在 MySQL 数据库中，按照函数作为的范围，可以将函数分为＿＿＿＿＿和＿＿＿＿＿。

答案：系统函数，自定义函数

3. 创建自定义函数的语句是＿＿＿＿＿＿＿＿。

答案：CREATE FUNCTION

4. MySQL 数据库中提供了＿＿＿＿＿函数，可以返回圆周率值。

答案：PI()

5. 合并多个字符串时可以使用名称为＿＿＿＿＿＿和 CONCAT_WS 的函数。

答案：CONCAT

二、选择题

1. 在数学函数中，使用＿＿＿＿＿函数可以返回数值的绝对值。

A. ABS　　　　　　　B. EXP　　　　　　　C. LN　　　　　　　D. 以上都不对

答案：A

2. 使用系统函数中＿＿＿＿＿函数可以获取字符串的长度。

A. count()　　　　　B. LEN()　　　　　　C. LONG()　　　　　D. 以上都不对

答案：B

3. 下面选项中，＿＿＿＿＿函数不能用来操作字符串。

A. CHAR_LENGTH 函数　　　　　　　B. LOWER (str)

C. UPPER(str)　　　　　　　　　　　D. CHARSET(str)

答案：D

4. MySQL 中 SQRT(X)返回 X 值的平方根，那么 SQRT(16)返回的结果是＿＿＿＿＿。

A. 2　　　　　　　　　B. 4　　　　　　　　　C. 8　　　　　　　　　D. 16

答案：B

5. 下面选项中，＿＿＿＿＿＿不能返回当前的日期和时间。

A. CURTIME()　　　　　　　　　　　B. NOW()

C. CURRENT_TIMESTAMP()　　　　　D. SYSDATE()

答案：A

三、简答题

1. 简述常用字符串函数的使用方法。

2. 简述创建自定义函数的过程。

3. 如何删除自定义函数？

10.7　新手疑难问题解答

疑问 1：数据库中的字符串数据一般不要以空格开始或结尾，这是为什么？

解答：字符串开头或结尾处如果有空格，这些空格是比较敏感的字符，会出现查询不到结果的现象。因此，在输出字符串数据时，最好使用 TRIM()函数去掉字符串开始或结尾的空格。

疑问 2：函数创建完成后，为什么没有马上起作用？

解答：函数创建完成后，应该在查询编辑器中调用该函数，才会将函数的运行结果显示出来，这样才能看到函数的作用。

10.8　实战训练

在 Student 数据库中创建用户自定义函数，并实现以下功能。

（1）创建函数 StdCount 用来统计某个班级学生人数，并在查询编辑器中使用该函数。

（2）创建函数 NameSheet 用来实现点名册功能，点名册内容包含学号、姓名、性别。创建完成之后在查询编辑器中使用该函数。

（3）创建函数 TotalScore 实现总成绩单功能，成绩单内容包括学号、姓名、性别和总成绩。创建完成之后在查询编辑器中使用该函数。

（4）修改函数 NameSheet，在点名册中增加年龄一列。

（5）删除函数 StdCount。

第11章

视图的创建与应用

本章内容提要

视图是数据库中常用的一种对象，它将查询的结果以虚拟表的形式存储在数据中。同真实的表一样，视图包含一系列带有名称的行和列数据。本章就来介绍视图的创建与应用，主要内容包括创建视图、修改视图、删除视图、通过视图修改数据等。

本章知识点

- 视图的作用。
- 创建视图。
- 修改视图。
- 删除视图。
- 查看视图信息。
- 通过视图更新数据。

11.1 了解视图

视图可以理解为一个虚拟表，它并不在数据库中以存储数据集的形式存在。视图的结构和内容是建立在对表的查询基础上的，和表一样包括行和列。这些行列数据都来源于其所引用的表，并且在引用视图过程中动态生成的。

11.1.1 视图的含义

视图（View）是一个由查询语句定义数据内容的表，表中的数据内容就是 SQL 查询语句的结果集，行和列的数据均来自 SQL 查询语句中使用的数据表。但之所以说视图是虚拟的表，是因为视图并不在数据库中真实存在，而是在引用视图时动态生成的。

数据库中为什么会有视图这一对象呢？下面给出一个实例来说明。这里定义两个数据表，分别是水果表 fruit 和 fruit_info 表，在 fruit 表中包含了水果的 id 号和名称，fruit_info 包含了水果的 id 号、名称、价格和产地，而现在需要知道水果价格信息，只需要 id 号、名称和价格，这该如何解决呢？通过学习视图就可以找到完美的解决方案，这样既能满足要求也不破坏表原来的结构。

　　视图一经定义便存储在数据库中，与其相对应的数据并没有像表那样在数据库中再存储一份，通过视图看到的数据只是存放在基本表中的数据。对视图的操作与对表的操作一样，可以对其进行查询、修改和删除。当对通过视图看到的数据进行修改时，相应的基本表的数据也要发生变化，同时，若基本表的数据发生变化，则这种变化也可以自动地反映到视图中。

11.1.2　视图的作用

　　视图是在原有的表或者视图的基础上重新定义的虚拟表，这可以从原有的表上选取对用户有用的信息。那些对用户没有用，或者用户没有权限了解的信息，都可以直接屏蔽掉，这样做既是应用简单化，也保证了系统的安全。因此，视图具有一定的筛选功能。总之，视图的作用可以归纳为如下几点。

　　（1）降低 SQL 语句的复杂度。

　　视图需要达到的目的就是所见即所需。也就说，视图不仅可以简化用户对数据的理解，也可以简化他们的操作。那些被经常使用的查询可以被定义为视图，从而使得用户不必为以后的操作每次指定全部的条件。

　　（2）提高数据库的安全性。

　　数据库的安全性，也就是数据表的安全性，如果直接在数据表中查询数据，在查询语句中就会涉及数据表的名称和列名，这样就给数据表的安全带来了隐患，如果将数据表的查询命令放到视图中存放，那么，使用视图查询数据时就可以避免数据表名称泄露了。因此，使用视图是可以提高数据库的安全性的。

　　（3）提高表的逻辑独立性。

　　视图可以屏蔽原有表结构变化带来的影响，例如，原有表增加列和删除未被引用的列，对视图不会造成影响。同样，如果修改了表中的某些列，可以使用修改视图来解决这些列带来的影响。

11.2　创建视图

　　创建视图是使用视图的第一个步骤，视图中包含了 SELECT 查询的结果，因此视图的创建是基于 SELECT 语句和已存在的数据表，视图既可以由一张表组成也可以由多张表组成。

11.2.1　创建视图的语法格式

　　创建视图的语法与创建表的语法一样，都是使用 CREATE 语句来创建的。创建视图的语法格式为：

```
CREATE [ALGORITHM={UNDEFINED|MERGE|TEMPTABLE}]
VIEW view_name AS
SELECT column_name(s) FROM table_name
[WITH [CASCADED|LOCAL] CHECK OPTION];
```

主要参数的含义如下。

　　（1）ALGORITHM：可选参数，表示视图选择的算法。

　　（2）UNDEFINED：表示 MySQL 将自动选择所要使用的算法。

（3）MERGE：表示将视图的语句与视图定义合并起来，使得视图定义的某一部分取代语句的对应部分。

（4）TEMPTABLE：表示将视图的结果存入临时表，然后使用临时表执行语句。

（5）view_name：指创建视图的名称，可包含其属性列表。

（6）column_name(s)：指查询的字段，也就是视图的列名。

（7）table_name：指从哪个数据表获取数据，这里也可以从多个表获取数据，格式写法请读者自行参考 SQL 联合查询。

（8）WITH CHECK OPTION：可选参数，表示更新视图时要保证在视图的权限范围内。

（9）CASCADED：更新视图时要满足所有相关视图和表的条件才进行更新。

（10）LOCAL：更新视图时，要满足该视图本身定义的条件即可更新。

使用 CREATE VIEW 语句能创建新的视图，如果给定了 OR REPLACE 子句，该语句还能替换已有的视图。select_statement 是一种 SELECT 语句，它给出了视图的定义。该语句可从基表或其他视图进行选择。

注意：创建视图时，需要有 CREATE VIEW 的权限，以及针对由 SELECT 语句选择的每一列上的某些权限。对于在 SELECT 语句中其他地方使用的列，必须具有 SELECT 权限。如果还有 OR REPLACE 子句，必须在视图上具有 DROP 权限。

11.2.2　在单表上创建视图

在单表上创建视图通常都是选择一张表中的几个经常需要查询的字段，为演示视图创建与应用的需要，下面创建数据库 mydb，并使用 mydb 数据库，如图 11-1 所示。

在数据库 mydb 中创建学生信息表（studentinfo 表）和课程信息表（subjectinfo 表），具体的表结构如图 11-2 和图 11-3 所示。

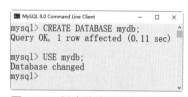

图 11-1　创建并使用数据库 mydb

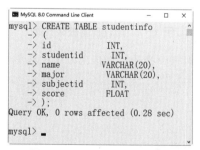

图 11-2　studentinfo 表结构

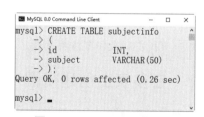

图 11-3　subjectinfo 表结构

创建好数据表后，下面分别向这两张表中输入表的数据，具体数据信息如图 11-4 与图 11-5 所示。

【实例 1】 在数据表 studentinfo 上创建一个名为 view_stu 的视图，用于查看学生的学号、姓名、所在专业，SQL 语句如下：

```
CREATE VIEW view_stu
AS SELECT studentid AS 学号,name AS 姓名, major AS 所在专业
FROM studentinfo;
```

```
mysql> select * from studentinfo;
+----+-----------+--------+----------+-----------+-------+
| id | studentid | name   | major    | subjectid | score |
+----+-----------+--------+----------+-----------+-------+
|  1 |    202001 | 李尚   | 计算机   |         4 |    98 |
|  2 |    202002 | 李雅   | 历史     |         1 |    90 |
|  3 |    202003 | 张斐   | 经济     |         2 |    95 |
|  4 |    202004 | 云超   | 土木工程 |         5 |    85 |
|  5 |    202005 | 袁霞   | 建筑学   |         3 |    89 |
|  6 |    202006 | 张小玲 | 表演系   |         1 |    99 |
|  7 |    202007 | 王雨轩 | 计算机   |         2 |    82 |
|  8 |    202008 | 张晓明 | 植物学   |         3 |    89 |
|  9 |    202009 | 胡飞尚 | 美术学   |         4 |    87 |
+----+-----------+--------+----------+-----------+-------+
9 rows in set (0.09 sec)

mysql>
```

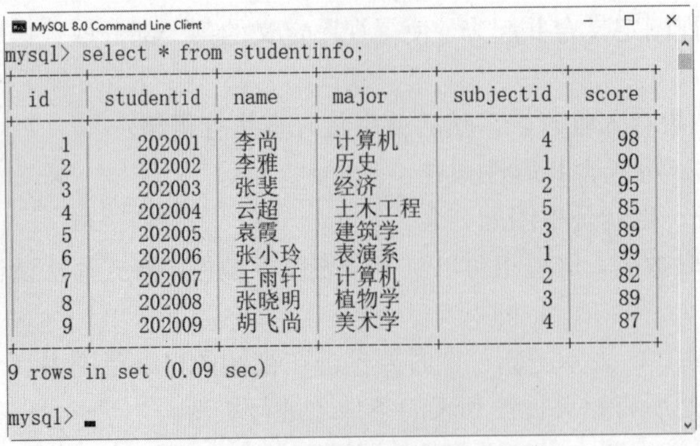

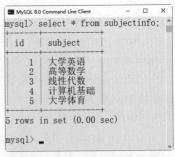

图 11-4　studentinfo 表数据记录

```
mysql> select * from subjectinfo;
+----+------------+
| id | subject    |
+----+------------+
|  1 | 大学英语   |
|  2 | 高等数学   |
|  3 | 线性代数   |
|  4 | 计算机基础 |
|  5 | 大学体育   |
+----+------------+
5 rows in set (0.00 sec)

mysql>
```

图 11-5　subjectinfo 表数据记录

按 Enter 键，即可完成视图的创建，如图 11-6 所示。

下面使用创建的视图，来查询数据信息，SQL 语句如下：

```
USE mydb;
SELECT * FROM view_stu;
```

按 Enter 键，即可完成通过视图查询数据信息的操作，查询结果如图 11-7 所示。由结果可以看到，从视图 view_stu 中查询的内容和基本表中是一样的，这里的 view_stu 中包含了 3 列。

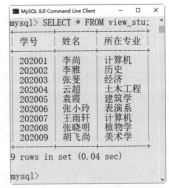

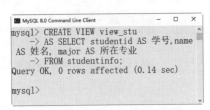

```
mysql> CREATE VIEW view_stu
    -> AS SELECT studentid AS 学号,name
 AS 姓名, major AS 所在专业
    -> FROM studentinfo;
Query OK, 0 rows affected (0.14 sec)

mysql>
```

图 11-6　在单个表上创建视图

```
mysql> SELECT * FROM view_stu;
+--------+--------+----------+
| 学号   | 姓名   | 所在专业 |
+--------+--------+----------+
| 202001 | 李尚   | 计算机   |
| 202002 | 李雅   | 历史     |
| 202003 | 张斐   | 经济     |
| 202004 | 云超   | 土木工程 |
| 202005 | 袁霞   | 建筑学   |
| 202006 | 张小玲 | 表演系   |
| 202007 | 王雨轩 | 计算机   |
| 202008 | 张晓明 | 植物学   |
| 202009 | 胡飞尚 | 美术学   |
+--------+--------+----------+
9 rows in set (0.04 sec)

mysql>
```

图 11-7　通过视图查询数据

注意：如果用户创建完视图后立刻查询该视图，有时候会提示错误信息为该对象不存在，此时刷新一下视图列表即可解决问题。

11.2.3　在多表上创建视图

在多表上创建视图，也就是说视图中的数据是从多张数据表中查询出来的，创建的方法就是通过更改 SQL 语句。

【实例 2】创建一个名为 view_info 的视图，用于查看学生的姓名、所在专业、课程名称以及成绩，SQL 语句如下：

```
CREATE VIEW view_info
AS SELECT studentinfo.name AS 姓名, studentinfo.major AS 所在专业,
subjectinfo.subject AS 课程名称, studentinfo.score AS 成绩
FROM studentinfo, subjectinfo
WHERE studentinfo.subjectid=subjectinfo.id;
```

按 Enter 键，即可完成视图的创建，如图 11-8 所示。

下面使用创建的视图，来查询数据信息，SQL 语句如下：

```
USE mydb;
SELECT * FROM view_info;
```

单击"执行"按钮，即可完成通过视图查询数据信息的操作，查询结果如图 11-9 所示。从查询结果可以看出，通过创建视图来查询数据，可以很好地保护基本表中的数据。

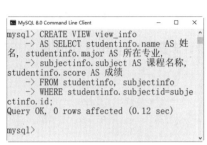

图 11-8　在多表上创建视图

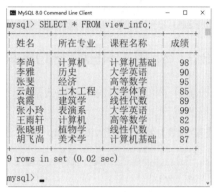

图 11-9　通过视图查询数据

11.3　修改视图

当视图创建完成后，如果觉得有些地方不能满足需要，这时就可以修改视图，而不必重新再创建视图了。

11.3.1　修改视图的语法格式

在 MySQL 中，修改视图的语法格式与创建视图的语法格式非常相似，使用 CREATE OR REPLACE VIEW 语句可以修改视图。视图存在时，可以对视图进行修改；视图不存在时，还可以创建视图，语法格式如下：

```
CREATE OR REPLACE [ALGORITHM={UNDEFINED|MERGE|TEMPTABLE}]
VIEW 视图名[(属性清单)]
AS SELECT 语句
    [WITH [CASCADED|LOCAL] CHECK OPTION];
```

主要参数的含义如下。

（1）ALGORITHM：可选参数。表示视图选择的算法。

（2）UNDEFINED：表示 MySQL 将自动选择所要使用的算法。

（3）MERGE：表示将使用视图的语句与视图定义合并起来，使得视图定义的某一部分取代语句的对应部分。

（4）TEMPTABLE：表示将视图的结果存入临时表，然后使用临时表执行语句。

（5）视图名：表示要创建的视图的名称。

（6）属性清单：可选参数。指定了视图中各个属性的名词，默认情况下，与 SELECT 语句中查询的属性相同。

（7）SELECT 语句：是一个完整的查询语句，表示从某个表中查出某些满足条件的记录，将这些记录导入视图中。

（8）WITH CHECK OPTION：可选参数。表示修改视图时要保证在该视图的权限范围之内。

（9）CASCADED：可选参数。表示修改视图时，需要满足跟该视图有关的所有相关视图和表的条件，该参数为默认值。

（10）LOCAL：表示修改视图时，只要满足该视图本身定义的条件即可。

读者可以发现修改视图语法和创建视图语法只有 OR REPLACE 的区别，当使用 CREATE OR REPLACE 的时候，如果视图已经存在则进行修改操作，如果视图不存在则创建视图。

11.3.2　使用 CREATE OR REPLACE VIEW 语句修改视图

在了解了修改视图的语法格式后，下面给出一个实例，来使用 CREATE OR REPLACE VIEW 语句修改视图。

【实例 3】修改视图 view_stu，SQL 语句如下：

```
CREATE OR REPLACE VIEW view_stu
AS SELECT name AS 姓名, major AS 所在专业
FROM studentinfo;
```

在修改视图之前，首先使用 DESC view_stu 语句查看一下 view_stu 视图，以便与更改之后的视图进行对比，查看结果如图 11-10 所示。

图 11-10　修改视图 view_stu

执行修改视图语句，SQL 语句如下：

```
CREATE OR REPLACE VIEW view_stu
AS SELECT name AS 姓名, major AS 所在专业
FROM studentinfo;
```

按 Enter 键，即可完成视图的修改，执行结果如图 11-11 所示。

再次使用 DESC view_stu 语句查看视图，可以看到修改后的变化，如图 11-12 所示。从执行的结果来看，相比原来的视图 view_stu，新的视图 view_stu 少了一个字段。

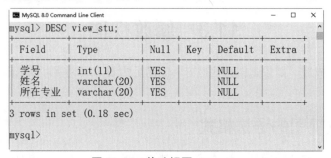

图 11-11　执行修改视图语句　　　　　　　　图 11-12　查看视图

下面使用修改后的视图来查看数据信息，SQL 语句如下：

```
USE mydb;
SELECT * FROM view_stu;
```

按 Enter 键，即可完成数据的查询操作，查询结果如图 11-13
所示。

11.3.3　使用 ALTER 语句修改视图

除了使用 CREATE OR REPLACE 修改视图外，还可以使用
ALTER 来进行视图修改，语法格式如下：

```
ALTER [ALGORITHM = {UNDEFINED | MERGE | TEMPTABLE}]
    VIEW view_name [(column_list)]
    AS SELECT_statement
    [WITH [CASCADED | LOCAL] CHECK OPTION]
```

这个语法格式中的关键字和前面视图的关键字是一样的，这
里不再介绍。

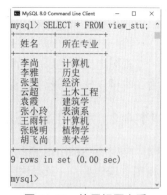

图 11-13　使用视图查看
数据信息

【**实例 4**】修改名为 view_info 的视图，用于查看学生的学号、
姓名、所在专业、课程名称以及成绩，SQL 语句如下：

```
ALTER VIEW view_info
AS SELECT studentinfo.studentid AS 学号,studentinfo.name AS 姓名, studentinfo.major AS 所
在专业,
subjectinfo.subject AS 课程名称, studentinfo.score AS 成绩
FROM studentinfo, subjectinfo
WHERE studentinfo.subjectid=subjectinfo.id;
```

按 Enter 键，即可完成视图的修改，如图 11-14 所示。

下面使用修改后的视图，来查询数据信息，SQL 语句如下：

```
USE mydb;
SELECT * FROM view_info;
```

按 Enter 键，即可完成通过视图查询数据信息的操作，查询结果如图 11-15 所示。

从查询结果可以看出，通过修改后视图来查询数据，返回的结果中除姓名、所在专业、课
程名称与成绩外，又添加了学号一列。

注意：CREATE OR REPLACE VIEW 语句不仅可以修改已经存在的视图，也可以创建新的
视图。不过，ALTER 语句只能修改已经存在的视图。因此，通常情况下，最好选择 CREATE OR
REPLACE VIEW 语句修改视图。

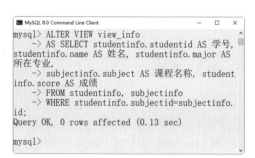

图 11-14　修改视图

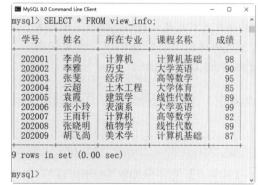

图 11-15　通过修改后的视图查询数据

11.4　查看视图信息

视图定义好之后，用户可以随时查看视图的信息，可以直接在 MySQL 查询编辑窗口中查看，也可以使用系统的存储过程查看。

11.4.1　使用 DESCRIBE 语句查看

使用 DESCRIBE 语句不仅可以查看数据表的基本信息，还可以查看视图的基本信息。因为视图也是一张表，只是这张表比较特殊，是一张虚拟的表。语法格式如下：

```
DESCRIBE 视图名;
```

其中，"视图名"参数指所要查看的视图的名称。

【实例 5】使用 DESCRIBE 语句查看视图 view_info 的定义，SQL 语句如下：

```
DESCRIBE view_info;
```

按 Enter 键，即可完成视图的查看，查看结果如图 11-16 所示。结果中显示了字段的名称（Field）、数据类型（Type）、是否为空（NULL）、是否为主外键（Key）、默认值（Default）和额外信息（Extra）。

另外，DESCRIBE 还可以缩写为 DESC，可以直接使用 DESC 查看视图的定义结构，SQL 语句如下：

```
DESC view_info;
```

使用 DESC 语句运行后的结果，与 DESCRIBE 语句运行后的结果一致，如图 11-17 所示。

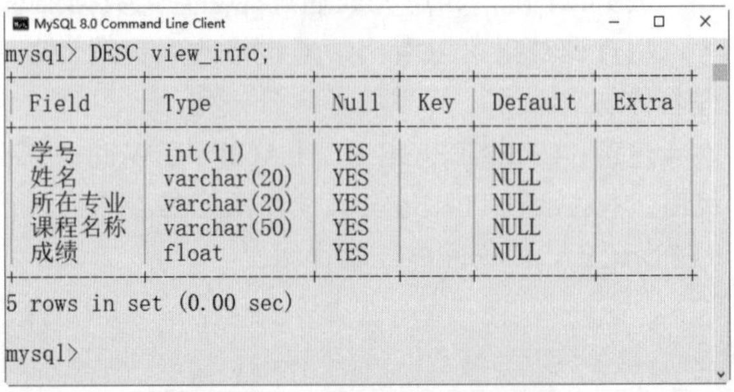

提示：如果只需要了解视图中的各个字段的简单信息，可以使用 DESCRIBE 语句。DESCRIBE 语句查看视图的方式与查看普通表的方式是一样的，结果显示的方式也是一样的。通常情况下，都是使用 DESC 代替 DESCRIBE。

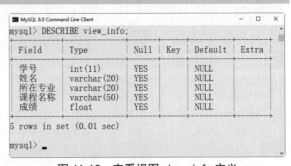

图 11-16　查看视图 view_info 定义

图 11-17　使用 DESC 查看

11.4.2　使用 SHOW TABLE STATUS 语句查看

在 MySQL 中，可以使用 SHOW TABLE STATUS 语句查看视图的信息，语法格式如下：

```
SHOW TABLE STATUS LIKE '视图名';
```

【实例 6】使用 SHOW TABLE STATUS 命令查看视图 view_info 的信息，SQL 语句如下：

```
SHOW TABLE STATUS LIKE 'view_info' \G;
```

按 Enter 键，执行结果如图 11-18 所示。执行结果显示，表的说明 Comment 的值为 VIEW 说明该表为视图，其他的信息为 NULL 说明这是一个虚表。

用同样的语句来查看一下数据表 studentinfo。SQL 语句如下：

```
mysql> SHOW TABLE STATUS LIKE 'view_info' \G;
*************************** 1. row ***************************
           Name: view_info
         Engine: NULL
        Version: NULL
     Row_format: NULL
           Rows: NULL
 Avg_row_length: NULL
    Data_length: NULL
Max_data_length: NULL
   Index_length: NULL
      Data_free: NULL
 Auto_increment: NULL
    Create_time: 2019-09-02 10:47:11
    Update_time: NULL
     Check_time: NULL
      Collation: NULL
       Checksum: NULL
 Create_options: NULL
        Comment: VIEW
1 row in set (0.17 sec)
```

图 11-18　查看视图 view_info 的信息

```
SHOW TABLE STATUS LIKE 'studentinfo' \G;
```

按 Enter 键，执行结果如图 11-19 所示。从查询的结果来看，这里的信息包含了存储引擎、创建时间等，Comment 信息为空，这就是视图和表的区别。

```
mysql> SHOW TABLE STATUS LIKE 'studentinfo' \G;
*************************** 1. row ***************************
           Name: studentinfo
         Engine: InnoDB
        Version: 10
     Row_format: Dynamic
           Rows: 9
 Avg_row_length: 1820
    Data_length: 16384
Max_data_length: 0
   Index_length: 0
      Data_free: 0
 Auto_increment: NULL
    Create_time: 2019-09-02 10:03:43
    Update_time: 2019-09-02 10:23:13
     Check_time: NULL
      Collation: utf8mb4_0900_ai_ci
       Checksum: NULL
 Create_options:
        Comment:
1 row in set (0.07 sec)
```

图 11-19　查看数据表 studentinfo 的信息

11.4.3　使用 SHOW CREATE VIEW 语句查看

在 MySQL 中，使用 SHOW CREATE VIEW 语句可以查看视图的详细定义，语法格式如下：

```
SHOW CREATE VIEW 视图名;
```

【实例 7】使用 SHOW CREATE VIEW 查看视图 view_info 的详细定义，SQL 语句如下：

```
SHOW CREATE VIEW view_info \G;
```

按 Enter 键，执行结果如图 11-20 所示，执行结果显示了视图的详细信息，包括视图的各个属性、WITH LOCAL OPTION 条件和字符编码等信息，通过 SHOW CREATE VIEW 语句，可以查看视图的所有信息。

```
MySQL 8.0 Command Line Client                             −  □  ×
mysql> SHOW CREATE VIEW view_info \G;
*********************** 1. row *********************
******
                View: view_info
        Create View: CREATE ALGORITHM=UNDEFINED DEFINER
= `root`@`localhost` SQL SECURITY DEFINER VIEW `view_info`
 AS select `studentinfo`.`studentid` AS `学号`,`student
info`.`name` AS `姓名`,`studentinfo`.`major` AS `所在专
业`,`subjectinfo`.`subject` AS `课程名称`,`studentinfo`.
`score` AS `成绩` from (`studentinfo` join `subjectinfo`
) where (`studentinfo`.`subjectid` = `subjectinfo`.`id`)

character_set_client: gbk
collation_connection: gbk_chinese_ci
1 row in set (0.02 sec)
```

图 11-20 查看视图 view_info 的详细定义

11.4.4 在 views 表中查看视图详细信息

在 MySQL 中，所有视图的定义都存在 information_schema 数据库下的 views 表中，查询 views 表，可以查看到数据库中所有视图的详细信息。查看的语句如下：

```
SELECT * FROM information_schema.views;
```

主要参数介绍如下。

● *：表示查询所有的列的信息。

● information_schema.views：表示 information_schema 数据库下面的 views 表。

【实例 8】使用 SELECT 语句查询 views 表中的信息，SQL 语句如下：

```
SELECT * FROM information_schema.views \G;
```

按 Enter 键，执行结果如图 11-21 所示。这里看到的查询结果只是显示结果的一部分。因为数据库中的视图不止这两个，还有很多视图的信息没有贴出来。

```
MySQL 8.0 Command Line Client                             −  □  ×
*********************** 108. row *****************
********
        TABLE_CATALOG: def
         TABLE_SCHEMA: mydb
           TABLE_NAME: view_stu
      VIEW_DEFINITION: select `mydb`.`studentinfo`.`name`
 AS `姓名`,`mydb`.`studentinfo`.`major` AS `所在专业` fr
om `mydb`.`studentinfo`
         CHECK_OPTION: NONE
         IS_UPDATABLE: YES
              DEFINER: root@localhost
        SECURITY_TYPE: DEFINER
CHARACTER_SET_CLIENT: gbk
COLLATION_CONNECTION: gbk_chinese_ci
*********************** 109. row *****************
```

图 11-21 查询 views 表中的信息

11.5 使用视图更新数据

通过视图可以向数据库表中插入数据、修改数据和删除表中的数据。由于视图是一个虚拟表，其中没有数据。通过视图更新的时候都是转到基本表进行更新的，本节就来介绍视图更新的三种方法：INSERT、UPDATE 和 DELETE。

11.5.1　通过视图插入数据

通过视图插入数据与在基本表中插入数据的操作相同，都是通过使用 INSERT 语句来实现。

【实例 9】通过视图向基本表 studentinfo 中插入一条新记录。首先创建一个视图，SQL 语句如下：

```
CREATE VIEW view_stuinfo(编号,学号,姓名,所在专业,课程编号,成绩)
AS
SELECT id,studentid,name,major,subjectid,score
FROM studentinfo
WHERE studentid='202001';
```

按 Enter 键，即可完成视图的创建，如图 11-22 所示。

```
MySQL 8.0 Command Line Client                    —  □  ×
mysql> CREATE VIEW view_stuinfo(编号,学号,姓名,
所在专业,课程编号,成绩)
    -> AS
    -> SELECT id,studentid,name,major,subjectid,
score
    -> FROM studentinfo
    -> WHERE studentid='202001';
Query OK, 0 rows affected (0.11 sec)

mysql>
```

图 11-22　创建视图 view_stuinfo

查询插入数据之前的数据表，SQL 语句如下：

```
SELECT * FROM studentinfo;  --查看插入记录之前基本表中的内容
```

按 Enter 键，即可完成数据的查询操作，并显示查询的数据记录，如图 11-23 所示。

使用创建的视图向数据表中插入一行数据，SQL 语句如下：

```
INSERT INTO view_stuinfo
VALUES(10,202010,'王尚宇','医药',3,90);
```

按 Enter 键，即可完成数据的插入操作，如图 11-24 所示。

```
MySQL 8.0 Command Line Client                    —  □  ×
mysql> SELECT * FROM studentinfo;
+----+-----------+--------+----------+-----------+-------+
| id | studentid | name   | major    | subjectid | score |
+----+-----------+--------+----------+-----------+-------+
|  1 |    202001 | 李尚   | 计算机   |         4 |    98 |
|  2 |    202002 | 李雅   | 历史     |         1 |    90 |
|  3 |    202003 | 张斐   | 经济     |         2 |    95 |
|  4 |    202004 | 云超   | 土木工程 |         5 |    85 |
|  5 |    202005 | 袁霞   | 建筑学   |         3 |    89 |
|  6 |    202006 | 张小玲 | 表演系   |         1 |    99 |
|  7 |    202007 | 王雨轩 | 计算机   |         2 |    82 |
|  8 |    202008 | 张晓明 | 植物学   |         3 |    89 |
|  9 |    202009 | 胡飞尚 | 美术学   |         4 |    87 |
+----+-----------+--------+----------+-----------+-------+
9 rows in set (0.00 sec)

mysql>
```

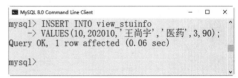

```
MySQL 8.0 Command Line Client          —  □  ×
mysql> INSERT INTO view_stuinfo
    -> VALUES(10,202010,'王尚宇','医药',3,90);
Query OK, 1 row affected (0.06 sec)

mysql>
```

图 11-23　查询基本表 studentinfo 数据　　　　**图 11-24　通过视图插入数据记录**

查询插入数据后的基本表 studentinfo，SQL 语句如下：

```
SELECT * FROM studentinfo;          --查看插入记录之后基本表中的内容
```

单击"执行"按钮，即可完成数据的查询操作，并显示查询的数据记录，可以看到最后一行是新插入的数据，如图 11-25 所示。从结果中可以看到，通过在视图 view_stuinfo 中执行一条 INSERT 操作，实际上向基本表中插入了一条记录。

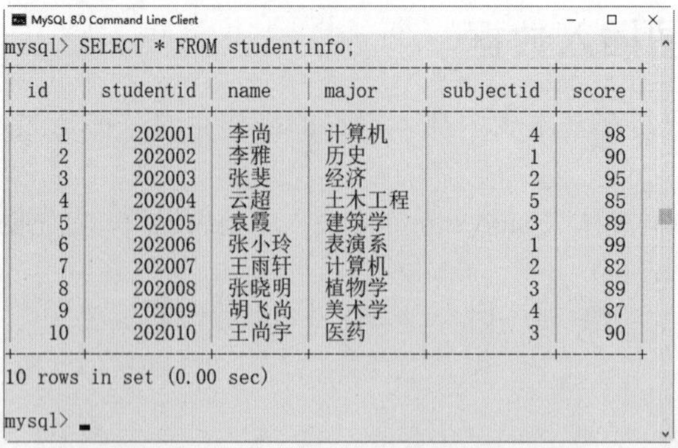

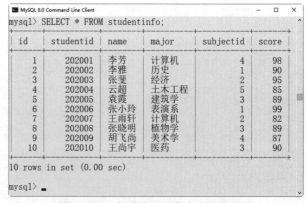

图 11-25　通过视图向基本表插入记录

11.5.2　通过视图修改数据

与修改基本表相同，可以使用 UPDATE 语句修改视图中的数据。

【实例 10】通过视图 view_stuinfo 将学号是 202001 的学生的姓名修改为"李芳"，SQL 语句如下：

```
USE mydb;
UPDATE view_stuinfo
SET 姓名='李芳'
WHERE 学号=202001;
```

按 Enter 键，即可完成数据的修改操作，如图 11-26 所示。

查询修改数据后的基本表 studentinfo，SQL 语句如下：

```
SELECT * FROM studentinfo;        --查看修改记录之后基本表中的内容
```

按 Enter 键，即可完成数据的查询操作，并显示查询的数据记录，可以看到学号为 202001 的学生的姓名被修改为"李芳"，如图 11-27 所示。

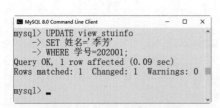

图 11-26　通过视图修改数据

图 11-27　查看修改后基本表中的数据

从结果可以看出，UPDATE 语句修改 view_stuinfo 视图中的姓名字段，更新之后，基本表中的 name 字段同时被修改为新的数值。

11.5.3　通过视图删除数据

通过使用 DELETE 语句可以删除视图中的数据，不过，在视图中删除的数据同时在表中也被删除。

【实例 11】 通过视图 view_stuinfo 删除基本表 studentinfo 中的记录，SQL 语句如下。

```
DELETE FROM view_stuinfo WHERE 姓名='李芳';
```

按 Enter 键，即可完成数据的删除操作，如图 11-28 所示。

查询删除数据后视图中的数据，SQL 语句如下：

```
SELECT * FROM view_stuinfo;
```

按 Enter 键，即可完成视图的查询操作，可以看到视图中的记录为空，如图 11-29 所示。

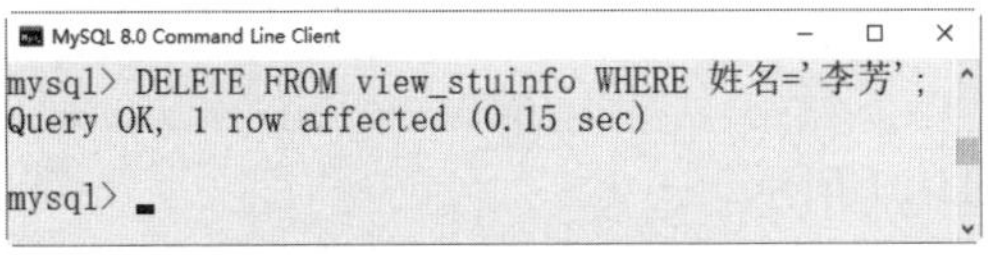

图 11-28　删除指定数据　　　　　　　图 11-29　查看删除数据后的视图

查询删除数据后基本表 studentinfo 中的数据，SQL 语句如下：

```
SELECT * FROM studentinfo;
```

按 Enter 键，即可完成视图的查询操作，可以看到基本表中姓名为"李芳"的数据记录已经被删除，如图 11-30 所示。

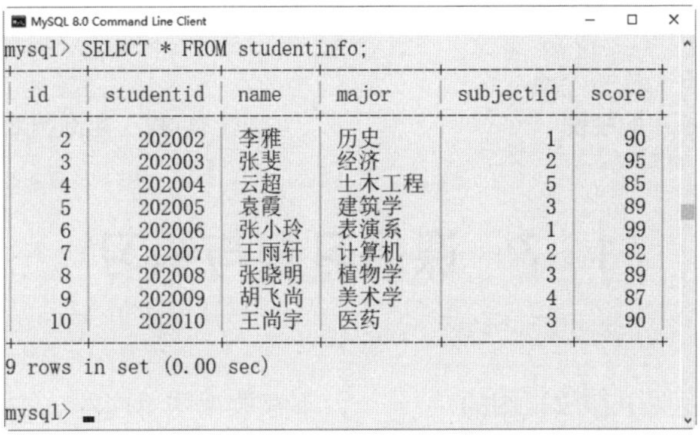

图 11-30　通过视图删除基本表中的一条记录

注意：建立在多个表之上的视图，无法使用 DELETE 语句进行删除操作。

11.6　删除视图

数据库中的任何对象都会占用数据库的存储空间，视图也不例外。当视图不再使用时，要及时删除数据库中多余的视图。

11.6.1　删除视图的语法

删除视图的语法很简单，但是在删除视图之前，一定要确认该视图是否不再使用，因为一旦删除，就不能被恢复了。使用 DROP 语句可以删除视图，具体的语法格式如下：

```
DROP VIEW [IF EXISTS] view_name [, view_name1, view_name2…];
```

主要参数介绍如下。

● schema_name：指该视图所属架构的名称。

● view_name：指要删除的视图名称。

注意：schema_name 可以省略。另外，因为视图本身只是一个虚拟表，没有物理文件存在，所以删除视图并不会删除数据，只是删除视图的结构定义。

11.6.2 删除不用的视图

使用 DROP 语句可以同时删除多个视图，只需要在删除各视图名称之间用逗号分隔即可。

【实例 12】删除系统中的 view_stu 视图，SQL 语句如下：

```
USE mydb;
DROP VIEW IF EXISTS view_stu;
```

按 Enter 键，即可完成视图的删除操作，如图 11-31 所示。

删除完毕后，下面再查询一下该视图的信息，SQL 语句如下：

```
USE mydb;
DESCRIBE view_stu;
```

按 Enter 键，即可返回查看结果，这里显示了错误提示，说明该视图已经被成功删除，如图 11-32 所示。

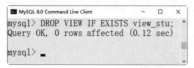

图 11-31 删除不用的视图

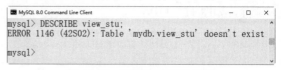

图 11-32 查询删除后的视图

11.7 课后习题与练习

一、填充题

1. 在数据库中，视图中存放视图的_____，不存放视图对应的_____。

答案：定义，数据

2. 创建视图的关键字是_____。

答案：CREATEVIEW

3. 视图中的数据可以来源于_____张表。

答案：一张或多

4. 查看名为 school.view 的视图，使用 SHOW_____VIEW school.view 语句。

答案：CREATE

5. 查询视图中的数据与查询数据表中的数据是一样的，都是使用_____语句来查询。

答案：SELECT

二、选择题

1. 视图是一个虚表，它是从_____导出的表。

A. 一个基本表   B. 多个基本表

C. 一个或多个基本表   D. 以上都不对

答案：C

2. 当_____时，可以通过视图向基本表插入记录。

A. 视图所依赖的基本表有多个　　　　B. 视图所依赖的基本表只有一个

C. 视图所依赖的基本表只有两个　　　D. 视图所依赖的基本表最多有五个

答案：B

3. 下面关于视图的描述正确的是＿＿＿＿＿。

A. 视图中的数据全部来源于数据库中存在的数据表

B. 使用视图可以方便查询数据

C. 视图常常被称为"虚表"

D. 以上都对

答案：D

4. 下面关于操作视图的描述正确的是＿＿＿＿＿。

A. 不能向视图中插入数据

B. 可以向任意视图中插入数据

C. 只能向由一张基本表构成的视图中插入数据

D. 以上都不对

答案：C

5. 下面关于删除视图的语句正确的是＿＿＿＿＿。

A. RENEW VIEW IF EXISTS view_name　　B. DROP VIEW IF EXISTS view_name

C. ALTER VIEW IF EXISTS view_name　　D. 以上都不对

答案：B

三、简答题

1. 简述一下视图的作用与分类。

2. 查看视图信息的方法有哪些？

3. 如何通过视图来更新数据？

11.8　新手疑难问题解答

疑问 1：在 MySQL 中，为什么将视图称为"虚表"？

解答：在 SQL 中，创建一个视图时，系统只是将视图的定义存放在数据字典中，并不存储视图对应的数据，在用户使用视图时才去找对应的数据，因此，我们将视图称为"虚表"，这样处理是为了节约存储空间，因此视图对应的数据都可从相应的基本表中获得。

疑问 2：所有的视图是否都可以更新？为什么？

解答：更新视图是指通过视图来插入（INSERT）、删除（DELETE）和修改（UPDATE）数据，由于视图是不实际存储数据的虚拟表，因此对视图的更新最终要转换为对基本表的更新。为了防止用户通过视图对数据进行插入、删除和修改，有意无意地对不属于视图范围的基本表数据进行操作，所以一些相关措施使得不是所有的视图都可以更新。

在 SQL 中，允许更新的视图在定义时，需要加上 WITH CHECK OPTION 字句，这样在视图上增删改数据时，数据库管理系统会检查视图定义中的条件，如果不满足条件，则拒绝执行更新视图操作。

11.9　实战训练

在创建好的图书管理数据库 Library 中，包含了读者表 Reader、读者分类表 Readertype、图书信息表 Book、图书分类表 Booktype 和借阅记录表 Record。下面通过创建视图来实现各种操作。

（1）创建视图 ViewReaderRecord，包括读者的读者编号、读者姓名、图书名称和借阅时间，使用该视图查询所有读者的读者编号、读者姓名、图书名称和借阅时间。

（2）修改视图 ViewReaderRecord，要求添加读者的归还时间，使用该视图查询所有读者的读者编号、读者姓名、图书名称、借阅时间和归还时间。

（3）使用视图 ViewReaderRecord 修改读者借阅记录，例如修改为：读者编号为 1005，图书名称为"不抱怨的世界"，归还时间为"2019-12-1"。

（4）删除视图 ViewReaderRecord。

第12章

索引的创建与应用

本章内容提要

在关系数据库中，索引是一种可以加快数据检索速度的数据结构，主要用于提高数据库查询数据的性能。在 MySQL 中，一般在基本表上建立一个或多个索引，从而快速定位数据的存储位置。本章就来介绍索引的创建与应用，主要内容包括创建索引、修改索引、查询索引属性、删除索引等。

本章知识点

- 索引的概念。
- 索引的优点与缺点。
- 创建索引。
- 修改索引。
- 查询索引。
- 删除索引。

12.1 了解索引

在 MySQL 中，索引与图书上的目录相似。使用索引可以帮助数据库操作人员更快地查找数据库中的数据。

12.1.1 索引的概念

索引是对数据库表中一列或多列的值进行排序的一种结构，使用索引可提高数据库中特定数据的查询速度。

索引是一个单独的、存储在磁盘上的数据库结构，它们包含着对数据表里所有记录的引用指针。使用索引用于快速找出在某个或多个列中有一特定值的行，所有 MySQL 列类型都可以被索引，对相关列使用索引是提高查询操作时间的最佳途径。

例如，数据库中有 10 万条记录，现在要执行这样一个查询：SELECT * FROM table where num=100000。如果没有索引，必须遍历整个表，直到 num 等于 100000 的这一行被找到为止；

如果在 num 列上创建索引，MySQL 不需要任何扫描，直接在索引里面找 100000，就可以得知这一行的位置。可见，索引的建立可以加快数据的查询速度。

12.1.2 索引的作用

索引是建立在数据表中列上的一个数据库对象，在一张数据表中可以给一列或多列设置索引。如果在查询数据时，使用了设置索引列作为检索列，就会大大提高数据的查询速度。总之，在数据库中添加索引的作用体现在以下几个方法。

（1）在数据库中合理地使用索引可以提高查询数据的速度。

（2）通过创建唯一索引，可以保证数据库表中每一行数据的唯一性。

（3）可以大大加快数据的查询速度，这也是创建索引的最主要的原因。

（4）实现数据的参照完整性，可以加速表和表之间的连接。

（5）在使用分组和排序子句进行数据查询时，可以显著减少查询中分组和排序的时间。

（6）可以在检索数据的过程中使用隐藏器，提高系统的安全性能。

12.1.3 索引的分类

在 MySQL 中，索引可以分为以下几类：

1. 普通索引和唯一索引

普通索引是 MySQL 中的基本索引类型，允许在定义索引的列中插入重复值和空值。唯一索引是索引列的值必须唯一，但允许有空值。如果是组合索引，则列值的组合必须唯一。主键索引是一种特殊的唯一索引，不允许有空值。

2. 单列索引和组合索引

单列索引，即一个索引只包含单个列，一个表可以有多个单列索引。组合索引，在表的多个字段组合上创建的索引，只有在查询条件中使用了这些字段的左边字段时，索引才会被使用。使用组合索引时遵循最左前缀集合。

3. 全文索引

全文索引类型为 FULLTEXT，在定义索引的列上支持值的全文查找，允许在这些索引列中插入重复值和空值。全文索引可以在 CHAR、VARCHAR 或者 TEXT 类型的列上创建。MySQL 中只有 MyISAM 存储引擎支持全文索引。

4. 空间索引

空间索引是对空间数据类型的字段建立的索引。MySQL 中的空间数据类型有四种，分别是：GEOMETRY、POINT、LINESTRING 和 POLYGON。MySQL 使用 SPATIAL 关键字进行扩展，使得能够用与创建正规索引类似的语法创建空间索引。创建空间索引的列，必须将其声明为 NOT NULL，空间索引只能在存储引擎为 MyISAM 的表中创建。

12.2 创建数据表时创建索引

创建索引是指在某个表的一列或多列上建立一个索引，以便提高对表的访问速度，创建表时可以直接创建索引，这种方式最简单、方便。其基本语法格式如下：

```
CREATE  TABLE  table_name [col_name data_type]
[UNIQUE|FULLTEXT|SPATIAL] [INDEX|KEY] [index_name] (col_name [length]) [ASC | DESC]
```

主要参数介绍如下。

- UNIQUE：可选参数，表示唯一索引。
- FULLTEXT：可选参数，表示全文索引。
- SPATIAL：可选参数，表示空间索引。
- INDEX 与 KEY：为同义词，两者作用相同，用来指定创建索引。
- col_name：为需要创建索引的字段列，该列必须从数据表中该定义的多个列中选择。
- index_name：指定索引的名称，可选参数，如果不指定，MySQL 默认 col_name 为索引名称。
- length：为可选参数，表示索引的长度，只有字符串类型的字段才能指定索引长度；ASC 或 DESC 指定升序或者降序的索引值存储。

为了演示创建索引的方法，下面创建一个作者信息数据表 authors，SQL 语句如下：

```
USE mydb;
CREATE TABLE authors(
    id       int,
    name     varchar(20),
    age      int,
    phone    varchar(15),
    remark   varchar(50)
);
```

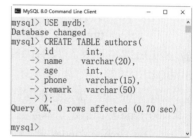

图 12-1　创建数据表

按 Enter 键，即可完成数据表的创建，执行结果如图 12-1 所示。

12.2.1　创建普通索引

普通索引是最基本的索引类型，没有唯一性之类的限制，其作用只是加快对数据的访问速度。

【实例 1】创建作者信息表 authors_01，在 authors_01 表中的 phone 字段上建立普通索引，SQL 语句如下：

```
CREATE TABLE authors_01 (
    id        int          NOT NULL,
    name      varchar(20)  NOT NULL,
    age       int          NOT NULL,
    phone     varchar(15)  NOT NULL,
    remark    varchar(50)  NOT NULL,
    INDEX(phone)
);
```

图 12-2　创建普通索引

按 Enter 键，即可完成数据表的创建，并在 phone 字段上建立了普通索引，执行结果如图 12-2 所示。

普通索引创建完毕后，可以使用 SHOW CREATE TABLE 查看表结构：

```
SHOW CREATE TABLE authors_01 \G
```

按 Enter 键，即可完成数据表的查看，查看结果如图 12-3 所示。由结果可以看到，authors_01 表的 phone 字段上成功建立索引，其索引名称 phone 为 MySQL 自动添加。

使用 EXPLAIN 语句查看索引是否正在使用：

```
EXPLAIN SELECT * FROM authors_01 WHERE phone='123****' \G
```

按 Enter 键，即可返回查询结果，查看结果如图 12-4 所示。

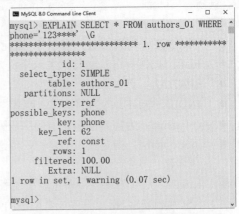

图 12-3　查看表结构　　　　图 12-4　使用 EXPLAIN 语句查看索引

EXPLAIN 语句输出结果的主要参数介绍如下。

（1）select_type 行：指定所使用的 SELECT 查询类型，这里值为 SIMPLE，表示简单的 SELECT，不使用 UNION 或子查询。其他可能的取值有：PRIMARY、UNION、SUBQUERY 等。

（2）table 行：指定数据库读取的数据表的名字，它们按被读取的先后顺序排列。

（3）type 行：指定了本数据表与其他数据表之间的关联关系，可能的取值有 system、const、eq_ref、ref、range、index 和 All。

（4）possible_keys 行：给出了 MySQL 在搜索数据记录时可选用的各个索引。

（5）key 行：是 MySQL 实际选用的索引。

（6）key_len 行：给出索引按字节计算的长度，key_len 数值越小，表示越快。

（7）ref 行：给出了关联关系中另一个数据表里的数据列的名字。

（8）rows 行：是 MySQL 在执行这个查询时预计会从这个数据表里读出的数据行的个数。

（9）extra 行：提供了与关联操作有关的信息。

可以看到，possible_keys 和 key 的值都为 phone，查询时使用了索引。

12.2.2　创建唯一索引

创建唯一索引与前面的普通索引类似，不同的是：索引列的值必须唯一，但允许有空值。如果是组合索引，则列值的组合必须唯一。

【实例 2】创建数据表 authors_02，在表中的 id 字段上使用 UNIQUE 关键字创建唯一索引。

```
CREATE TABLE authors_02 (
    id        int          NOT NULL,
    name      varchar(20)  NOT NULL,
    age       int          NOT NULL,
    phone     varchar(15)  NOT NULL,
    remark    varchar(50)  NOT NULL,
    UNIQUE INDEX UniqIdx(id)
);
```

按 Enter 键，即可完成数据表的创建，并在 id 字段上建立了唯一索引，执行结果如图 12-5 所示。

唯一索引创建完毕后，使用 SHOW CREATE TABLE 查看表结构：

```
SHOW CREATE TABLE authors_02 \G
```

按 Enter 键，即可返回查询结果，查看结果如图 12-6 所示。由结果可以看到，id 字段上已经成功建立了一个名为 UniqIdx 的唯一索引。

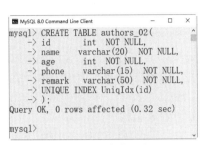

图 12-5　创建唯一索引

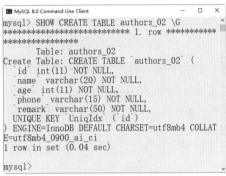

图 12-6　查看表结构

12.2.3　创建全文索引

FULLTEXT 全文索引可以用于全文搜索。只有 MyISAM 存储引擎支持 FULLTEXT 索引，并且只为 CHAR、VARCHAR 和 TEXT 列。全文索引只能添加到整个字段上，不支持局部（前缀）索引。

【实例 3】创建数据表 authors_03，在表中的 name 字段上建立全文索引，SQL 语句如下：

```
CREATE TABLE authors_03 (
    id        int          NOT NULL,
    name      varchar(20)  NOT NULL,
    age       int          NOT NULL,
    phone     varchar(15)  NOT NULL,
    remark    varchar(50)  NOT NULL,
    FULLTEXT INDEX Fullindex(name)
) ENGINE=MyISAM;
```

按 Enter 键，即可完成数据表的创建，并在 name 字段上建立了全文索引，执行结果如图 12-7 所示。

全文索引创建完毕后，使用 SHOW CREATE TABLE 查看表结构：

```
SHOW CREATE TABLE authors_03 \G
```

按 Enter 键，即可返回查询结果，查看结果如图 12-8 所示。由结果可以看到，name 字段上已经成功建立了一个名为 Fullindex 的全文索引，全文索引非常适合于大型数据集。

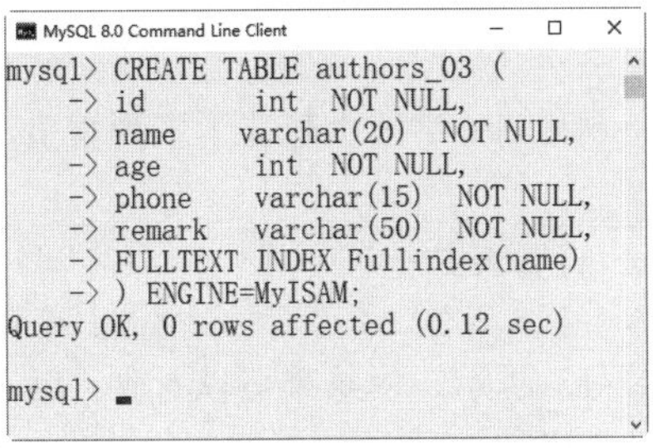

图 12-7　在 name 字段上创建全文索引

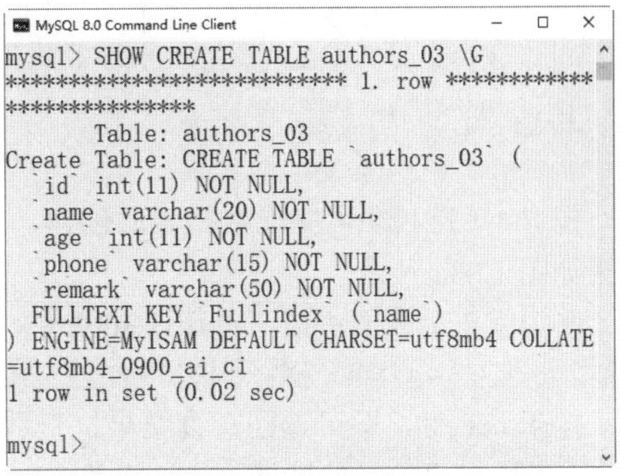

图 12-8　查看表 authors_03 的结构

12.2.4 创建单列索引

单列索引是在数据表中的一个字段上创建一个索引。

【实例 4】创建表 authors_04，在表中的 remark 字段上建立单列索引，SQL 语句如下：

```
CREATE TABLE authors_04 (
    id          int             NOT NULL,
    name        varchar(20)     NOT NULL,
    age         int             NOT NULL,
    phone       varchar(15)     NOT NULL,
    remark      varchar(50)     NOT NULL,
    INDEX       index_rem(remark(5))
);
```

按 Enter 键，即可完成数据表的创建，并在 remark 字段上建立了单列索引，执行结果如图 12-9 所示。

单列索引创建完毕后，使用 SHOW CREATE TABLE 查看表结构：

```
SHOW CREATE TABLE authors_04 \G
```

按 Enter 键，即可返回查询结果，查看结果如图 12-10 所示。由结果可以看到，remark 字段上已经成功建立了一个名为 index_rem 的单列索引。

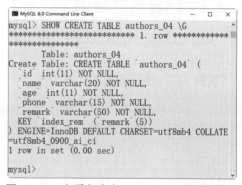

图 12-9　创建单列索引　　　　　　图 12-10　查看名称为 index_rem 的单列索引

12.2.5 创建多列索引

多列索引也被称为组合索引，多列索引是在多个字段上创建一个索引。

【实例 5】创建表 authors_05，在表中的 id、name 和 age 字段上建立组合索引，SQL 语句如下：

```
CREATE TABLE authors_05 (
    id          int             NOT NULL,
    name        varchar(20)     NOT NULL,
    age         int             NOT NULL,
    phone       varchar(15)     NOT NULL,
    remark      varchar(50)     NOT NULL,
    INDEX       Mmindex(id,     name, age)
);
```

按 Enter 键，即可完成数据表的创建，并在 id、name 和 age 字段上建立了多列索引，执行结果如图 12-11 所示。

多列索引创建完成后，使用 SHOW CREATE TABLE 查看表结构：

```
SHOW CREATE TABLE authors_05 \G
```

按 Enter 键，即可返回查询结果，查看结果如图 12-12 所示。由结果可以看到，id、name 和 age 字段上已经成功建立了一个名为 Mmindex 的多列索引。

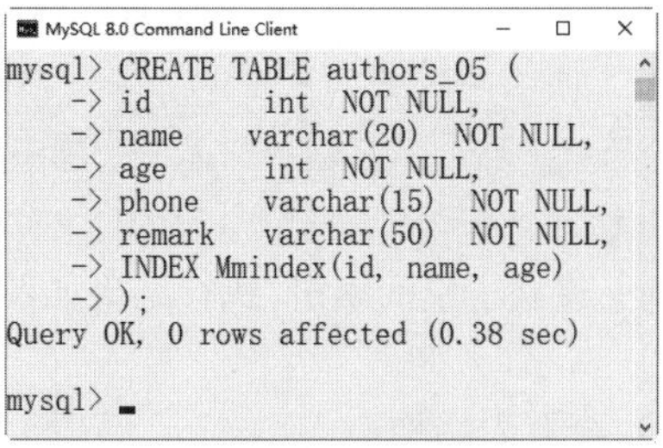

图 12-11 创建多列索引 Mmindex

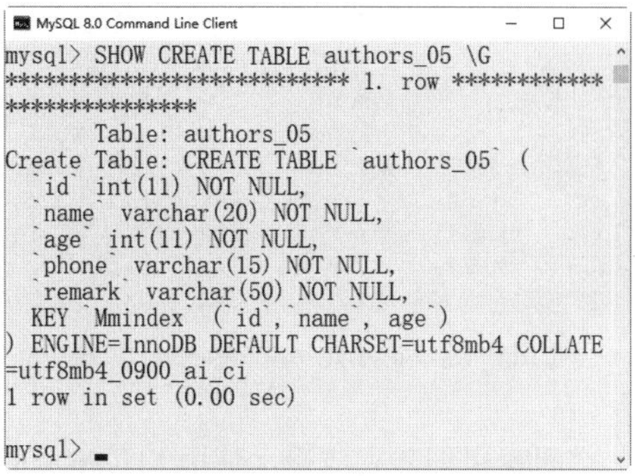

图 12-12 查看名称为 Mmindex 的多列索引

在 authors_05 表中，查询 id 和 name 字段，
使用 EXPLAIN 语句查看索引的使用情况：

> EXPLAIN SELECT * FROM authors_05 WHERE id=1 AND
> name='李夏' \G

按 Enter 键，即可返回查询结果，查看结果如
图 12-13 所示。从查询结果可以看到，查询 id 和
name 字段时，使用了名称 Mmindex 的索引。

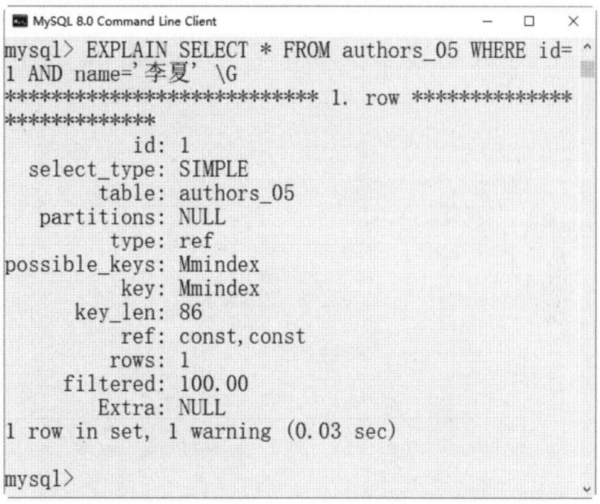

如果查询（name, phone）组合或者单独查询
name 和 phone 字段，将不会使用索引，例如这里
只查询 name 字段：

> EXPLAIN SELECT * FROM authors_05 WHERE name=
> '李夏' \G

按 Enter 键，即可返回查询结果，查看结果如

图 12-13 使用 EXPLAIN 语句查看索引

图 12-14 所示。从结果可以看出，possible_keys 和 key 值为 NULL，说明查询的时候并没有使用
索引。

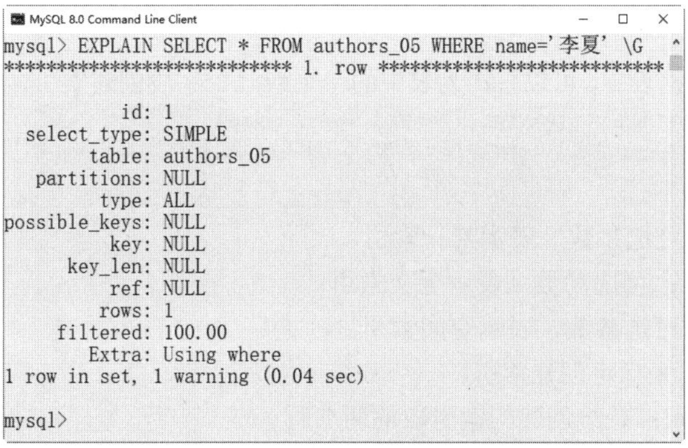

图 12-14 查看是否使用了索引

12.2.6 创建空间索引

创建空间索引时必须使用 SPATIAL 参数来设置。创建空间索引时，索引字段必须是空间类
型并有着非空约束，表的存储引擎必须是 MyISAM 类型。

【实例 6】创建表 authors_06，在表中的 name 字段上建立空间索引，SQL 语句如下：

```
CREATE TABLE authors_06 (
     id        int             NOT NULL,
     name      GEOMETRY        NOT NULL,
     age       int             NOT NULL,
     phone     varchar(15)     NOT NULL,
     remark    varchar(50)     NOT NULL,
     SPATIAL   INDEX           index_na(name)
) ENGINE=MyISAM;
```

按 Enter 键，即可完成数据表的创建，并在 name 字段上建立了空间索引，执行结果如图 12-15 所示。

空间索引创建完成后，使用 SHOW CREATE TABLE 查看表结构：

```
SHOW CREATE TABLE authors_06 \G
```

按 Enter 键，即可返回查询结果，查看结果如图 12-16 所示。由结果可以看到，name 字段上已经成功建立了一个名为 index_na 的空间索引。

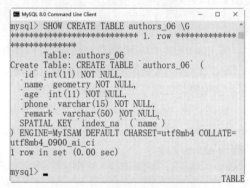

图 12-15　创建空间索引 index_na　　　　图 12-16　查看创建的空间索引

12.3　在已经存在的表上创建索引

在已经存在的数据表中，可以直接为表中的一个或几个字段创建索引，其基本语法格式如下：

```
CREATE [UNIQUE|FULLTEXT|SPATIAL] INDEX [index_name]
ON table_name (col_name [(length)] [ASC | DESC]);
```

主要参数介绍如下。

● UNIQUE：可选参数，表示唯一索引。

● FULLTEXT：可选参数，表示全文索引。

● SPATIAL：可选参数，表示空间索引。

● INDEX：用来指定创建索引。

● [index_name]：是给创建的索引取的新名称。

● table_name：需要创建索引的表的名称。

● col_name：指定索引对应的字段的名称，该字段必须为前面定义好的字段。

● length：为可选参数，表示索引的长度，只有字符串类型的字段才能指定索引长度。

● ASC|DESC：可选参数，其中 ASC 指定升序排序，DESC 指定降序排序。

12.3.1　创建普通索引

下面给出一个实例，来介绍在已经存在的数据表上创建普通索引的方法。

【实例 7】在已经存在的 authors 数据表中的 id 字段上建立名为 index_id 的索引，SQL 语句如下：

```
CREATE INDEX index_id ON authors(id);
```

在创建索引之前，先使用 SHOW CREATE TABLE 语句查看 authors 表的结构。SQL 语句如下：

```
SHOW CREATE TABLE authors \G
```

按 Enter 键，即可返回查询结果，查看结果如图 12-17 所示。从结果中可以看出 authors 表没有索引。

下面使用 CREATE INDEX 语句创建索引，SQL 语句如下：

```
CREATE INDEX index_id ON authors(id);
```

按 Enter 键，即可完成普通索引的创建，执行结果如图 12-18 所示。

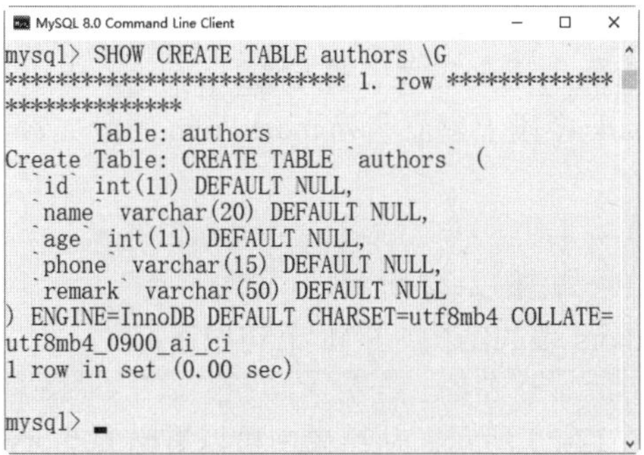

```
mysql> SHOW CREATE TABLE authors \G
*************************** 1. row ***************************
       Table: authors
Create Table: CREATE TABLE `authors` (
  `id` int(11) DEFAULT NULL,
  `name` varchar(20) DEFAULT NULL,
  `age` int(11) DEFAULT NULL,
  `phone` varchar(15) DEFAULT NULL,
  `remark` varchar(50) DEFAULT NULL
) ENGINE=InnoDB DEFAULT CHARSET=utf8mb4 COLLATE=utf8mb4_0900_ai_ci
1 row in set (0.00 sec)

mysql>
```

图 12-17　查看数据表 authors 的结构

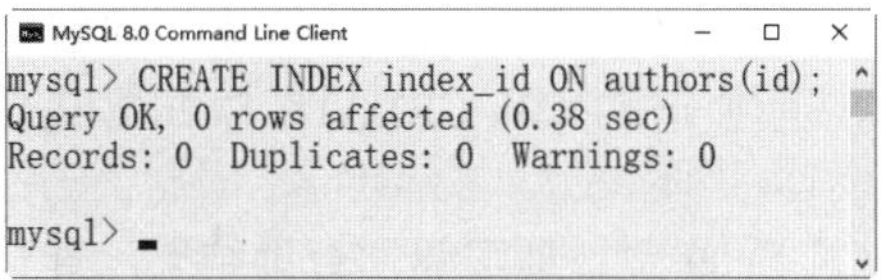

```
mysql> CREATE INDEX index_id ON authors(id);
Query OK, 0 rows affected (0.38 sec)
Records: 0  Duplicates: 0  Warnings: 0

mysql>
```

图 12-18　创建普通索引

下面再来使用 SHOW CREATE TABLE 语句查看 authors 表的结构。SQL 语句如下：

```
SHOW CREATE TABLE authors \G
```

按 Enter 键，即可返回查询结果，查看结果如图 12-19 所示。从结果中可以看出 authors 表已经创建了普通索引。

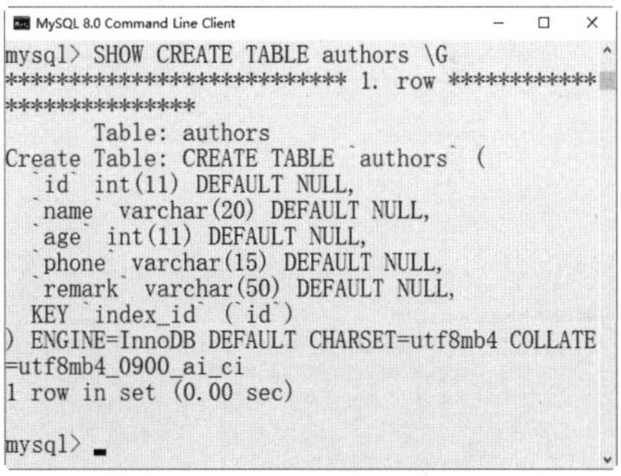

```
mysql> SHOW CREATE TABLE authors \G
*************************** 1. row ***************************
       Table: authors
Create Table: CREATE TABLE `authors` (
  `id` int(11) DEFAULT NULL,
  `name` varchar(20) DEFAULT NULL,
  `age` int(11) DEFAULT NULL,
  `phone` varchar(15) DEFAULT NULL,
  `remark` varchar(50) DEFAULT NULL,
  KEY `index_id` (`id`)
) ENGINE=InnoDB DEFAULT CHARSET=utf8mb4 COLLATE=utf8mb4_0900_ai_ci
1 row in set (0.00 sec)

mysql>
```

图 12-19　查看创建的普通索引

12.3.2　创建唯一索引

下面给出一个实例，来介绍在已经存在的数据表上创建唯一索引的方法。

【实例 8】在已经存在的 authors 数据表中的 name 字段上建立名为 index_name 的唯一索引，SQL 语句如下：

```
CREATE UNIQUE INDEX index_name ON authors(name);
```

按 Enter 键，即可完成唯一索引的创建，执行结果如图 12-20 所示。

下面使用 SHOW CREATE TABLE 语句查看 authors 表的结构。SQL 语句如下：

```
SHOW CREATE TABLE authors \G
```

按 Enter 键，即可返回查询结果，查看结果如图 12-21 所示。从结果中可以看出 authors 表已经创建了唯一性索引。

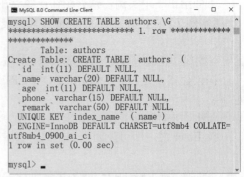

图 12-20　创建唯一索引　　　　　　　图 12-21　查看创建的唯一索引

12.3.3　创建全文索引

下面给出一个实例，来介绍在已经存在的数据表上创建全文索引的方法。

【实例 9】在已经存在的 authors 数据表中的 remark 字段上建立名为 index_rem 的全文索引，SQL 语句如下：

```
CREATE FULLTEXT INDEX index_rem ON authors(remark);
```

按 Enter 键，即可完成全文索引的创建，执行结果如图 12-22 所示。

下面使用 SHOW CREATE TABLE 语句查看 authors 表的结构。SQL 语句如下：

```
SHOW CREATE TABLE authors \G
```

按 Enter 键，即可返回查询结果，查看结果如图 12-23 所示。从结果中可以看出 authors 表已经创建了一个全文索引。

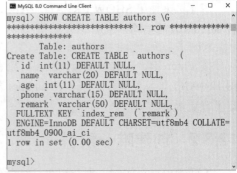

图 12-22　创建全文索引　　　　　　　图 12-23　查看创建的全文索引

12.3.4　创建单列索引

下面给出一个实例，来介绍在已经存在的数据表上创建单列索引的方法。

【实例 10】在已经存在的 authors 数据表中的 name 字段上建立名为 index_name 的单列索引，SQL 语句如下：

```
CREATE INDEX index_name ON authors(name);
```

按 Enter 键，即可完成单列索引的创建，执行结果如图 12-24 所示。

下面使用 SHOW CREATE TABLE 语句查看 authors 表的结构。SQL 语句如下：

```
SHOW CREATE TABLE authors \G
```

按 Enter 键，即可返回查询结果，查看结果如图 12-25 所示。从结果中可以看出 authors 表已经创建了一个单列索引。

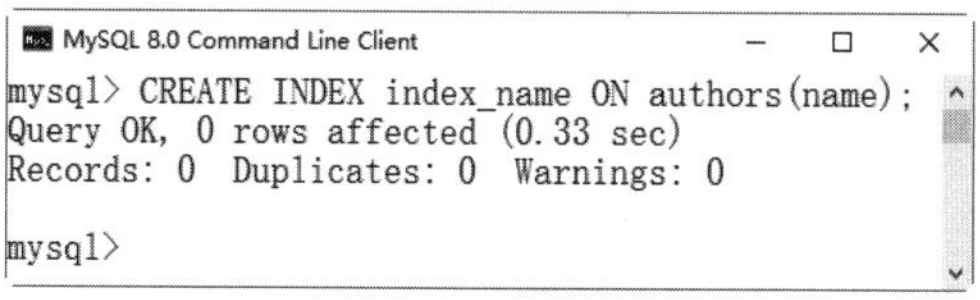

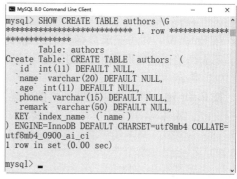

图 12-24　创建单列索引

图 12-25　查看创建的单列索引

12.3.5　创建多列索引

下面给出一个实例，来介绍在已经存在的数据表上创建多列索引的方法。

【实例 11】在已经存在的 authors 数据表中的 id、name、age 字段上建立名为 index_zuhe 的多列索引，SQL 语句如下：

```
CREATE INDEX index_zuhe ON authors(id,name,age);
```

按 Enter 键，即可完成多列索引的创建，执行结果如图 12-26 所示。

下面使用 SHOW CREATE TABLE 语句查看 authors 表的结构。SQL 语句如下：

```
SHOW CREATE TABLE authors \G
```

按 Enter 键，即可返回查询结果，查看结果如图 12-27 所示。从结果中可以看出 authors 表已经创建了一个多列索引。

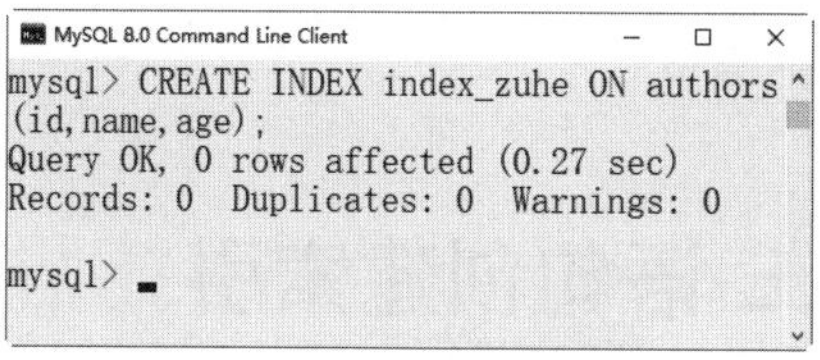

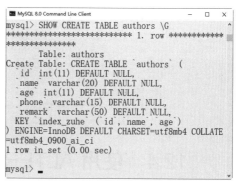

图 12-26　创建多列索引

图 12-27　查看创建的多列索引

12.3.6　创建空间索引

下面通过一个实例来介绍在已经存在的数据表上创建空间索引的方法。

【实例 12】在已经存在的 authors01 数据表中的 phone 字段上建立名为 index_ph 的空间索引，在创建空间索引之前，首先需要创建数据表 authors01，这里需要先设置 phone 的字段类型为空间数据类型，而且是非空。SQL 语句如下：

```
CREATE TABLE authors01(
    id      int  NOT NULL,
    name    varchar(20)  NOT NULL,
    age     int  NOT NULL,
    phone   GEOMETRY  NOT NULL,
    remark  varchar(50) NOT NULL
)ENGINE=MyISAM;
```

按 Enter 键，即可完成数据表的创建，执行结果如图 12-28 所示。

下面开始创建空间索引，SQL 语句如下：

```
CREATE SPATIAL INDEX index_ph ON authors01(phone);
```

按 Enter 键，即可完成空间索引的创建，执行结果如图 12-29 所示。

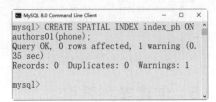

图 12-28　创建数据表 authors01　　　　　　　　图 12-29　创建空间索引

下面使用 SHOW CREATE TABLE 语句查看 authors01 表的结构。SQL 语句如下：

```
SHOW CREATE TABLE authors01 \G
```

按 Enter 键，即可返回查询结果，查看结果如图 12-30 所示。从结果中可以看出 authors01 表已经创建了一个空间索引。

图 12-30　查看创建的空间索引

12.4　使用 ALTER TABLE 语句创建索引

在已经存在的数据表中，可以通过 ALTER TABLE 语句直接为表上的一个或几个字段创建索引。语法格式如下：

```
ALTER TABLE table_name ADD [UNIQUE|FULLTEXT|SPATIAL] INDEX [index_name]
(col_name [(length)] [ASC | DESC]);
```

这里的参数与前面两个创建索引方法中的参数含义一样，这里不再介绍。

12.4.1 创建普通索引

下面给出一个实例，来介绍在已经存在的数据表上创建普通索引的方法。

【实例 13】在已经存在的 authors 数据表中的 id 字段上建立名为 index_id 的索引，SQL 语句如下：

```
ALTER TABLE authors ADD INDEX index_id(id);
```

在创建索引之前，先使用 SHOW CREATE TABLE 语句查看 authors 表的结构。SQL 语句如下：

```
SHOW CREATE TABLE authors \G
```

按 Enter 键，即可返回查询结果，查看结果如图 12-31 所示。从结果中可以看出 authors 表没有索引。

下面使用 ALTER TABLE 语句创建普通索引，SQL 语句如下：

```
ALTER TABLE authors ADD INDEX index_id(id);
```

按 Enter 键，即可完成普通索引的创建，执行结果如图 12-32 所示。

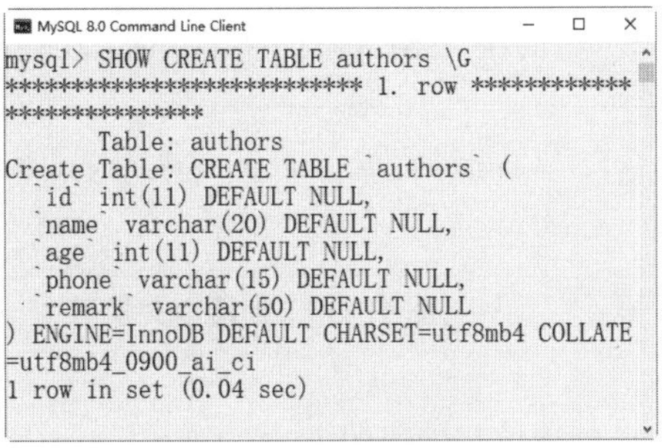

图 12-31 查看表结构

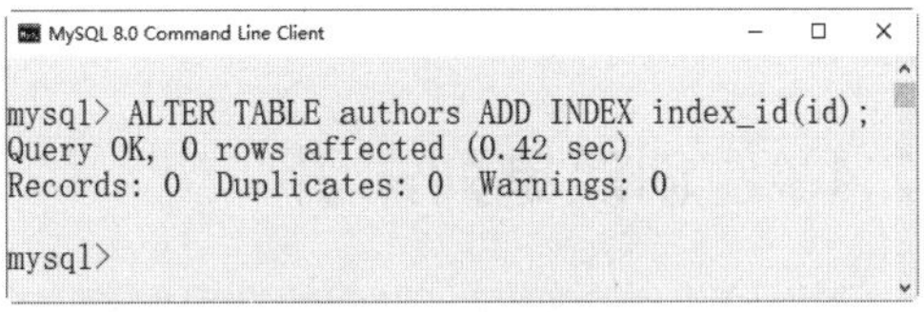

图 12-32 创建普通索引

下面使用 SHOW CREATE TABLE 语句查看 authors 表的结构。SQL 语句如下：

```
SHOW CREATE TABLE authors \G
```

按 Enter 键，即可返回查询结果，查看结果如图 12-33 所示。从结果中可以看出 authors 表已经创建了一个普通索引。

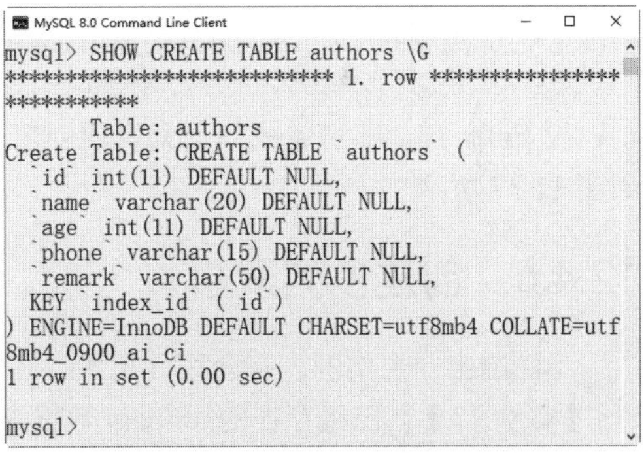

图 12-33 查看创建的普通索引

12.4.2 创建唯一索引

下面给出一个实例，来介绍在已经存在的数据表上创建唯一索引的方法。

【实例 14】在已经存在的 authors 数据表中的 name 字段上建立名为 index_name 的唯一索引，SQL 语句如下：

```
ALTER TABLE authors ADD UNIQUE INDEX index_name(name);
```

按 Enter 键，即可完成唯一索引的创建，执行结果如图 12-34 所示。

下面使用 SHOW CREATE TABLE 语句查看 authors 表的结构。SQL 语句如下：

```
SHOW CREATE TABLE authors \G
```

按 Enter 键，即可返回查询结果，查看结果如图 12-35 所示。从结果中可以看出 authors 表已经创建了唯一索引。

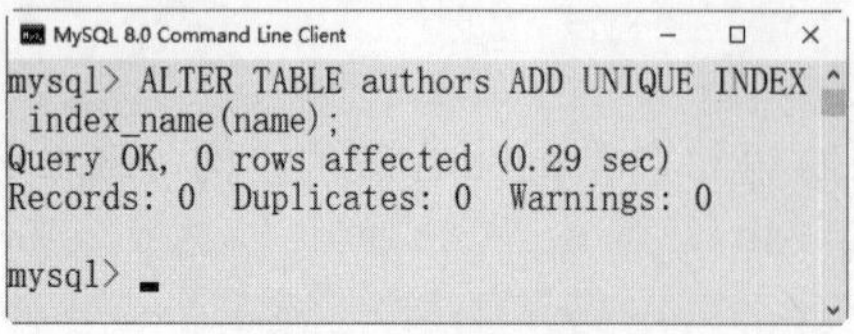

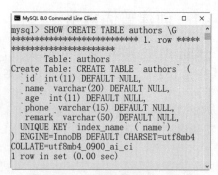

图 12-34　创建唯一索引　　　　　图 12-35　查看创建的唯一索引

12.4.3　创建全文索引

下面给出一个实例，来介绍在已经存在的数据表上创建全文索引的方法。

【实例 15】在已经存在的 authors 数据表中的 remark 字段上建立名为 index_rem 的全文索引，SQL 语句如下：

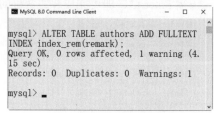

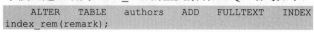

```
ALTER    TABLE    authors    ADD    FULLTEXT    INDEX
index_rem(remark);
```

按 Enter 键，即可完成全文索引的创建，执行结果如图 12-36 所示。

图 12-36　创建全文索引

12.4.4　创建单列索引

下面给出一个实例，来介绍在已经存在的数据表上创建单列索引的方法。

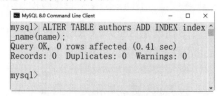

【实例 16】在已经存在的 authors 数据表中的 name 字段上建立名为 index_name 的单列索引，SQL 语句如下：

```
ALTER TABLE authors ADD INDEX index_name(name);
```

按 Enter 键，即可完成单列索引的创建，执行结果如图 12-37 所示。

图 12-37　创建单列索引

12.4.5　创建多列索引

下面给出一个实例，来介绍在已经存在的数据表上创建多列索引的方法。

【实例 17】在已经存在的 authors 数据表中的 id、name、age 字段上建立名为 index_zuhe 的多列索引，SQL 语句如下：

```
ALTER TABLE authors ADD INDEX index_zuhe(id,name,age);
```

按 Enter 键，即可完成多列索引的创建，执行结果如图 12-38 所示。

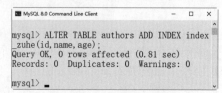

图 12-38　创建多列索引

12.4.6　创建空间索引

下面给出一个实例，来介绍在已经存在的数据表上创建空间索引的方法。

【实例 18】在已经存在的 authors01 数据表中的 phone 字段上建立名为 index_ph 的空间索引，SQL 语句如下：

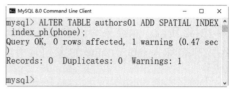

```
ALTER TABLE authors01 ADD SPATIAL INDEX
index_ph(phone);
```

按 Enter 键，即可完成空间索引的创建，执行结果如图 12-39 所示。

图 12-39　创建空间索引

12.5　删除索引

在数据库中使用索引，既可以给数据库的管理带来好处，也会造成数据库存储中的浪费。因此，当表中的索引不再需要时，就需要及时将这些索引删除。MySQL 中，删除索引可以使用 DROP INDEX 语句或者 ALTER TABLE 语句，两者可实现相同的功能。

12.5.1　使用 ALTER TABLE 语句删除索引

使用 ALTER TABLE 语句可以删除索引，基本语法格式如下：

```
ALTER TABLE table_name DROP INDEX index_name;
```

主要参数介绍如下。

● index_name 项：指要删除的索引的名称。
● table_name 项：指索引所在的表的名称。

【实例 19】删除 authors 数据表中的名称为 index_zuhe 的多列索引。

首先查看 authors 表中是否有名称为 index_zuhe 的多列索引，输入 SHOW 语句如下：

```
SHOW CREATE TABLE authors \G
```

按 Enter 键，即可返回查询结果，如图 12-40 所示。由查询结果可以看到，authors 表中有名称为 index_zuhe 的多列索引。

下面删除该索引，输入删除 SQL 语句如下：

```
ALTER TABLE authors DROP INDEX index_zuhe;
```

按 Enter 键，即可完成多列索引的删除，执行结果如图 12-41 所示。

```
MySQL 8.0 Command Line Client                    -   □   ×
mysql> SHOW CREATE TABLE authors \G
*************************** 1. row ***************
***************
        Table: authors
Create Table: CREATE TABLE `authors` (
  `id` int(11) DEFAULT NULL,
  `name` varchar(20) DEFAULT NULL,
  `age` int(11) DEFAULT NULL,
  `phone` varchar(15) DEFAULT NULL,
  `remark` varchar(50) DEFAULT NULL,
  KEY `index_zuhe` (`id`,`name`,`age`)
) ENGINE=InnoDB DEFAULT CHARSET=utf8mb4 COLLATE
=utf8mb4_0900_ai_ci
1 row in set (0.00 sec)

mysql>
```

图 12-40　删除 index_zuhe 多列索引

```
MySQL 8.0 Command Line Client                    -   □   ×
mysql> ALTER TABLE authors DROP INDEX index_zuhe;

Query OK, 0 rows affected (0.24 sec)
Records: 0  Duplicates: 0  Warnings: 0

mysql>
```

图 12-41　删除多列索引

语句执行完毕，使用 SHOW 语句查看索引是否被删除：

```
SHOW CREATE TABLE authors \G
```

按 Enter 键，即可返回查询结果，查看结果如图 12-42 所示。由结果可以看到，authors 表中已经没有名称为 index_zuhe 的多列索引，删除索引成功。

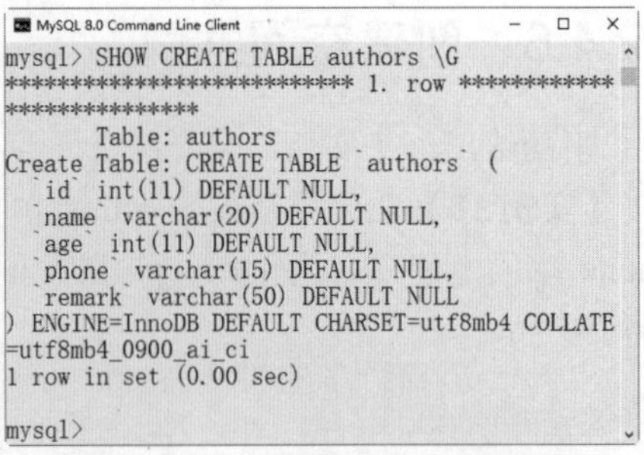

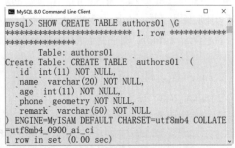

图 12-42　查看索引是否被删除

12.5.2　使用 DROP INDEX 语句删除索引

使用 DROP INDEX 语句可以删除索引，删除索引的语法格式如下：

```
DROP INDEX index_name ON table_name;
```

主要参数介绍如下。

● index_name 项：指要删除的索引的名称。

● table_name 项：指索引所在的表的名称。

【实例 20】删除 authors01 表中名称为 index_ph 的空间索引，SQL 语句如下：

```
DROP INDEX index_ph ON authors01;
```

按 Enter 键，即可完成空间索引的删除，执行结果如图 12-43 所示。

语句执行完毕，使用 SHOW 语句查看索引是否被删除：

```
SHOW CREATE TABLE authors01 \G
```

按 Enter 键，即可返回查询结果，查看结果如图 12-44 所示。可以看到，authors01 表中已经没有名称为 index_ph 的空间索引，删除索引成功。

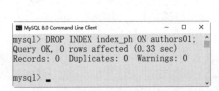

图 12-43　删除索引 index_ph

图 12-44　查看索引是否被删除

12.6　课后习题与练习

一、填充题

1. 为数据创建索引的目的是_____。

答案：提高查询的检索性能

2. 创建索引的语句是_____。

答案：CREATE INDEX

3. 创建索引有两种方法，一种是在创建表时用_____来创建唯一索引，也可以用_____来创建唯一索引。

答案：设置主键约束，CREATE INDEX

4. 对于空间索引，只有_____存储引擎支持。

答案：MyISAM

5. 如果想要删除某个索引，使用的关键字有_____和_____。

答案：DROP INDEX，ALTER TABLE

二、选择题

1. 下面不属于索引分类的是_____。

A. 唯一索引　　　　B. 全文索引　　　　C. ID 索引　　　　D. 空间索引

答案：C

2. 创建索引时，ASC 参数表示_____。

A. 升序排列　　　　B. 降序排序　　　　C. 单列索引　　　　D. 多列索引

答案：A

3. 下面关于索引的错误正确的是_____。

A. 全文索引可以创建在任何字段上

B. 创建唯一索引，需要使用 UNIQUE 参数进行约束

C. 创建空间索引时，索引字段必须是空间类型并有非空约束

D. 创建空间索引的数据表，其存储引擎必须是 MyISAM 类型

答案：A

4. 下面关于索引的删除操作描述正确的是_____。

A. 索引一旦创建，不能删除　　　　　　B. 一次只能删除一个索引

C. 一次可以删除多个索引　　　　　　　D. 以上都不对

答案：C

5. 在给已经存在的数据表添加索引时，通常在索引名称前需要添加_____关键字。

A. IX　　　　　　B. ID　　　　　　C. IN　　　　　　D. INDEX

答案：D

三、简答题

1. 简述一下索引的作用。

2. 如何查看已经创建的索引的属性？

3. 简述删除索引的方法。

12.7　新手疑难问题解答

疑问 1：　索引越多越好吗？

解答：索引需要根据实际需要进行合理的添加。大量地增加索引也有许多不利的方面，主要表现在如下几个方面。

（1）创建索引和维护索引要耗费时间，并且随着数据量的增加所耗费的时间也会增加。

（2）索引需要占磁盘空间，除了数据表占数据空间之外，每一个索引还要占一定的物理空间，如果有大量的索引，索引文件可能比数据文件更快达到最大文件尺寸。

（3）当对表中的数据进行增加、删除和修改的时候，索引也要动态的维护，这样就降低了数据的维护速度。

从上述内容可知，索引并不是越多越好。

疑问 2： 什么情况下索引会失效？

解答： 下面几种情况下，索引会失效。

（1）如果查询条件中有 or，此时索引会失效。如果想使用 or，又想让索引生效，只能将 or 条件中的每个列都加上索引。

（2）对于数据重复较多的列，则索引失效。

（3）like 查询以%开头时，索引失效。

（4）如果列类型是字符串，那一定要在条件中将数据使用引号引用起来，否则索引将失效。

（5）如果 MySQL 估计使用全表扫描要比使用索引快，则索引失效。

12.8　实战训练

在创建好的图书管理数据库 Library 中，包含了读者表 Reader、读者分类表 Readertype、图书信息表 Book、图书分类表 Booktype 和借阅记录表 Record。下面通过创建索引来实现各种操作。

（1）在读者表 Reader 中的读者编号字段上创建唯一索引 PK_Reader。

（2）在读者表 Reader 中的姓名字段上创建普通索引 IX_Reader。

（3）将读者表 Reader 的存储引擎更改为 MyISAM 类型。

（4）使用 Alter TABLE 语句在注册日期字段上创建名为 index_En 的全文索引。

（5）删除唯一索引 PK_Reader。

第13章

触发器的创建与应用

⏱ 本章内容提要

为保证数据的完整性和强制使用规则，在 MySQL 中除了使用约束外，还可以使用触发器来实现。本章就来介绍触发器的创建与应用，主要内容包括了解触发器、创建触发器、查看触发器、删除触发器等。

⏱ 本章知识点

- 触发器。
- 创建触发器。
- 查看触发器。
- 删除触发器。

13.1　了解触发器

触发器与表紧密相连，可以将触发器看作是表定义的一部分，当对表执行插入、删除或更新操作时，触发器会自动执行以检查表的数据完整性和约束性。

触发器最重要的作用是能够确保数据的完整性，但同时也要注意每一个数据操作只能设置一个触发器。另外，触发器是建立在触发事件上的，例如用户在对表执行插入、删除或更新操作时，MySQL 就会触发相应的事件，并自动执行和这些事件相关的触发器。

总之，触发器的作用主要体现在以下几个方面：

（1）强制数据库间的引用完整性。

（2）触发器是自动的。当对表中的数据做了任何修改之后立即被激活。

（3）触发器可以通过数据库中的相关表进行层叠更改。

（4）触发器可以强制限制。这些限制比用 CHECK 约束所定义的更复杂，与 CHECK 约束不同的是，触发器可以引用其他表中的列。

13.2 创建触发器

触发器可以查询其他表，而且可以包含复杂的 SQL 语句。本节将介绍如何创建触发器。

13.2.1 创建一条执行语句的触发器

使用 CREATE TRIGGER 语句可以创建只有一个执行语句的触发器，语法格式如下：

```
CREATE TRIGGER trigger_name trigger_time trigger_event
ON tbl_name FOR EACH ROW trigger_stmt;
```

主要参数介绍如下。

- trigger_name：标识触发器名称，用户自行指定。
- trigger_time：标识触发时间，可以指定为 before 或 after。
- trigger_event：标识触发事件，包括 INSERT，UPDATE 和 DELETE。
- tbl_name：标识建立触发器的表名，即在哪张表上建立触发器。
- trigger_stmt：指定触发器程序体，触发器程序可以使用 begin 和 end 作为开始和结束，中间包含多条语句。

【实例 1】创建只有一个执行语句的触发器。

首先在数据库 mydb 中，创建一个数据表 students，表中有两个字段，分别为 id 字段和 name 字段。

```
CREATE TABLE students (
    id          INT,
    name        VARCHAR(50)
    );
```

按 Enter 键，即可完成数据表的创建，结果如图 13-1 所示。

然后创建一个名为 in_stu 的触发器，触发的条件是向数据表 student 插入数据之前，对新插入 id 字段值进行加 1 求和计算。

```
CREATE TRIGGER in_stu
    BEFORE INSERT ON students
    FOR EACH ROW SET @ss = NEW.id +1;
```

按 Enter 键，即可完成触发器的创建，结果如图 13-2 所示。

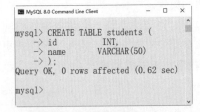

图 13-1 创建数据表 students   图 13-2 完成触发器的创建

设置变量的初始值为 0，SQL 语句如下：

```
SET @ss =0;
```

按 Enter 键，即可完成变量的初始值设置，结果如图 13-3 所示。

插入数据，启动触发器，SQL 语句如下：

```
INSERT INTO students
VALUES(1, '小宇'),
(2, '小明');
```

按 Enter 键，即可完成数据记录的插入操作，并启动触发器，结果如图 13-4 所示。

再次查询变量 ss 的值，SQL 语句如下：

```
SELECT @ss;
```

按 Enter 键，即可返回查询结果，结果如图 13-5 所示。从结果可以看出，在插入数据时，执行了触发器 in_stu。

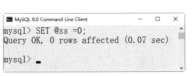

图 13-3　设置变量的初始值

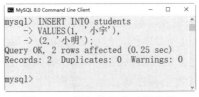

图 13-4　插入数据启动触发器

图 13-5　查询变量 ss 的值

【实例 2】创建一个触发器，当插入的 id=3 时，将姓名设置为"小林"。SQL 语句如下：

```
DELIMITER //
CREATE TRIGGER name_student
  BEFORE INSERT
  ON students
FOR EACH ROW
BEGIN
  IF new.id=3 THEN
    set new.name='小林';
END IF;
END //
```

按 Enter 键，即可完成触发器的创建，执行结果如图 13-6 所示。

下面往数据表中插入演示数据，检查触发器是否启动。SQL 语句如下：

```
INSERT INTO students VALUES (3, '小飞');
```

按 Enter 键，即可完成数据记录的插入操作，执行结果如图 13-7 所示。

下面查询 students 表中的数据，SQL 语句如下：

```
SELECT * FROM students;
```

按 Enter 键，即可返回查询结果，结果如图 13-8 所示。从结果中可以看出插入的数据中的 name 字段发生了变化，说明触发器正常执行了。

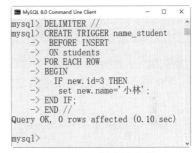

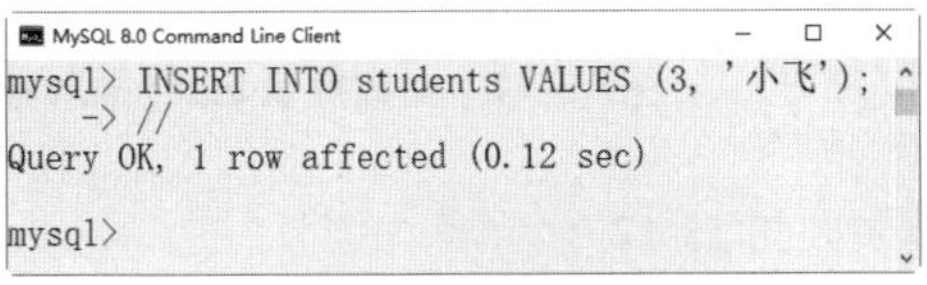

图 13-6　创建触发器
name_student

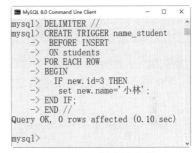

图 13-7　插入数据记录

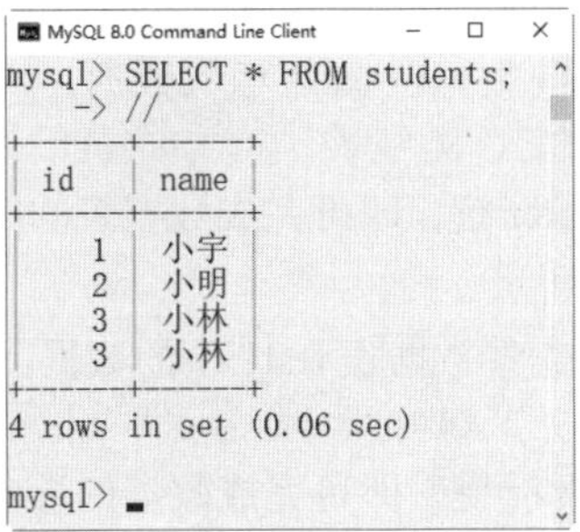

图 13-8　查询 students 表中的数据

13.2.2 创建多条执行语句的触发器

创建多个执行语句的触发器的语法如下：

```
CREATE TRIGGER trigger_name trigger_time trigger_event
ON tbl_name FOR EACH ROW trigger_stmt;
```

主要参数介绍如下。

- trigger_name：标识触发器名称，用户自行指定。
- trigger_time：标识触发时机，可以指定为 before 或 after。
- trigger_event：标识触发事件，包括 INSERT，UPDATE 和 DELETE。
- tbl_name：标识建立触发器的表名，即在哪张表上建立触发器。
- trigger_stmt：是触发器程序体；触发器程序可以使用 begin 和 end 作为开始和结束，中间包含多条语句。

【实例 3】创建一个包含多个执行语句的触发器。

首先在数据库 mydb 中，创建数据表 test1，test2，test3，SQL 语句如下：

```
CREATE TABLE test1(a1 INT);
CREATE TABLE test2(a2 INT);
CREATE TABLE test3(a3 INT);
```

按 Enter 键，即可完成数据表的创建操作，执行结果如图 13-9 所示。

创建触发器 tri_mu，当向 test1 插入数据时，将 a1 的值进行加 10 操作，然后将该值插入到 a2 字段中，将 a1 的值进行加 20 操作，然后将该值插入到 a3 字段中。SQL 语句如下：

```
DELIMITER //
CREATE TRIGGER tri_mu BEFORE INSERT ON test1
  FOR EACH ROW
BEGIN
    INSERT INTO test2 SET a2 = NEW.a1+10;
    INSERT INTO test3 SET a3 = NEW.a1+20;
  END//
```

按 Enter 键，即可完成触发器的创建，执行结果如图 13-10 所示。

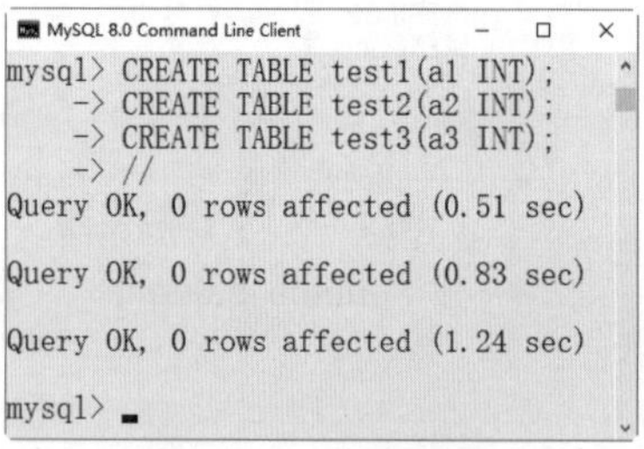

图 13-9　创建数据表

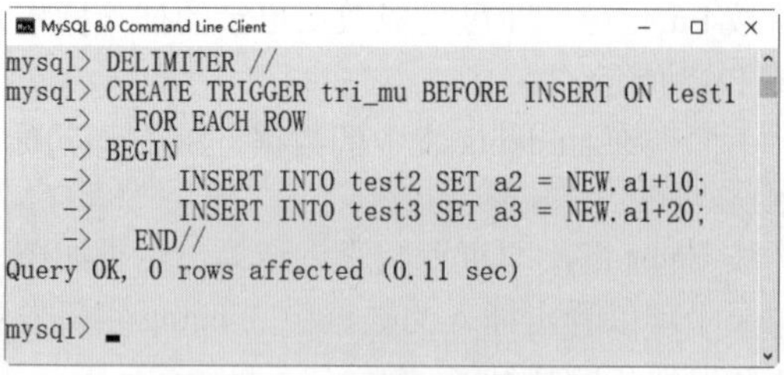

图 13-10　创建触发器 tri_mu

接着向数据表 test1 插入数据。

```
INSERT INTO test1 VALUES (1);
```

按 Enter 键，即可完成数据表的插入操作，执行结果如图 13-11 所示。

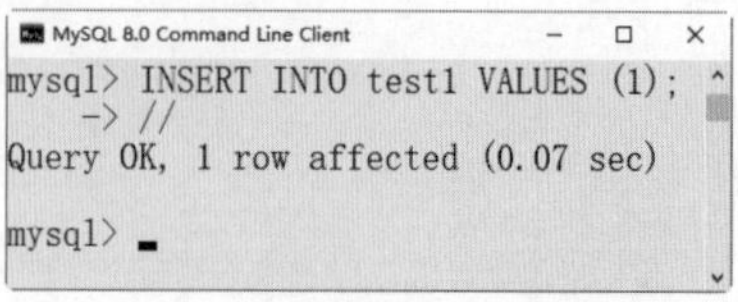

下面查看数据表 test1 中的数据，SQL 语句如下：

```
SELECT * FROM test1;
```

图 13-11　向数据表 test1 插入数据

按 Enter 键，即可完成数据的查看操作，执行结果如图 13-12 所示。

下面检验触发器 tri_mu 是否被执行，这里查看数据表 test2 中的数据，如图 13-13 所示。

接着查看数据表 test3 中的数据，如图 13-14 所示。

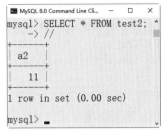

图 13-12　查看数据表 test1　　图 13-13　查看数据表 test2　　图 13-14　查看数据表 test3

从上述查询结果可以得知，在向数据表 test1 插入记录的时候，test2、test3 都发生了变化，这就说明触发器 tri_mu 已经被启用。

13.3　查看触发器

查看触发器是指查看数据库中已存在的触发器的定义、状态和语法信息等。查看触发器常用的方法有两种，下面分别进行介绍。

13.3.1　使用 SHOW TRIGGERS 语句查看

在 MySQL 中，可以使用 SHOW TRIGGERS 语句查看触发器的基本信息，但是使用该语句时无法查询指定的触发器，它只能查询所有触发器的信息。如果数据库系统中的触发器有很多，将会显示很多信息，这样不方便找到所需要的触发器信息。因此，在触发器很少时，可以使用 SHOW TRIGGERS 语句。SHOW TRIGGERS 语句的基本语法格式如下：

```
SHOW TRIGGERS;
```

【实例 4】通过 SHOW TRIGGERS 命令查看触发器，SQL 语句如下：

```
SHOW TRIGGERS \G
```

按 Enter 键，即可显示触发器查询结果，执行结果如图 13-15 所示。

触发器查询结果中主要参数的含义如下。

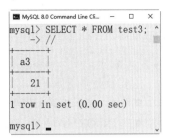

图 13-15　显示触发器查询结果

● Trigger：表示触发器的名称，在这里触发器的名称为 in_stu。

● Event：表示激活触发器的事件。

● Table：表示激活触发器的操作对象表。

● Timing：表示触发器触发的时间。

● Statement：表示了触发器执行的操作，还有一些其他信息，比如 SQL 的模式、触发器的定义账户和字符集等。

13.3.2　通过 INFORMATION_SCHEMA 查看

在 MySQL 中，所有触发器的定义都存在 INFORMATION_SCHEMA 数据库的 TRIGGERS

表格中，可以通过查询命令 SELECT 来查看。通过查询 TRIGGERS 表，可以获取到数据库中所有触发器的详细信息，也可以获取到指定触发器的详细信息。具体的语法格式如下：

```
SELECT * FROM INFORMATION_SCHEMA.TRIGGERS
WHERE [WHERE TRIGGER_NAME= 'trigger_name'];
```

主要参数介绍如下。

- *：表示查询所有的列的信息。
- INFORMATION_SCHEMA：表示数据库系统中的数据库名称。
- TRIGGERS：表示数据库下的 TRIGGERS 表，如果查询指定的触发器则需要添加 WHERE 条件语句。
- TRIGGER_NAME：是指 TRIGGERS 表中的字段。
- trigger_name：表示指定的触发器名称。

【实例 5】通过 SELECT 命令查看触发器，SQL 语句如下：

```
SELECT * FROM INFORMATION_SCHEMA.TRIGGERS
WHERE TRIGGER_NAME= 'in_stu'\G
```

按 Enter 键，即可完成触发器的查看，该命令是通过 WHERE 来指定查看特定名称的触发器，查看结果如图 13-16 所示。

触发器查询结果中主要参数的含义如下：

- TRIGGER_SCHEMA：表示触发器所在的数据库。
- TRIGGER_NAME：指定触发器的名称。
- EVENT_OBJECT_TABLE：表示在哪个数据表上触发。
- ACTION_STATEMENT：表示触发器触发的时候执行的具体操作。
- ACTION_ORIENTATION：是 ROW，表示在每条记录上都触发。
- ACTION_TIMING：表示了触发的时刻是 BEFORE，剩下的是和系统相关的信息。

另外，也可以不指定触发器名称，这样将查看所有的触发器，SQL 语句如下：

```
SELECT * FROM INFORMATION_SCHEMA.TRIGGERS \G
```

按 Enter 键，即可返回查看结果，该命令会显示这个 TRIGGERS 表中所有的触发器信息，如图 13-17 所示。

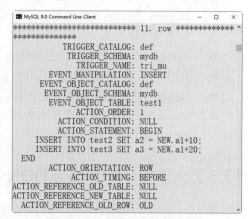

图 13-16　通过 SELECT 命令查看触发器　　　图 13-17　查看所有触发器信息

13.4　删除触发器

如果用户想要删除某个触发器,可以直接使用 DROP TRIGGER 语句来删除 MySQL 中已经定义的触发器,删除触发器语句基本语法格式如下:

```
DROP TRIGGER [schema_name.] [IF EXISTS] trigger_name;
```

主要参数介绍如下。

● schema_name:表示数据库名称,是可选的。如果省略了 schema,将从当前数据库中舍弃触发程序。

● trigger_name:是要删除的触发器的名称。

● IF EXISTS:用来阻止不存在的触发程序被删除的错误。如果待删除的触发程序不存在,系统会出现触发程序不存在的提示信息。

【实例 6】删除触发器 tri_mu,SQL 语句如下:

```
DROP TRIGGER mydb.tri_mu;
```

按 Enter 键,即可完成触发器的删除操作,执行结果如图 13-18 所示。在上述语句中 mydb 是触发器所在的数据库,tri_mu 是一个触发器的名称。

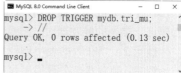

图 13-18　删除触发器 tri_mu

13.5　课后习题与练习

一、填充题

1. 创建触发器的语句是_____。

答案:CREATE TRIGGER

2. 创建触发器时,触发程序的动作时间的值可以是_____和 AFTER 两个。

答案:BEFORE

3. trigger_event 为触发器的触发条件,即激活触发程序的语句,它的值可以是_____、_____和 DELETE 之一。

答案:INSERT,UPDATE

二、选择题

1. 当需要创建多条执行语句的触发器时,触发器程序可以使用_____开始,使用_____结束,中间包含多条语句。

A. begin…end　　　　B. begin…on　　　　C. start…end　　　　D. start…on

答案:A

2. 如果想要查看数据库系统中名称为 trigger_na 触发器的详细信息,可以通过下面_____语句来实现。

A. SHOW TRIGGER;

B. SHOW TRIGGERS WHERE NAME='trigger_na';

C. SELECT * FROM information_schema.triggers;

D. SELECT * FROM information_schema.triggers
　　WHERE TRIGGER_NAME='trigger_na';

答案：D

3. 用于删除触发器的语句是_____。

A. DELETE TRIGGER　　　　　　　B. CLOSE TRIGGER

C. DROP TRIGGER　　　　　　　　D. 以上都不对

答案：C

13.6　新手疑难问题解答

疑问 1：在创建触发器时，为什么会出现报错？

解答：在创建触发器时，首先需要做的是检查该表中是否存在其他类型的触发器，如果该表已经存在 INSERT 触发器、UPDATE 触发器或 DELETE 触发器中的任意一种，当再在该表中创建这一类型的触发器时，就会出现报错，这是因为一张表中只能有一种类型的操作触发器。

疑问 2：当在数据表中创建后触发的 INSERT 触发后，什么时候能调用该触发器？

解答：触发器是在数据表执行触发事件时自动执行的。本问题中的触发器是在表中创建的，而且是一个后触发的 INSERT 触发器，它会在表中执行 INSERT 操作之后自动触发。

13.7　实战训练

在创建好的图书管理数据库 Library 中，包含了读者表 Reader、读者分类表 Readertype、图书信息表 Book、图书分类表 Booktype 和借阅记录表 Record。下面通过创建触发器来实现各种操作。

（1）创建一个 DELETE 触发器，实现当删除某位读者信息后，就删除该读者的借阅信息。

（2）创建一个 UPDATE 触发器，实现当更新某位读者 ID 号时，借阅记录中的读者 ID 号也进行修改。

（3）创建一个 INSTEAD OF 触发器，不允许对 Book 表进行修改和删除。

（4）创建一个 DDL 触发器，不允许删除 Reader 表。

第14章

存储过程的创建与应用

🕐 **本章内容提要**

在 MySQL 中，存储过程是一个非常重要的数据库对象，它是一组为了完成特定功能而编写的 SQL 语句集，通过使用存储过程，可以将经常使用的 SQL 语句封装起来，以免重复编写相同的 SQL 语句。本章就来介绍存储过程的创建与应用，主要内容包括了解存储过程、创建存储过程、修改存储过程、执行存储过程、删除存储过程等。

🕐 **本章知识点**

- 存储过程。
- 创建存储过程。
- 执行存储过程。
- 查看存储过程。
- 修改存储过程。
- 删除存储过程。

14.1　了解存储过程

存储过程是由一系列 SQL 语句组成的程序，经过编译后保存在数据库中。因此，存储过程要比普通 SQL 语句的执行效率更高，且可以多次重复调用。另外，存储过程还可以接收输入、输出参数，并可以返回一个或多个查询结果集和返回值，以便满足各种不同需求。

14.1.1　什么是存储过程

存储过程是一组为了完成特定功能的 SQL 语句集合。使用存储过程的目的是将常用或复杂的工作，预先用 SQL 语句写好并用一个指定名称存储起来，这个过程经编译和优化后存储在数据库服务器中，因此称为存储过程。

14.1.2　存储过程的作用

用户通过指定存储过程的名称并给出参数可以直接执行存储过程。存储过程中可以包含逻辑控制语句和数据操纵语句，它可以接收输入参数、输出参数、返回单个或多个结果集以及返回值。相对于直接执行 SQL 语句，使用存储过程有以下作用：

1. 存储过程允许标准组件式编程

存储过程创建后可以在程序中被多次调用执行，而不必重新编写该存储过程的 SQL 语句。而且数据库专业人员可以随时对存储过程进行修改，但对应用程序源代码却毫无影响，从而极大地提高了程序的可移植性。

2. 存储过程能够实现较快的执行速度

如果操作包含大量的 SQL 语句，分别被多次执行，那么存储过程要比批处理的执行速度快得多。因为存储过程是预编译的，在首次运行一个存储过程时，查询优化器对其进行分析、优化，并给出最终被存在系统表中的存储计划。而批处理的 SQL 语句每次运行都需要预编译和优化，所以速度就要慢一些。

3. 存储过程减轻网络流量

对于同一个针对数据库对象的操作，如果这一操作所涉及的 SQL 语句被组织成一存储过程，那么当在客户机上调用该存储过程时，网络中传递的只是该调用语句，否则将会是多条 SQL 语句，从而减轻了网络流量，降低了网络负载。

4. 存储过程可被作为一种安全机制来充分利用

系统管理员可以对执行的某一个存储过程进行权限限制，从而能够实现对某些数据访问的限制，避免非授权用户对数据的访问，保证数据的安全。

不过，任何一个事物都不是完美的，存储过程也不例外，除一些优点外，还具有如下缺点：

- 数据库移植不方便，存储过程依赖于数据库管理系统，SQL Server 存储过程中封装的操作代码不能直接移植到其他的数据库管理系统中。
- 不支持面向对象的设计，无法采用面向对象的方式将逻辑业务进行封装，甚至形成通用的可支持服务的业务逻辑框架。
- 代码可读性差、不易维护。
- 不支持集群。

14.2　创建存储过程

在 MySQL 中，创建存储过程使用 CREATE PROCEDURE 语句，下面就来介绍如何创建存储过程。

14.2.1　创建存储过程的语法格式

创建存储过程，需要使用 CREATE PROCEDURE 语句，基本语法格式如下：

```
CREATE PROCEDURE sp_name ( [proc_parameter] )
[characteristics …] routine_body
```

主要参数介绍如下。

● CREATE PROCEDURE：为用来创建存储过程的关键字。

● sp_name：为存储过程的名称。

● proc_parameter：指定存储过程的参数列表。其列表形式如下：

```
[ IN | OUT | INOUT ] param_name type
```

主要参数介绍如下：

（1）IN 表示输入参数；

（2）OUT 表示输出参数；

（3）INOUT 表示既可以输入也可以输出；

（4）param_name 表示参数名称；

（5）type 表示参数的类型，该类型可以是 MySQL 数据库中的任意类型。

● characteristic：指定存储过程的特性，有以下取值：

（1）LANGUAGE SQL：说明 routine_body 部分是由 SQL 语句组成，SQL 是 LANGUAGE 特性的唯一值。

（2）[NOT] DETERMINISTIC：指明存储过程执行的结果是否是正确的。DETERMINISTIC 表示结果是确定的。每次执行存储过程时，相同的输入会得到相同的输出。NOT DETERMINISTIC 表示结果是不确定的。相同的输入可能得到不同的输出。如果没有指定任意一个值，默认为 NOT DETERMINISTIC。

（3）{ CONTAINS SQL | NO SQL | READS SQL DATA | MODIFIES SQL DATA }：指明子程序使用 SQL 语句的限制。CONTAINS SQL 表明子程序包含 SQL 语句，但是不包含读写数据的语句。NO SQL 表明子程序不包含 SQL 语句。READS SQL DATA 说明子程序包含读数据的语句。MODIFIES SQL DATA 表明子程序包含写数据的语句。默认情况下，系统会指定为 CONTAINS SQL。

（4）SQL SECURITY { DEFINER | INVOKER }：指明谁有权限来执行。DEFINER 表示只有定义者才能执行。INVOKER 表示拥有权限的调用者可以执行。默认情况下系统指定为 DEFINER。

（5）COMMENT 'string'：注释信息，可以用来描述存储过程或函数。

● routine_body：是 SQL 语句的内容，可以用 BEGIN…END 来表示 SQL 语句的开始和结束。

14.2.2　创建不带参数的存储过程

最简单的一种自定义存储过程就是不带参数的存储过程，下面介绍如何创建一个不带参数的存储过程。

【实例 1】创建查看 school 数据库中 student 表的存储过程，SQL 语句如下：

```
DELIMITER //
CREATE PROCEDURE Proc_student();
    BEGIN
      SELECT * FROM student;
    END //
```

按 Enter 键，即可完成存储过程的创建操作，执行结果如图 14-1 所示。

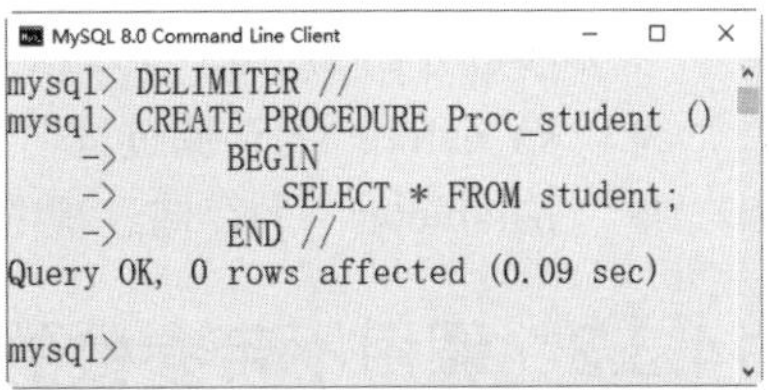

图 14-1　创建不带参数的存储过程

14.2.3　创建带有参数的存储过程

在设计数据库应用系统时，可能会需要根据用户的输入信息产生对应的查询结果，这时就需要把用户的输入信息作为参数传递给存储过程，即开发者需要创建带有参数的存储过程。

【实例 2】创建存储过程 Proc_stu_01，根据输入的学生学号，查询学生的相关信息，如姓名、年龄与班级等信息，SQL 语句如下：

```
DELIMITER //
CREATE PROCEDURE Proc_stu_01 (aa INT)
BEGIN
SELECT * FROM student WHERE 学号=aa;
END //
```

输入完成之后，按 Enter 键，即可完成存储过程的创建操作，该段语句创建一个名为 Proc_stu_01 的存储过程，使用一个整数类型的参数 aa 来执行存储过程，如图 14-2 所示。

另外，存储过程可以是很多语句的复杂的组合，其本身也可以调用其他函数，来组成更加复杂的操作。

【实例 3】创建一个获取 student 表记录条数的存储过程，名称为 CountStu，SQL 语句如下：

```
DELIMITER //
CREATE PROCEDURE CountStu (OUT pp1 INT)
BEGIN
SELECT COUNT(*) INTO pp1 FROM student;
END //
```

输入完成之后，按 Enter 键，即可完成存储过程的创建操作，执行结果如图 14-3 所示。

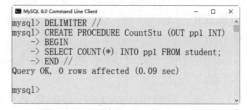

图 14-2　创建存储过程 Proc_stu_01　　　　图 14-3　创建存储过程 CountStu

14.3　调用存储过程

当存储过程创建完毕后，下面就可以调用存储过程了，本节就来介绍调用存储过程的方法。

14.3.1　调用存储过程的语法格式

在 MySQL 中调用存储过程时，需要使用 CALL 语句，CALL 语法格式如下：

```
CALL sp_name([parameter[,…]])
```

主要参数介绍如下。
- sp_name：为存储过程名称。
- parameter：为存储过程的参数。

14.3.2　调用不带参数的存储过程

存储过程创建完成后，可以通过 CALL 语句来调用创建的存储过程。

【实例 4】 执行不带参数的存储过程 Proc_student，来查看学生信息，SQL 语句如下：

```
USE school;
CALL Proc_student;
```

按 Enter 键，即可完成调用不带参数存储过程的操作，这里是查询学生信息表，执行结果如图 14-4 所示。

14.3.3　调用带有参数的存储过程

调用带有参数的存储过程时，需要给出参数的值，当有多个参数时，给出的参数的顺序与创建存储过程的语句中的参数的顺序一致，即参数传递的顺序就是定义的顺序。

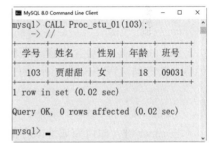

图 14-4　执行不带参数的存储过程

【实例 5】 调用带有参数的存储过程 Proc_stu_01，根据输入的学生学号，查询学生信息，这里学生的学号可以自行定义，如这里定义学生的学号为 103，SQL 语句如下：

```
USE School;
CALL Proc_stu_01(103);
```

按 Enter 键，即可完成调用带有参数存储过程的操作，执行结果如图 14-5 所示。

提示： 调用带有输入参数的存储过程时需要指定参数，如果没有指定参数，系统会提示错误，如果希望不给出参数时存储过程也能正常运行，或者希望为用户提供一个默认的返回结果，可以通过设置参数的默认值来实现。

图 14-5　执行带有参数的存储过程

14.4　修改存储过程

修改存储过程可以改变存储过程当中的参数或者语句，可以通过 SQL 语句中的 ALTER PROCEDURE 语句来实现，还可以在 SSMS 中以界面方式修改存储过程。

14.4.1　修改存储过程的语法格式

存储过程创建完成后，如果需要修改，可以使用 ALTER PROCEDURE 语句来修改存储过程，在修改存储过程时，MySQL 会覆盖以前定义的存储过程，语法格式如下：

```
ALTER {PROCEDURE | FUNCTION} sp_name [characteristic …]
```

主要参数介绍如下。

- sp_name：为待修改的存储过程名称。
- characteristic：来指定特性，可能的取值如下。

```
{ CONTAINS SQL | NO SQL | READS SQL DATA | MODIFIES SQL DATA }
| SQL SECURITY { DEFINER | INVOKER }
| COMMENT 'string'
```

主要参数介绍如下。

（1）CONTAINS SQL：表示存储过程包含 SQL 语句，但不包含读或写数据的语句。

（2）NO SQL：表示存储过程中不包含 SQL 语句。

（3）READS SQL DATA：表示存储过程中包含读数据的语句。

（4）MODIFIES SQL DATA：表示存储过程中包含写数据的语句。

（5）SQL SECURITY { DEFINER | INVOKER }：指明谁有权限来执行。

（6）DEFINER：表示只有定义者自己才能够执行。

（7）INVOKER：表示调用者可以执行。

（8）COMMENT 'string'：是注释信息。

14.4.2 使用 SQL 语句修改存储过程

使用 SQL 语句可以修改存储过程，下面给出一个实例，来介绍使用 SQL 语句修改存储过程的方法。

【实例 6】修改存储过程 Proc_student 的定义。将读写权限改为 MODIFIES SQL DATA，并指明调用者可以执行。

修改之前，首先查询 Proc_student 修改前的信息：

```
SELECT SPECIFIC_NAME,SQL_DATA_ACCESS,SECURITY_TYPE
FROM information_schema.Routines
WHERE ROUTINE_NAME='Proc_student' ;
```

按 Enter 键，即可完成查询存储过程信息的操作，执行结果如图 14-6 所示。

修改存储过程 Proc_student 的定义，SQL 语句执行如下：

```
ALTER  PROCEDURE Proc_student
    MODIFIES SQL DATA
    SQL SECURITY INVOKER ;
```

按 Enter 键，即可完成修改存储过程的操作，执行结果如图 14-7 所示。

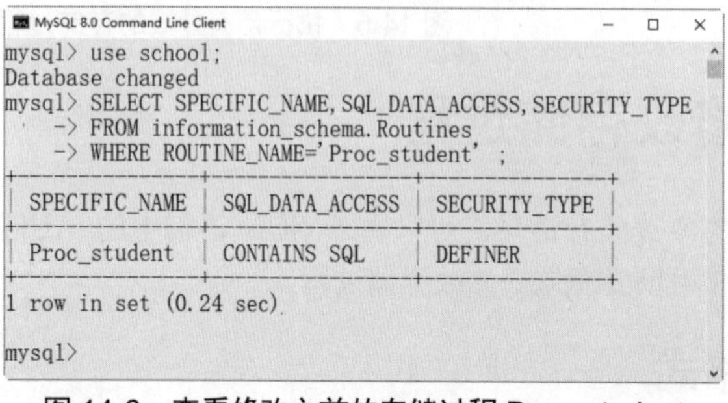

图 14-6 查看修改之前的存储过程 Proc_student

图 14-7 修改存储过程
Proc_student 的定义

修改完成后，查看 Proc_student 修改后的信息，结果如图 14-8 所示。

结果显示，存储过程修改成功。从查询的结果可以看出，访问数据的权限（SQL_DATA_ ACCESS）已经变成 MODIFIES SQL DATA，安全类型（SECURITY_TYPE）已经变成了 INVOKER。

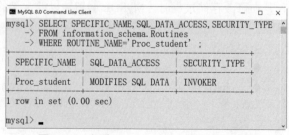

图 14-8 查看 Proc_student 修改后的信息

14.5 查看存储过程

许多系统存储过程、系统函数和目录视图都提供有关存储过程的信息，可以使用这些系统存储过程来查看存储过程的定义，我们可以通过下面 3 种方法来查看存储过程。

14.5.1 使用 SHOW PROCEDURE STATUS 语句查看

使用 SHOW PROCEDURE STATUS 语句可以查看存储过程的状态，语法格式如下：

```
SHOW PROCEDURE  STATUS [LIKE 'pattern']
```

这个语句是一个 MySQL 的扩展。它返回存储过程的特征，如所属数据库、名称、类型、创建者及创建和修改日期。如果没有指定样式，根据用户使用的语句，所有存储过程被列出。Like 语句表示的是匹配存储过程的名称。

【实例 7】使用 SHOW PROCEDURE STATUS 语句查看存储过程 CountStu 的状态，SQL 语句如下：

```
SHOW PROCEDURE STATUS like 'C%'\G//
```

按 Enter 键，即可完成查询存储过程状态的操作，查询结果如图 14-9 所示。

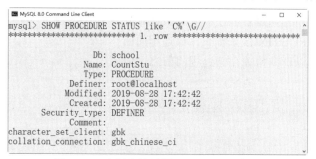

图 14-9 查看存储过程 CountStu 的状态

SHOW PROCEDURE STATUS like 'C%'\G 语句获取了数据库中所有的名称以字母 C 开头的存储过程信息。通过得到的结果可以得出，以字母 C 开头的存储过程名称为 CountStu，该存储过程所在的数据库为 school，类型为 PROCEDURE，创建时间等相关信息。

提示：SHOW STATUS 语句只能查看存储过程操作哪一个数据库、存储过程的名称、类型、谁定义的、创建和修改时间、字符编码等信息。但是，这个语句不能查询存储过程具体定义。如果需要查看详细定义，需要使用 SHOW CREATE 语句。

14.5.2 使用 SHOW CREATE PROCEDURE 语句查看

使用 SHOW CREATE PROCEDURE 语句可以查看存储过程的信息，语法格式如下：

```
SHOW CREATE PROCEDURE sp_name
```

该语句是一个 MySQL 的扩展。类似于 SHOW CREATE TABLE，它返回一个可用来重新创建已命名存储过程的确切字符串。

【实例 8】使用 SHOW CREATE PROCEDURE 语句查看 CountStu 存储过程，SQL 语句如下：

```
SHOW CREATE PROCEDURE CountStu\G
```

按 Enter 键，即可完成查询存储过程具体信息的操作，查询结果如图 14-10 所示。

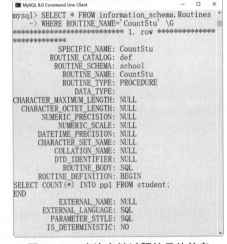

图 14-10　查看 CountStu 存储过程

执行上面的语句可以得出存储过程 CountStu 的具体的定义语句，该存储过程的 sql_mode、数据库设置的一些信息。

14.5.3　通过 INFORMATION_SCHEMA.ROUTINES 查看

INFORMATION_SCHEMA 是信息数据库，其中保存着关于 MySQL 服务器所维护的所有其他数据库的信息。该数据库中的 ROUTINES 表提供存储过程的信息。通过查询该表可以查询相关存储过程的信息，语法格式如下：

```
SELECT * FROM information_schema.Routines
    WHERE ROUTINE_NAME='sp_name';
```

主要参数介绍如下。

- routine_name：字段存储所有存储子程序的名称。
- sp_name：是需要查询的存储过程名称。

【实例 9】从 INFORMATION_SCHEMA.ROUTINES 表中查询存储过程 CountStu 的信息。SQL 语句如下：

```
SELECT * FROM information_schema.Routines
WHERE ROUTINE_NAME='CountStu' \G
```

图 14-11　查询存储过程的具体信息

按 Enter 键，即可完成查询存储过程具体信息的操作，查询结果如图 14-11 所示。

14.6　删除存储过程

对于不需要的存储过程，可以将其删除，使用 DROP PROCEDURE 语句可以删除存储过程，该语句可以从当前数据库中删除一个或多个存储过程，语法格式如下：

```
DROP PROCEDURE sp_name;
```

- sp_name：表示存储过程名称。

【实例 10】删除 CountStu 存储过程。SQL 语句如下：

```
DROP PROCEDURE CountStu;
```

按 Enter 键，即可完成删除存储过程的操作，结果如图 14-12 所示。

检查删除是否成功，可以通过查询 information_schema 数据库下的 Routines 表来确认。

```
SELECT * FROM information_schema.Routines
WHERE ROUTINE_NAME='CountStu';
```

按 Enter 键，即可完成检查删除存储过程是否成功的操作，结果如图 14-13 所示。通过查询结果可以得出 CountStu 存储过程已经被删除。

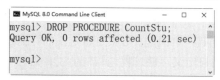

图 14-12　删除存储过程　　　　　　　图 14-13　查询是否成功删除存储过程

14.7　课后习题与练习

一、填充题

1. 创建存储过程时需要使用_____语句。

答案：CREATE PROCEDURE

2. 存储过程的参数有 3 类，分别是 IN、OUT 和_____。

答案：INOUT

3. 修改存储过程，可以使用_____命令。

答案：ALTER PROCEDURE

4. 使用_____语句可以查看存储过程的信息。

答案：SHOW CREATE PROCEDURE

5. 删除存储过程时，可以使用_____语句。

答案：DROP PROCEDURE

二、选择题

1. 调用存储过程的语句是_____。

A. EXIT　　　　　　　B. CREATE　　　　　　C. ALTER　　　　　　D. CALL

答案：D

2. 下面关于存储过程的描述错误的是_____。

A. 创建存储过程时，可以不指定任何参数

B. 创建存储过程时，必须指定输入参数

C. 调用存储过程时，用户必须具有 EXECUTE 的权限

D. 调用存储过程时，如果参数不符合条件，会给出"Empty set"的信息提示

答案：B

3. 下面关于修改存储过程的描述正确的是_____。

A. 删除后的存储过程可以被恢复

B. 一次只能删除一个存储过程

C. 使用 ALTER 语句不能修改存储过程的名称

D. 以上都不对

答案：C

14.8　新手疑难问题解答

疑问 1： 存储过程创建完毕后，如何查看存储过程的运行效果呢？

解答： 对于系统存储过程，可以直接用存储过程名调用，但是，如果是自定义的存储过程，就需要使用 CALL 来调用了，例如调用名称为 pro_1 的自定义存储过程，具体的 SQL 语句如下：

```
CALL pro_1;
```

疑问 2： 在调用带有参数的存储过程时，为什么会报错？

解答： 在调用带有参数的存储过程时，传递参数的个数和数据类型一定要与调用的存储过程相匹配，此外，在传递日期与时间类型和字符串类型的数据时，还要注意给这些数据加上单引号，否则，在执行的过程中，就会报错。

14.9　实战训练

在创建好的图书管理数据库 Library 中，包含了读者表 Reader、读者分类表 Readertype、图书信息表 Book、图书分类表 Booktype 和借阅记录表 Record。下面通过创建存储过程来实现各种操作。

（1）创建存储过程 Proc_reader_01，用来查询 VIP 读者的信息，包括读者号、读者姓名、电话号码。

（2）创建存储过程 Proc_reader_02，用来查询某个读者的借书记录。

（3）创建存储过程 Proc_Book_01，用来统计过期没有归还图书的读者命名、电话号码。

（4）修改存储过程 Proc_Book_01 的名称为 Proc_Book。

（5）删除不要的存储过程 Proc_reader_02。

第15章

MySQL 用户的管理

本章内容提要

MySQL 是一个多用户数据库，具有功能强大的访问控制系统，可以为不同用户指定允许的权限。其中默认使用的 root 用户是超级管理员，拥有所有权限，包括创建用户、删除用户和修改用户的密码等。除 root 用户外，还可以创建拥有不同权限的普通用户。本章就来介绍 MySQL 用户的管理，主要内容包括创建普通用户、修改用户账户的密码以及用户权限的管理等。

本章知识点

- 用户权限表。
- 用户账户的管理。
- 用户权限的管理。

15.1 认识用户权限表

安装 MySQL 时会自动安装一个名为 MySQL 的数据库。MySQL 数据库下面存储的都是权限表，用户登录以后，MySQL 数据库系统会根据这些权限表的内容为每个用户赋予相应的权限。这些权限表中最重要的是 user 表、db 表和 host 表。除此之外，还有 tables_priv、columns_priv 和 procs_priv 等。

15.1.1 user 表

user 表是 MySQL 中最重要的一个权限表，可以使用 DESC 来查看 user 表的基本结构，如图 15-1 所示。user 表中记录着允许连接到服务器的账号信息，里面的权限是全局级的。例如，一个用户在 user 表中被授予了 DELETE 权限，那么该用户可以删除 MySQL 服务器上所有数据库中的任何记录。

MySQL 中 user 表有 51 个字段，这些字段可以分为 4 类，分别是用户字段、权限字段、安全字段和资源控制字段。

1. 用户字段

user 表的用户字段包括 host、user、password，分别表示主机名、用户名和密码。其中 user

和 host 为 user 表的联合主键。当用户与服务器之间建立连接时，输入的账户信息中的用户名称、主机名和密码必须匹配 user 表中对应的字段，只有 3 个值都匹配的时候，才允许连接的建立。这 3 个字段的值就是创建账户时保存的账户信息。修改用户密码时，实际就是修改 user 表的 password 字段的值。

```
MySQL 8.0 Command Line Client
mysql> use mysql;
Database changed
mysql> DESC user;
+------------------------+-------------------+------+-----+---------+-------+
| Field                  | Type              | Null | Key | Default | Extra |
+------------------------+-------------------+------+-----+---------+-------+
| Host                   | char(255)         | NO   | PRI |         |       |
| User                   | char(32)          | NO   | PRI |         |       |
| Select_priv            | enum('N','Y')     | NO   |     | N       |       |
| Insert_priv            | enum('N','Y')     | NO   |     | N       |       |
| Update_priv            | enum('N','Y')     | NO   |     | N       |       |
| Delete_priv            | enum('N','Y')     | NO   |     | N       |       |
| Create_priv            | enum('N','Y')     | NO   |     | N       |       |
| Drop_priv              | enum('N','Y')     | NO   |     | N       |       |
| Reload_priv            | enum('N','Y')     | NO   |     | N       |       |
| Shutdown_priv          | enum('N','Y')     | NO   |     | N       |       |
| Process_priv           | enum('N','Y')     | NO   |     | N       |       |
| File_priv              | enum('N','Y')     | NO   |     | N       |       |
| Grant_priv             | enum('N','Y')     | NO   |     | N       |       |
| References_priv        | enum('N','Y')     | NO   |     | N       |       |
| Index_priv             | enum('N','Y')     | NO   |     | N       |       |
| Alter_priv             | enum('N','Y')     | NO   |     | N       |       |
| Show_db_priv           | enum('N','Y')     | NO   |     | N       |       |
| Super_priv             | enum('N','Y')     | NO   |     | N       |       |
| Create_tmp_table_priv  | enum('N','Y')     | NO   |     | N       |       |
| Lock_tables_priv       | enum('N','Y')     | NO   |     | N       |       |
| Execute_priv           | enum('N','Y')     | NO   |     | N       |       |
| Repl_slave_priv        | enum('N','Y')     | NO   |     | N       |       |
| Repl_client_priv       | enum('N','Y')     | NO   |     | N       |       |
| Create_view_priv       | enum('N','Y')     | NO   |     | N       |       |
| Show_view_priv         | enum('N','Y')     | NO   |     | N       |       |
```

图 15-1 user 表的基本结构

2. 权限字段

权限字段的字段决定了用户的权限，描述了在全局范围内允许对数据和数据库进行的操作。包括查询权限、修改权限等普通权限，还包括了关闭服务器、超级权限和加载用户等高级权限。普通权限用于操作数据库。高级权限用于数据库管理。

3. 安全字段

user 表中的安全字段有 6 个字段，其中两个是与 ssl 相关的，两个是与 x509 相关的，另外两个是与授权插件相关的。ssl 用于加密，x509 标准用于标识用户。Plugin 字段标识可以用于验证用户身份的插件，如果该字段为空，服务器使用内建授权验证机制验证用户身份。用户可以通过 SHOW VARIABLES LIKE 'have_openssl'语句来查询服务器是否支持 ssl 功能。

4. 资源控制字段

资源控制字段的字段用来限制用户使用的资源，包含 4 个字段，分别为。

（1）max_questions：用户每小时允许执行的查询操作次数。

（2）max_updates：用户每小时允许执行的更新操作次数。

（3）max_connections：用户每小时允许执行的连接操作次数。

（4）max_user_connections：用户允许同时建立的连接次数。

一个小时内用户查询或者连接数量超过资源控制限制，用户将被锁定，直到下一个小时，才可以在此执行对应的操作，用户可以使用 GRANT 语句更新这些字段的值。

15.1.2 db 表

db 表和 host 表是 MySQL 数据中非常重要的权限表。db 表中存储了用户对某个数据库的操作权限，决定用户能从哪个主机存取哪个数据库，db 表的结构如图 15-2 所示，db 表的字段大致可以分为用户列和权限列。

```
MySQL 8.0 Command Line Client
mysql> use mysql;
Database changed
mysql> DESC db;
+-----------------------+---------------+------+-----+---------+-------+
| Field                 | Type          | Null | Key | Default | Extra |
+-----------------------+---------------+------+-----+---------+-------+
| Host                  | char(255)     | NO   | PRI |         |       |
| Db                    | char(64)      | NO   | PRI |         |       |
| User                  | char(32)      | NO   | PRI |         |       |
| Select_priv           | enum('N','Y') | NO   |     | N       |       |
| Insert_priv           | enum('N','Y') | NO   |     | N       |       |
| Update_priv           | enum('N','Y') | NO   |     | N       |       |
| Delete_priv           | enum('N','Y') | NO   |     | N       |       |
| Create_priv           | enum('N','Y') | NO   |     | N       |       |
| Drop_priv             | enum('N','Y') | NO   |     | N       |       |
| Grant_priv            | enum('N','Y') | NO   |     | N       |       |
| References_priv       | enum('N','Y') | NO   |     | N       |       |
| Index_priv            | enum('N','Y') | NO   |     | N       |       |
| Alter_priv            | enum('N','Y') | NO   |     | N       |       |
| Create_tmp_table_priv | enum('N','Y') | NO   |     | N       |       |
| Lock_tables_priv      | enum('N','Y') | NO   |     | N       |       |
| Create_view_priv      | enum('N','Y') | NO   |     | N       |       |
| Show_view_priv        | enum('N','Y') | NO   |     | N       |       |
| Create_routine_priv   | enum('N','Y') | NO   |     | N       |       |
```

图 15-2　db 表结构

1．用户列

db 表用户列有 3 个字段，分别是 host、user、db，标识从某个主机连接某个用户对某个数据库的操作权限，这 3 个字段的组合构成了 db 表的主键。host 表不存储用户名称，用户列只有 2 个字段，分别是 host 和 db，表示从某个主机连接的用户对某个数据库的操作权限，其主键包括 host 和 db 两个字段。host 表很少用到，一般情况下 db 表就可以满足权限控制需求了，因此在最新版本的 MySQL 中，host 表已经被取消。

2．权限列

db 表的权限列包括 create_routine_priv 和 alter_routine_priv 字段，这两个字段表明用户是否有创建和修改存储过程的权限。user 表中的权限是针对所有数据库的，如果希望用户只对某个数据库有操作权限，那么需要将 user 表中对应的权限设置为 N，然后在 db 表中设置对应数据库的操作权限即可。

15.1.3　tables_priv 表

tables_priv 表用来对表设置操作权限，使用“DESC tables_priv;”语句可以查看表的字段信息，如表 15-1 所示。

tables_priv 表有 8 个字段，分别是 Host、Db、User、Table_name、Grantor、Timestamp、Table_priv 和 Column_priv，各个字段说明如下。

（1）Host 字段：表示主机名。

（2）Db 字段：表示数据库名。

（3）User 字段：表示用户名。

（4）Table_name 字段：表示表名。

（5）Grantor 字段：表示修改该记录的用户。

（6）Timestamp 字段：表示修改该记录的时间。

表 15-1 tables_priv 表字段信息

字 段 名	数 据 类 型	默 认 值
Host	char(255)	
Db	char(64)	
User	char(32)	
Table_name	char(64)	
Grantor	varchar(288)	
Timestamp	timestamp	CURRENT_TIMESTAMP
Table_priv	set('Select','Insert','Update','Delete','Create','Drop','Grant', 'References','Index','Alter','Create View','Show View', 'Trigger')	
Column_priv	set('Select','Insert','Update','References')	

（7）Table_priv 字段：表示对表的操作权限，包括 Select、Insert、Update、Delete、Create、Drop、Grant、References、Index 和 Alter。

（8）Column_priv 字段：表示对表中的列的操作权限，包括 Select、Insert、Update 和 References。

15.1.4　columns_priv 表

columns_priv 表用来对表的某一列设置权限，使用"DESC columns_priv;"语句可以查看表的字段信息，如表 15-2 所示。

表 15-2　columns_priv 表结构

字 段 名	数 据 类 型	默 认 值
Host	char(255)	
Db	char(64)	
User	char(32)	
Table_name	char(64)	
Column_name	char(64)	
Timestamp	timestamp	CURRENT_TIMESTAMP
Column_priv	set('Select','Insert','Update','References')	

columns_priv 表中有 7 个字段，分别是 Host、Db、User、Table_name、Column_name、Timestamp、Column_priv，Column_name 用来指定对哪些数据列具有操作权限。

15.1.5　procs_priv 表

procs_priv 表可以对存储过程和存储函数设置操作权限。使用"DESC procs_priv;"语句可以查看表的字段信息，如表 15-3 所示。

procs_priv 表包含 8 个字段，分别是 Host、Db、User、Routine_name、Routine_type、Grantor、Proc_priv 和 Timestamp，各个字段的说明如下。

（1）Host、Db 和 User 字段：分别表示主机名、数据库名和用户名。

（2）Routine_name 字段：表示存储过程或函数的名称。

表 15-3　procs_priv 表结构

字　段　名	数　据　类　型	默　认　值
Host	char(60)	
Db	char(64)	
User	char(16)	
Routine_name	char(64)	
Routine_type	enum('FUNCTION','PROCEDURE')	NULL
Grantor	char(77)	
Proc_priv	set('Execute','Alter Routine','Grant')	
Timestamp	timestamp	CURRENT_TIMESTAMP

（3）Routine_type 字段：表示存储过程或函数的类型，有两个值，分别是 FUNCTION 和
PROCEDURE。FUNCTION 表示这是一个函数；PROCEDURE 表示这是一个存储过程。

（4）Grantor 字段：是插入或修改该记录的用户。

（5）Proc_priv 字段：表示拥有的权限，包括 Execute、Alter Routine、Grant 三种。

（6）Timestamp 字段：表示记录更新时间。

15.2　用户账户的管理

在 MySQL 数据库中，通过一些简单的语句可以创建用户、删除用户，还可以进行密码管
理和权限管理。

15.2.1　创建用户账户

在创建普通用户账户前，数据库管理员必须具备相应的权限。使用 CREATE USER 语句可
以创建新用户，不过，执行 CREATE USER 语句时，服务器会修改相应的用户授权表，添加或
者修改用户及其权限。

CREATE USER 语句的基本语法格式如下：

```
CREATE USER user_specification
    [, user_specification] …
user_specification:
    user@host
    [
       IDENTIFIED BY [PASSWORD] 'password'
     | IDENTIFIED WITH auth_plugin [AS 'auth_string']
    ]
```

主要参数的含义如下：

（1）user 表示创建的用户的名称。

（2）host 表示允许登录的用户主机名称。

（3）IDENTIFIED BY 表示用来设置用户的密码。

（4）[PASSWORD]表示使用哈希值设置密码，该参数可选。

（5）'password'表示用户登录时使用的普通明文密码。

（6）IDENTIFIED WITH 语句，为用户指定一个身份验证插件。

（7）auth_plugin 是插件的名称，插件的名称可以是一个带单引号的字符串，或者带引号的字符串。

（8）auth_string 是可选的字符串参数，该参数将传递给身份验证插件，由该插件解释该参数的意义。

【实例 1】使用 CREATE USER 创建一个用户，用户名是 newuser，密码 123456，主机名是 localhost，SQL 语句如下：

```
CREATE USER 'newuser'@'localhost'
IDENTIFIED BY '123456';
```

按 Enter 键，即可完成普通用户 newuser 的创建，执行结果如图 15-3 所示。

注意： 如果只指定用户名部分'newuser'，主机名部分则默认为'%'（即对所有的主机开放权限）。

知识扩展： user_specification 参数告诉 MySQL 服务器当用户登录时怎么验证用户的登录授权。如果指定用户登录不需要密码，可以省略 IDENTIFIED BY 部分，具体的 SQL 语句如下：

```
CREATE USER 'newuser'@'localhost';
```

【实例 2】使用 CREATE USER 创建一个用户，用户名是 newuser_01，主机名是 localhost，用户登录密码为空，SQL 语句如下：

```
CREATE USER 'newuser_01'@'localhost';
```

按 Enter 键，即可完成用户的创建，执行结果如图 15-4 所示。此时用户 newuser_01 的登录密码为空。

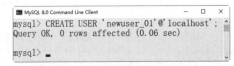

图 15-3　创建用户 newuser　　　　　　图 15-4　创建用户 newuser_01

使用 SELECT 语句查看 user 表中的记录，SQL 语句如下：

```
SELECT host,user FROM user;
```

按 Enter 键，即可返回查询结果，如图 15-5 所示，从结果中可以看到已经创建好的新用户。

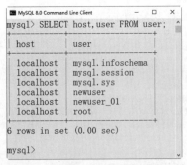

图 15-5　查看 user 表中的用户记录

15.2.2　删除用户账户

在 MySQL 数据库中，可以使用 DROP USER 语句删除用户，也可以通过 DELETE 直接从 mysql.user 表中删除对应的记录来删除用户。

1．使用 DROP USER 语句删除用户

DROP USER 语句语法格式如下：

```
DROP USER user [, user];
```

DROP USER 语句用于删除一个或多个 MySQL 账户。要使用 DROP USER，必须拥有 MySQL 数据库的全局 CREATE USER 权限或 DELETE 权限，使用与 GRANT 或 REVOKE 相同的格式为每个账户命名。例如，"'jeffrey'@'localhost'" 账户名称的用户和主机部分与用户表记录的 user 和 host 列值相对应。

使用 DROP USER，可以删除一个账户和其权限，操作如下：

```
DROP USER 'user'@'localhost';
DROP USER;
```

第一条语句可以删除 user 在本地登录权限；第二条语句可以删除来自所有授权表的账户权限记录。

【实例 3】使用 DROP USER 删除账户 "'newuser'@'localhost'"，DROP USER 语句如下：

```
DROP USER 'newuser'@'localhost';
```

按 Enter 键，即可完成账户的删除操作，执行结果如图 15-6 所示。

下面查看执行结果，SQL 语句如下：

```
SELECT host,user FROM mysql.user;
```

按 Enter 键，即可返回查询结果，执行结果如图 15-7 所示。从结果中可以看出，user 表中已经没有名称为 newuser，主机名为 localhost 的账户，即'newuser'@'localhost'的用户账号已经被删除。

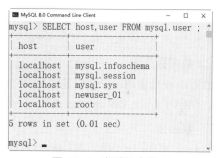

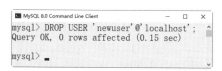

图 15-6　删除用户账户　　　　　　　　图 15-7　查看用户信息

2．使用 DELETE 语句删除用户

除了使用 DROP USER 语句删除用户外，还可以使用 DELETE 语句删除用户，其语法格式如下：

```
DELETE FROM MySQL.user WHERE host='hostname' and user='username'
```

主要参数 host 和 user 为 user 表中的两个字段，两个字段的组合确定所要删除的账户记录。

【实例 4】使用 DELETE 删除用户'newuser_01'@'localhost'，DELETE 语句如下：

```
DELETE FROM mysql.user WHERE
host='localhost' and user='newuser_01';
```

按 Enter 键，即可完成账户的删除操作，执行结果如图 15-8 所示。

语句执行成功后，下面查询删除结果，SQL 语句如下：

```
SELECT host,user FROM mysql.user;
```

按 Enter 键，即可返回查询结果，执行结果如图 15-9 所示。从结果中可以看出，user 表中已经没有名称为 newuser_01，主机名为 localhost 的账户，即'newuser_01'@'localhost'的用户账户

已经被删除。

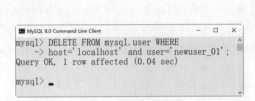

图 15-8   删除账户

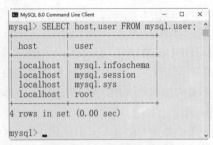

图 15-9   查看删除结果

15.3 用户权限的管理

创建用户完成后，可以进行权限管理，包括授权、查看权限和收回权限等。

15.3.1 认识用户权限

授权就是为某个用户授予权限，合理的授权可以保证数据库的安全。MySQL 中可以使用 GRANT 语句为用户授予权限，授予的权限可以分为多个层级：

1. 全局层级

全局权限适用于一个给定服务器中的所有数据库。这些权限存储在 mysql.user 表中。GRANT ALL ON *.*和 REVOKE ALL ON *.*只授予和撤销全局权限。

2. 数据库层级

数据库权限适用于一个给定数据库中的所有目标。这些权限存储在 mysql.db 和 mysql.host 表中。GRANT ALL ON db_name.和 REVOKE ALL ON db_name.只授予和撤销数据库权限。

3. 表层级

表权限适用于一个给定表中的所有列。这些权限存储在 mysql.talbes_priv 表中。GRANT ALL ON db_name.tbl_name 和 REVOKE ALL ON db_name.tbl_name 只授予和撤销表权限。

4. 列层级

列权限适用于一个给定表中的单一列。这些权限存储在 mysql.columns_priv 表中。当使用 REVOKE 时，必须指定与被授权列相同的列。

5. 子程序层级

CREATE ROUTINE，ALTER ROUTINE，EXECUTE 和 GRANT 权限适用于已存储的子程序。这些权限可以被授予为全局层级和数据库层级。而且，除了 CREATE ROUTINE 外，这些权限可以被授予为子程序层级，并存储在 mysql.procs_priv 表中。

15.3.2 授予用户权限

MySQL 中必须拥有 GRANT 权限的用户才可以执行 GRANT 语句。要使用 GRANT 或 REVOKE，必须拥有 GRANT OPTION 权限，并且必须用于正在授予或撤销的权限。GRANT

的语法如下：

```
GRANT priv_type [(columns)] [, priv_type [(columns)]] …
ON [object_type] table1, table2,…, tablen
TO user [IDENTIFIED BY [PASSWORD] 'password']
[, user [IDENTIFIED BY [PASSWORD] 'password']] …
   [WITH GRANT OPTION]

object_type = TABLE | FUNCTION | PROCEDURE

  GRANT OPTION 取值：
  | MAX_QUERIES_PER_HOUR count
  | MAX_UPDATES_PER_HOUR count
  | MAX_CONNECTIONS_PER_HOUR count
  | MAX_USER_CONNECTIONS count
```

各个参数的含义如下：

（1）priv_type 参数表示权限类型。

（2）columns 参数表示权限作用于哪些列上，不指定该参数，表示作用于整个表。

（3）table1,table2,…,tablen 表示授予权限的列所在的表。

（4）object_type 指定授权作用的对象类型包括 TABLE（表），FUNCTION（函数），PROCEDURE（存储过程），当从旧版本的 MySQL 升级时，要使用 object_type 子句，必须升级授权表。

（5）user 参数表示用户账户，由用户名和主机名构成，形式是 "'username'@'hostname'"。

（6）IDENTIFIED BY 参数用于设置密码。

WITH 关键字后可以跟一个或多个 GRANT OPTION。GRANT OPTION 的取值有 5 个，意义如下：

（1）GRANT OPTION 将自己的权限赋予其他用户。

（2）MAX_QUERIES_PER_HOUR count 设置每小时可以执行 count 次查询。

（3）MAX_UPDATES_PER_HOUR count 设置每小时可以执行 count 次更新。

（4）MAX_CONNECTIONS_PER_HOUR count 设置每小时可以建立 count 个连接。

（5）MAX_USER_CONNECTIONS count 设置单个用户可以同时建立 count 个连接。

【实例 5】使用 GRANT 语句创建一个新的用户 myuser，密码为 "123456"。用户 myuser 对所有的数据有查询、插入权限，并授予 GRANT 权限。GRANT 语句如下：

```
MySQL> GRANT SELECT,INSERT ON *.* TO 'myuser'@'localhost'
    -> IDENTIFIED BY '123456'
    -> WITH GRANT OPTION;
Query OK, 0 rows affected (0.03 sec)
```

结果显示执行成功，使用 SELECT 语句查询用户 myuser 的权限：

```
MySQL> SELECT Host,User,Select_priv,Insert_priv, Grant_priv FROM mysql.user WHERE
user='myuser';
+-----------+-----------+-------------+-------------+------------+
| Host      | User      | Select_priv | Insert_priv | Grant_priv |
+-----------+-----------+-------------+-------------+------------+
| localhost | grantUser | Y           | Y           | Y          |
+-----------+-----------+-------------+-------------+------------+
1 row in set (0.00 sec)
```

查询结果显示用户'myuser'被创建成功，并被赋予了 SELECT、INSERT 和 GRANT 权限，其相应字段值均为'Y'。被授予 GRANT 权限的用户可以登录 MySQL 并创建其他用户账户，在这里为名称是 myuser 的用户。

15.3.3　查看用户权限

SHOW GRANTS 语句可以显示指定用户的权限信息，使用 SHOW GRANTS 语句查看账户信息的基本语法格式如下：

```
SHOW GRANTS FOR 'user'@'host' ;
```

各个参数的含义如下：

（1）user 表示登录用户的名称。

（2）host 表示登录的主机名称或者 IP 地址。

（3）在使用该语句时，要确保指定的用户名和主机名都要用单引号括起来，并使用@符号，将两个名字分隔开。

【实例 6】使用 SHOW GRANTS 语句查询用户的权限信息。SHOW GRANTS 语句及其执行结果如下：

```
MySQL> SHOW GRANTS FOR 'myuser'@'localhost';
+---------------------------------------------------------------------+
| Grants for user@localhost                                           |
+---------------------------------------------------------------------+
| GRANT SELECT, INSERT ON *.* TO 'user'@'localhost' WITH GRANT OPTION |
+---------------------------------------------------------------------+
1 row in set (0.00 sec)
```

返回结果的第一行表显示了 myuser 表中账户信息；接下来的行以 GRANT SELECT ON 关键字开头，表示用户被授予了 SELECT 权限；*.*表示 SELECT 权限作用于所有数据库的所有数据表。

另外，在前面创建用户时，查看新建的账户时使用 SELECT 语句，也可以通过 SELECT 语句查看 user 表中的各个权限字段确定用户的权限信息，其基本语法格式如下：

```
SELECT privileges_list FROM mysql.user WHERE User='username', Host='hostname';
```

其中，privileges_list 为想要查看的权限字段，可以为 Select_priv、Insert_priv 等。读者根据需要选择需要查询的字段。

【实例 7】使用 SELECT 语句查询用户 myuser 的权限信息。SQL 语句如下：

```
SELECT User,Select_priv FROM user where User='myuser';
+------------+-------------+
| User       | Select_priv |
+------------+-------------+
| myuser     |      Y      |
+------------+-------------+
1 row in set (0.00 sec)
```

结果返回为'Y'，表示该用户具备查询权限。

15.3.4　收回用户权限

收回权限就是取消已经赋予用户的某些权限。在 MySQL 中，使用 REVOKE 语句可以收回用户权限。

REVOKE 语句有两种语法格式，第一种语法是收回所有用户的所有权限，此语法用于取消对于已命名的用户的所有全局层级、数据库层级、表层级和列层级的权限，其语法格式如下：

```
REVOKE ALL PRIVILEGES, GRANT OPTION
FROM 'user'@'host' '[, 'user'@'host' …]
```

REVOKE 语句必须和 FROM 语句一起使用，FROM 语句指明需要收回权限的账户。

另一种为长格式的 REVOKE 语句，基本语法格式如下：

```
REVOKE priv_type [(columns)] [, priv_type [(columns)]] …
ON table1, table2,…, tablen
FROM 'user'@'host'[, 'user'@'host' …]
```

该语法收回指定的权限。其中，priv_type 参数表示权限类型；columns 参数表示权限作用于哪些列上，不指定该参数，表示作用于整个表；table1,table2,…,tablen 表示从哪个表中收回权限；'user'@'host'参数表示用户账户，由用户名和主机名构成。

要使用 REVOKE 语句，必须拥有 mysql 数据库的全局 CREATE USER 权限或 UPDATE 权限。

【实例 8】使用 REVOKE 语句取消用户 myuser 的查询权限。SQL 语句如下：

```
REVOKE SELECT ON *.* FROM ' myuser'@'localhost';
Query OK, 0 rows affected (0.00 sec)
```

执行结果显示执行成功，使用 SELECT 语句查询用户 myuser 的权限，SQL 语句如下：

```
SELECT User,Select_priv FROM user WHERE user='myuser';
+------------+-------------+
| User       | Select_priv |
+------------+-------------+
| myuser     |      N      |
+------------+-------------+
1 row in set (0.00 sec)
```

查询结果显示用户 myuser 的 Select_priv 字段值为'N'，表示 SELECT 权限已经被收回。

15.4　用户角色的管理

在 MySQL 8.0 数据库中，角色可以看成是一些权限的集合，为用户赋予统一的角色，权限的修改直接通过角色来进行，无须为每个用户单独授权。

15.4.1　创建角色

使用 CREATE ROLE 语句可以创建角色，具体的语法格式如下：

```
CREATE ROLE role_name [AUTHORIZATION OWNER_name];
```

主要参数介绍如下。

● role_name：角色名称。该角色名称不能与数据库固定角色名称重名。
● OWNER_name：用户名称。角色所作用的用户名称，如果省略了该名称，角色就被创建到当前数据库的用户上。

【实例 9】创建角色 newrole，SQL 语句如下：

```
CREATE ROLE newrole;      #创建角色
```

● 按 Enter 键，即可完成角色 newrole 的创建，执行结果如图 15-10 所示。

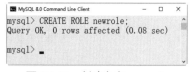

图 15-10　创建角色 newrole

15.4.2　给角色授权

角色创建完成后，还可以根据需要给角色授予权限。

【实例 10】给角色 newrole 授予权限，SQL 语句如下：

```
GRANT SELECT ON db.* to 'newrole'; # 给角色 newrole 授予查询权限
```

按 Enter 键，即可完成给角色授予权限的操作，执行结果如图 15-11 所示。

下面再来创建一个用户，并将这个用户赋予角色 newrole，创建用户 myuser 的 SQL 语句如下：

```
CREATE USER 'myuser'@'%' identified by '123456';
```

按 Enter 键，即可完成用户 myuser 的创建，执行结果如图 15-12 所示。

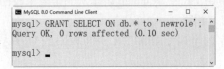

图 15-11　给角色授予权限　　　　　图 15-12　创建用户 myuser

下面为用户 myuser 赋予角色 newrole，SQL 语句如下：

```
GRANT 'newrole' TO 'myuser'@'%';
```

按 Enter 键，即可完成给用户赋予角色的操作，执行结果如图 15-13 所示。

接下来给角色 newrole 授予 insert 权限，SQL 语句如下：

```
GRANT INSERT ON db.* to 'newrole';
```

按 Enter 键，即可完成权限的授予操作，执行结果如图 15-14 所示。

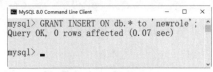

图 15-13　给用户赋予角色　　　　　图 15-14　授予权限

除了给角色赋予权限外，还可以删除角色的相关权限，例如删除角色 newrole 的 insert 权限，SQL 语句如下：

```
REVOKE INSERT ON db.* FROM 'newrole';
```

按 Enter 键，即可完成权限的收回操作，执行结果如图 15-15 所示。

当角色与用户创建完成后，还可以查看角色与用户关系，SQL 语句如下：

```
SELECT * FROM mysql.role_edges;
```

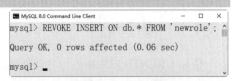

图 15-15　收回权限

按 Enter 键，即可返回查询结果，从结果中可以看出角色与用户的关系，如图 15-16 所示。

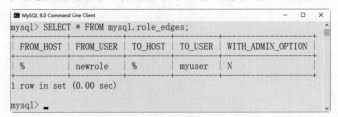

图 15-16　查看角色与用户关系

15.4.3　删除角色

对于不用的角色，可以将其删除，使用 DROP ROLE 语句可以删除角色信息，具体的语法格式如下：

```
DROP ROLE role_name;
```

role_name 为要删除的角色名称。

注意：在删除角色之前，先要将角色所在的数据库使用 USE 语句打开。

【实例 11】删除角色 newrole，SQL 语句如下：

```
DROP ROLE newrole;
```

按 Enter 键，即可完成角色的删除操作，如图 15-17 所示。

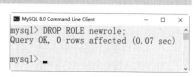

图 15-17　删除角色 newrole

15.5　课后习题与练习

一、填充题

1. MySQL 数据库下面存储的都是权限表，这些权限表中最重要的是_____、_____和 host 表。

答案：user 表，db 表

2. 一般情况下，可以将 user 表中的字段分为_____、权限字段、安全字段和资源控制字段 4 类。

答案：用户字段

3. user 表中的 host、user 和 password 字段都属于用户字段，其中_____字段表示主机名或主机 IP 地址。

答案：host

4. 回收用户权限时，需要使用_____关键字。

答案：REVOKE

5. 在 MySQL 数据库中，可以使用_____删除用户，也可以通过 DELETE 直接从 mysql.user 表中删除对应的记录来删除用户。

答案：DROP USER 语句

二、选择题

1. 下面哪个语句是用来创建用户的_____。

A. CREATE USER　　B. CREATE TABLE　C. CREATE USERS　D. 以上都不是

答案：A

2. 下面关于角色的描述正确的是_____。

A. 在 MySQL 数据库中，角色与用户是同一个意思

B. 在 MySQL 数据库中，角色可以理解成权限的一个集合，可以通过角色给用户授予权限

C. 在 MySQL 数据库中，角色就是权限

D. 以上都不对

答案：B

3. 下面选项中，_____表在 mysql 数据库中不存在。

A. user　　　　　　　B. db　　　　　　　C. city　　　　　　　D. tables_priv

答案：C

4. 查看用户的权限时，除了使用 SELECT 语句外，还可以使用_____语句。

A. GRANT　　　　　B. SHOW GRANTS　C. REVOKE　　　　　D. A 和 B 都可以

答案：B

5. 将数据库中查询数据表的权限授予数据库用户 testUser，使用下面_____语句。

A. GRANT testUser ON *.* TO SELECT TABLE

B. GRANT SELECT ON *.* TO 'testUser'@'localhost'

C. REVOKE SELECT TABLE FROM testUser

D. DENY SELECT TABLE FROM testUser

答案：B

三、简答题

1. 简述用户 root 与创建的用户有什么区别。

2. 在数据库中，使用角色的好处有哪些？

3. 简述角色与权限的关系。

15.6　新手疑难问题解答

疑问 1： 创建数据库用户后，给该用户授予操作权限，怎样来验证用户是否具有这些权限呢？

解答： 创建数据库用户之后，可以以数据库用户的身份重新与 MySQL 建立连接，这时对 MySQL 执行操作的就是已创建的用户，可以验证该用户的权限。

疑问 2： 在删除登录账户时，有时会提示无法删除映射的数据库用户，这是为什么？

解答： 在删除登录名之前，最好将其映射到数据库的用户名删除，若没有删除用户名，则系统会提示无法删除映射的数据库用户。

15.7　实战训练

在 MySQL 中，对图书管理数据库 Library 的安全性进行设置。

（1）创建图书管理数据库的管理员 admin，可以对该数据库执行所有的操作。

（2）创建读者用户 user，只能对 Reader 表中 Readername、Birthday、Sex、Address 和 Tel 字段进行操作。

（3）创建图书借阅操作员用户 operator，可以对借阅记录 Record 表进行查看、修改、删除操作。

（4）创建一个角色 Role，只能对 Record 表进行操作。

（5）创建一个图书借阅操作员用户 op，将该用户添入角色 Role 中。

第16章

MySQL 日志的管理

本章内容提要

日志是 MySQL 数据库的重要组成部分,日志文件中记录着 MySQL 数据库运行期间发生的变化。MySQL 有不同类型的日志文件,包括错误日志、通用查询日志、二进制日志以及慢查询日志等。对于 MySQL 的管理工作而言,这些日志文件是不可缺少的。本章将介绍 MySQL 各种日志的作用以及日志的管理。

本章知识点

- 错误日志。
- 二进制日志。
- 通用查询日志。
- 慢查询日志。

16.1 错误日志

在 MySQL 数据库中,错误日志记录着 MySQL 服务器的启动和停止过程中的信息、服务器在运行过程中发生的故障和异常情况的相关信息、事件调度器运行一个事件时产生的信息、在从服务器上启动服务器进程时产生的信息等。

16.1.1 启动错误日志

错误日志功能默认状态下是开启的,并且不能被禁止。错误日志信息也可以自行配置,通过修改 my.ini 文件即可。错误日志所记录的信息是可以通过 log-error 和 log-warnings 来定义的,其中 log-error 定义是否启用错误日志的功能和错误日志的存储位置,log-warnings 定义是否将警告信息也定义至错误日志中。

--log-error=[file-name]用来指定错误日志存放的位置, 如果没有指定[file-name], 默认 hostname.err 作为文件名,默认存放在 DATADIR 目录中。

注意:错误日志记录的并非全是错误信息,如 mysql 如何启动 InnoDB 的表空间文件的、如何初始化自己的存储引擎等信息也记录在错误日志文件中。

16.1.2 查看错误日志

错误日志是以文本文件的形式存储的，可以直接使用普通文本工具打开查看。Windows 操作系统可以使用文本编辑器查看。Linux 操作系统下，可以使用 vi 工具或者使用 gedit 工具来查看。

【实例 1】通过 show 命令可以查看错误日志文件所在目录及文件名信息。SQL 语句如下：

```
show variables like 'log_error';
```

按 Enter 键，即可返回查询结果，如图 16-1 所示。

错误日志信息可以通过记事本打开查看。从上面查看命令中可以知道错误日志的文件名。该文件在默认的数据路径 C:\ProgramData\MySQL\MySQL Server 8.0\Data 下，使用记事本打开文件 S4XOIEH28VVY02W.err，内容如图 16-2 所示，在这里可以查看错误日志记载了系统的一些错误和警告错误。

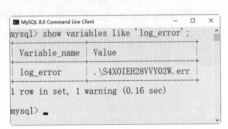

图 16-1 查看错误日志信息

图 16-2 通过记事本查看

16.1.3 删除错误日志

管理员可以删除很久之前的错误日志，这样可以保证 MySQL 服务器上的硬盘空间。通过 show 命令查看错误文件所在位置，确认删除错误日志后可以直接删除文件。

在 MySQL 数据库中，可以使用 mysqladmin 命令和 "flush logs;" 两种方法来开启新的错误日志。使用 mysqladmin 命令开启错误日志的语法如下：

```
mysqladmin-u 用户名-p flush-logs
```

具体执行命令如下：

```
mysqladmin -u root -p flush-logs
Enter password: ***
```

【实例 2】在 MySQL 数据库中，可以使用 "flush logs;" 语句来开启新的错误日志文件。SQL 语句如下：

```
flush logs;
```

按 Enter 键，即可完成错误日志文件的开启，执行结果如图 16-3 所示。这样系统会自动创建一个新的错误日志文件。

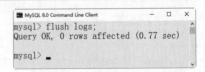

图 16-3 创建错误日志文件

16.2 二进制日志

MySQL 数据库的二进制日志文件用来记录所有用户对数据库的操作。当数据库发生意外

时，可以通过此文件查看在一定时间段内用户所做的操作，结合数据库备份技术，即可再现用
户操作，使数据库恢复。

16.2.1　启动二进制日志

二进制日志记录了所有对数据库数据的修改操作，开启二进制日志可以实现以下几个功能：

（1）恢复（recovery）：某些数据的恢复需要二进制日志，例如，在一个数据库全备文件恢
复后，用户可以通过二进制日志进行 point-in-time 的恢复。

（2）复制（replication）：其原理与恢复类似，通过复制和执行二进制日志使一台远程的
MySQL 数据库（一般称为 slave 或 standby）与一台 MySQL 数据库（一般称为 master 或 primary）
进行实时同步。

（3）审计（audit）：用户可以通过二进制日志中的信息来进行审计，判断是否有对数据库
进行注入的攻击。

【实例 3】在 MySQL 数据库中，可以通过命令查看二进制日志是否开启，SQL 语句如下：

```
show variables like 'log_bin';
```

按 Enter 键，即可返回查询结果，可以看到 Value 的值为 OFF，说明二进制日志处于未开启
状态，如图 16-4 所示。

另外，我们可以通过修改 MySQL 的配置文件来开启并设置二进制日志的存储大小。my.ini
中[mysqld]组下面有几个参数是用于二进制日志文件的。具体参数如下：

```
log-bin [=path/ [filename] ]
expire_logs_days = 10
max_binlog_size = 100M
```

主要参数含义介绍如下。

（1）log-bin：定义开启二进制日志，path 表明日志文件所在的目录路径，filename 指定了日
志文件的文件名，文件的全名为 filename.000001，filename.000002 等，除了上述文件之外，还
有一个名称为 filename.index 的文件，文件内容为所有日志的清单，可以使用记事本打开该文件。

（2）expire_logs_day：定义了 MySQL 清除过期日志的时间，二进制日志自动删除的天数。
默认值为 0，表示"没有自动删除"。当 MySQL 启动或刷新二进制日志时可能删除。

（3）max_binlog_size：定义了单个文件的大小限制，如果二进制日志写入的内容大小超出
给定值，日志就会发生滚动（关闭当前文件，重新打开一个新的日志文件）。不能将该变量设
置为大于 1GB 或小于 4KB。默认值是 1GB。

如果正在使用大的事务，二进制日志文件大小还可能会超过 max_binlog_size 定义的大小。
在这里，在 my.ini 配置文件中的[mysqld]组下面添加如下几个参数与参数值：

```
[mysqld]
log-bin
expire_logs_days = 10
max_binlog_size = 100M
```

添加完毕之后，关闭并重新启动 MySQL 服务进程，即可启动二进制日志。如果日志长度
超过了 max_binlog_size 的上限（默认是 1G=1073741824B）也会创建一个新的日志文件。

【实例 4】通过 show 命令可以查看二进制日志的上限。SQL 语句如下：

```
show variables like 'max_binlog_size';
```

按 Enter 键，即可返回查询结果，如图 16-5 所示，可以看出 Value 的值为"1073741824"，
这个值就是二进制日志的上限。

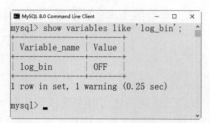

图 16-4　查看二进制日志是否开启

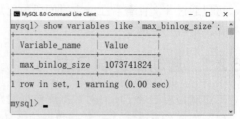

图 16-5　查看二进制日志的上限

16.2.2　查看二进制日志

在查看二进制之前，首先检查二进制是否开启，

【实例 5】使用 show 语句查看二进制是否开启，SQL 命令如下：

```
show variables like 'log_bin';
```

按 Enter 键，即可返回查询结果，可以看到 Value 的值为 ON，说明二进制日志处于开启状态，如图 16-6 所示。

【实例 6】查看数据库中的二进制文件，SQL 语句如下。

```
show binary logs;
```

按 Enter 键，即可完成查看二进制文件的操作，执行结果如图 16-7 所示。

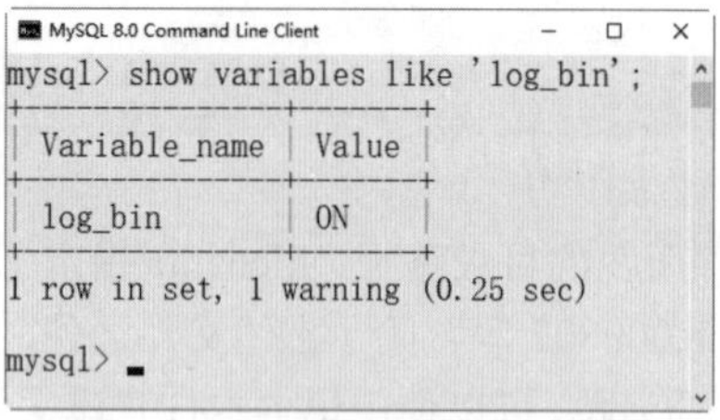

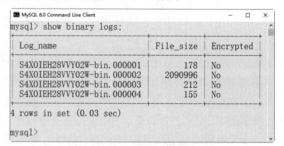

图 16-7　查看二进制文件

图 16-6　查看二进制是否开启

注意：由于 binlog 以 binary 方式存取，不能直接在 Windows 下查看。

【实例 7】通过 show 命令查看二进制日志文件的具体信息，SQL 语句如下：

```
show binlog events in 'S4XOIEH28
VVY02W-bin.000001'\G
```

按 Enter 键，即可返回查询结果，如图 16-8 所示。通过二进制日志文件的内容可以看出对数据库操作记录，为管理员对数据库进行管理或数据恢复提供了依据。

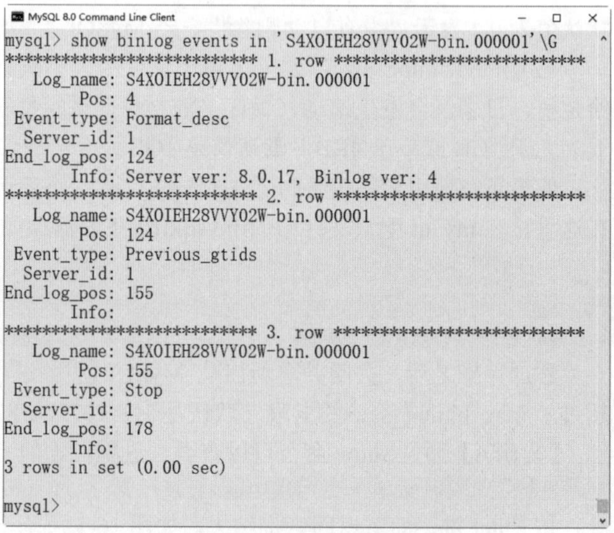

在二进制日志文件中，对数据库的 DML 操作和 DDL 都记录到了 binlog 中了，而 SELECT 查询过程并

图 16-8　查看二进制日志文件的具体信息

没有记录。如果用户想记录 SELECT 和 SHOW 操作，那只能使用查询日志，而不是二进制日志。此外，二进制日志还包括了执行数据库更改操作的时间等其他额外信息。

16.2.3　删除二进制日志

开启二进制日志会对数据库整体性能有所影响，但是性能的损失十分有限。MySQL 的二进制文件可以配置自动删除，同时 MySQL 也提供了安全的手工删除二进制文件的方法，即使用 reset master 语句删除所有的二进制日志文件；使用 purge master logs 语句删除部分二进制日志文件。

【实例 8】使用 reset master 语句删除所有日志，新日志重新从 000001 开始编号，SQL 语句如下：

```
reset master;
```

按 Enter 键，即可删除所有日志文件，如图 16-9 所示。

如果这时需要查询日志文件，可以看到新日志文件从 000001 开始编号，查询结果如图 16-10 所示。

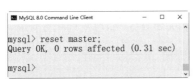

图 16-9　删除所有日志文件

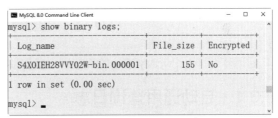

图 16-10　查询新日志文件

【实例 9】使用 purge master logs to 'filename.******' 语句可以删除指定编号前的所有日志，SQL 语句如下：

```
purge master logs to 'S4XOIEH28VVY02W-bin.000002';
```

按 Enter 键，即可完成二进制日志文件的删除操作，执行结果如图 16-11 所示。

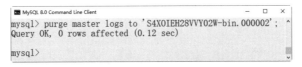

图 16-11　删除二进制日志文件

执行完毕后通过 show 命令查看二进制日志文件，SQL 语句如下：

```
show binary logs;
```

按 Enter 键，即可返回查询结果，从结果中可以看出日志文件 S4XOIEH28VVY02W-bin.000002 之前的日志文件已经被删除，如图 16-12 所示。

【实例 10】使用 purge master logs to before 'YYYY-MM-DD HH24:MI:SS' 语句可以删除 'YYYY-MM-DD HH24:MI:SS' 之前产生的所有日志，例如想要删除 20190912 日期以前的

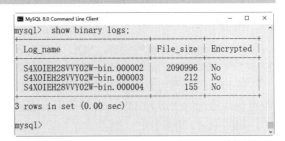

图 16-12　使用 show 命令查看二进制日志文件

日志记录，SQL 语句如下：

```
mysql> purge master logs before '20190912';
```

按 Enter 键，即可完成二进制日志文件的删除操作，执行结果如图 16-13 所示。

下面再来查询一下二进制日志文件，SQL 语句如下：

```
show binary logs;
```

按 Enter 键，即可返回查询结果，如图 16-14 所示。

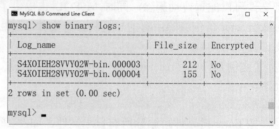

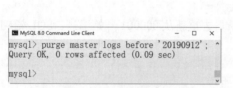

图 16-13　删除指定日志文件　　　　　　　　图 16-14　查看日志文件

16.3　通用查询日志

通用查询日志记录 MySQL 的所有用户操作，包括启动和关闭服务、执行查询和更新语句等。

16.3.1　启动通用查询日志

MySQL 服务器默认情况下并没有开启通用查询日志。通过 "show variables like '%general%';" 语句可以查询当前查询日志的状态，如图 16-15 所示。从结果可以看出，通用查询日志的状态为 OFF，表示通用日志是关闭的。

【实例 11】开启通用查询日志，SQL 语句如下：

```
set @@global.general_log=1;
```

按 Enter 键，即可完成查询日志的开启，执行结果如图 16-16 所示。

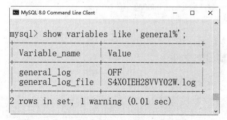

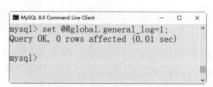

图 16-15　查看是否开启通用查询日志　　　　　图 16-16　开启通用查询日志

再次查询通用日志的状态，SQL 语句如下：

```
show variables like '%general%';
```

按 Enter 键，即可返回查询结果，从结果可以看出，通用查询日志的状态为 ON，表示通用日志已经开启了，如图 16-17 所示。

提示：如果想关闭通用日志，可以执行以下语句即可。

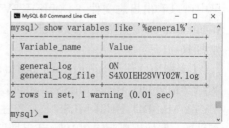

图 16-17　查询日志的状态为 ON

```
mysql>set @@global.general_log=0;
```

16.3.2　查看通用查询日志

通用查询日志中记录了用户的所有操作。通过查看通用查询日志，可以了解用户对 MySQL 进行的操作。通用查询日志是以文本文件的形式存储在文件系统中的，可以使用文本编辑器直接打开通用日志文件进行查看，Windows 下可以使用记事本，Linux 下可以使用 vim、gedit 等。

【实例 12】使用记事本查看 MySQL 通用查询日志。

使用记事本打开 C:\ProgramData\MySQL\MySQL Server 8.0\Data\ 目录下的 S4XOIEH28VVY02W.log，可以看到如下内容，如图 16-18 所示。

在这里可以看到 MySQL 启动信息和用户 root 连接服务器与执行查询语句的记录。

图 16-18　查看通用查询日志

16.3.3　删除通用查询日志

通用查询日志是以文本文件的形式存储在文件系统中的。通用查询日志记录用户的所有操作，因此在用户查询、更新频繁的情况下，通用查询日志会增长得很快。数据库管理员可以定期删除比较早的通用日志，以节省磁盘空间。用户可以用直接删除日志文件的方式删除通用查询日志。

【实例 13】直接删除 MySQL 通用查询日志。

在数据目录中找到日志文件所在目录 C:\ProgramData\MySQL\MySQL Server 8.0\Data\，删除 S4XOIEH28VVY02W.log 文件即可，如图 16-19 所示。

图 16-19　删除通用查询日志

16.4　慢查询日志

慢查询日志主要用来记录执行时间较长的查询语句，通过慢查询日志，可以找出执行时间较长、执行效率较低的语句，然后进行优化。

16.4.1　启动慢查询日志

MySQL 中慢查询日志默认是关闭的，可以通过配置文件 my.ini 或者 my.cnf 中的 log-slow-queries 选项打开，也可以在 MySQL 服务启动的时候使用--log-slow-queries[=file_name]启动慢查询日志。

启动慢查询日志时，需要在 my.ini 或者 my.cnf 文件中配置 long_query_time 选项指定记录阈值，如果某条查询语句的查询时间超过了这个值，这个查询过程将被记录到慢查询日志文件中。在 my.ini 或者 my.cnf 开启慢查询日志的配置如下：

```
[mysqld]
log-slow-queries[=path / [filename] ]
```

```
long_query_time=n
```

主要参数介绍如下。

- path：为日志文件所在目录路径。
- filename：为日志文件名。如果不指定目录和文件名称，默认存储在数据目录中，文件为 hostname-slow.log。
- hostname：是 MySQL 服务器的主机名。
- n：是时间值，单位是秒。如果没有设置 long_query_time 选项，默认时间为 10s。

【实例 14】通过 show 命令可以查看慢查询日志文件的开启状态与其他相关信息。SQL 语句如下：

```
show variables like '%slow%';
```

按 Enter 键，即可返回查询结果，如图 16-20 所示。

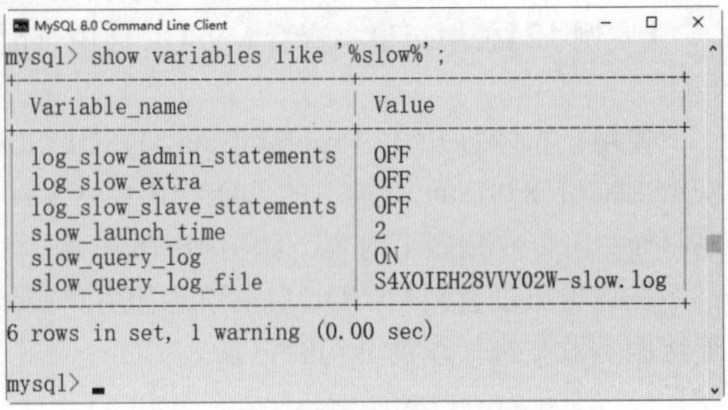

图 16-20　查看慢查询日志的状态

16.4.2　查看慢查询日志

MySQL 的慢查询日志是以文本形式存储的，可以直接使用文本编辑器查看。在慢查询日志中，记录着执行时间较长的查询语句，用户可以从慢查询日志中获取执行效率较低的查询语句，为查询优化提供重要的依据。

【实例 15】查看慢查询日志，使用记事本打开数据目录下的 S4XOIEH28VVY02W-slow.log 文件，如图 16-21 所示，从查询结果可以查看慢查询日志记录。

图 16-21　使用记事本查询慢查询日志记录

16.4.3　删除慢查询日志

和通用查询日志一样，慢查询日志也可以直接删除。在数据目录中找到日志文件所在目录 C:\ProgramData\MySQL\MySQL Server 8.0\Data\，删除 S4XOIEH28VVY02W-slow.log 文件即可。

16.5　课后习题与练习

一、填充题

1. MySQL 中，常见的日志文件可以分为 4 种，分别是_____、_____、二进制日志、慢查询日志。

答案：错误日志，通用查询日志

2. _____记录着所有执行时间超过指定时间的查询语句。

答案：慢查询日志

3. 在 my.ini 文件中，通过设置_____选项的值，可以启用并设置错误日志功能。

答案：-log-error

4. 使用＿＿＿＿＿＿语句可以查看当前的二进制日志的所有文件目录。

答案：show binary logs;

5. 在慢查询日志中，默认情况下，long_query_time 选项的值为＿＿＿＿＿＿。

答案：10s

二、选择题

1. 下面关于日志文件的描述正确的是＿＿＿＿＿＿。

A. 错误日志功能默认状态下是开启的，并且不能被禁止

B. 二进制日志记录了所有对数据库数据的修改操作

C. MySQL 服务器默认情况下并没有开启通用查询日志

D. 以上说法都对

答案：D

2. my.ini 文件中与慢查询日志的相关选项中，设置＿＿＿＿＿＿选项的值表示是否启用慢查询日志。

A. slow_query_log   B. slow_query_log_file

C. slow_log_query   D. slow_log_query_file

答案：A

3. 清理二进制日志文件时，使用＿＿＿＿＿＿＿语句能够根据编号进行删除。

A. reset master

B. purge master logs to 'filename.number'

C. purge master logs to before 'YYYY-MM-DD HH24:MI:SS'

D. 以上都不对

答案：B

4. 执行 set @@global.general_log=1;语句，该语句表示＿＿＿＿＿＿。

A. 启用错误日志   B. 启用二进制日志

C. 启用通用查询日志   D. 启用慢查询日志

答案：C

三、简答题

1. 简述启用、查询与删除错误日志的过程。

2. 简述启用、查询与删除二进制日志的过程。

3. 简述启用、查询与删除通用查询日志的过程。

4. 简述启用、查询与删除慢查询日志的过程。

16.6　新手疑难问题解答

疑问 1：在 MySQL 中，一些日志文件默认打开，一些日志文件是不开启的，那么在实际应用中，应该打开哪些日志？

解答：日志既会影响 MySQL 的性能，又会占用大量磁盘空间。因此，如果不必要，应尽可能少地开启日志。根据不同的使用环境，可以考虑开启不同的日志。例如，在开发环境中优

化查询效率低的语句，可以开启慢查询日志；如果需要记录用户的所有查询操作，可以开启通用查询日志；如果需要记录数据的变更，可以开启二进制日志；错误日志是默认开启的。

疑问2： 当需要停止开始二进制日志文件，该执行什么操作？

解答： 如果在 MySQL 的配置文件配置启动了二进制日志，MySQL 会一直记录二进制日志。不过，我们可以根据需要停止二进制功能。具体的方法为：通过 SET SQL_LOG_BIN 语句暂停或者启动二进制日志。SET SQL_LOG_BIN 的语法格式如下：

```
SET sql_log_bin = {0|1}
```

执行要暂停记录二进制日志，可以执行如下语句：

```
SET sql_log_bin =0;
```

执行要恢复记录二进制日志，可以执行如下语句：

```
SET sql_log_bin =1;
```

16.7　实战训练

在 MySQL 中，对图书管理数据库 Library 的日志进行管理。

（1）将数据库 Library 的错误日志保存位置设置为 D:\LOG 目录下。

（2）启用通用查询日志，并且设置日志文件保存在 D:\LOG 目录下。

（3）启用慢查询日志，并且设置日志文件保存在 D:\LOG 目录下，设置时间值为 5s。

（4）查看数据库 Library 的错误日志、通用查询日志和慢查询日志。

（5）删除数据库 Library 的错误日志和二进制日志。

第17章

MySQL 的性能优化

MySQL 性能优化是通过合理安排资源、调整系统参数等方法提高 MySQL 数据库的性能。性能优化的目的是为了使 MySQL 数据库运行速度更快、占用的磁盘空间更小。本章就来介绍 MySQL 的性能优化，主要内容包括查询速度的优化、数据库结构的优化、MySQL 服务器的优化等。

本章知识点

- 性能优化。
- 查询速度的优化。
- 数据库结构的优化。
- MySQL 服务器的优化。

17.1　认识 MySQL 性能优化

掌握优化 MySQL 数据库的方法是数据库管理员和数据库开发人员的必备技能。通过不同的优化方法以达到提高 MySQL 数据库性能的目的。MySQL 数据库优化是多方面的，原则是减少系统的瓶颈，减少资源的占用，增加系统的反应速度。

在 MySQL 中，可以使用 SHOW STATUS 语句查询 MySQL 数据库的性能参数，其语法如下：

```
SHOW STATUS LIKE 'value';
```

其中，value 是要查询的参数值，一些常用的性能参数如表 17-1 所示。

表 17-1　value 常用的参数值

参　数　名	功　能　简　介
Connections	连接 MySQL 服务器的次数
Uptime	MySQL 服务器的上线时间
Slow_queries	慢查询的次数
Com_select	查询操作的次数
Com_insert	插入操作的次数

续表

参　数　名	功　能　简　介
Com_update	更新操作的次数
Com_delete	删除操作的次数

【实例 1】查询 MySQL 服务器的连接次数，可以执行如下语句：

```
SHOW STATUS LIKE 'Connections';
```

按 Enter 键，即可返回查询结果，如图 17-1 所示。从结果可以得出当前 MySQL 服务器的连接次数为"8"。

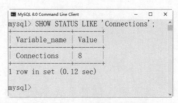

图 17-1　返回查询结果

【实例 2】查询 MySQL 服务器的慢查询次数，可以执行如下语句：

```
SHOW STATUS LIKE 'Slow_queries';
```

按 Enter 键，即可返回查询结果，如图 17-2 所示。从结果可以得出当前慢查询次数为"0"。

图 17-2　返回查询结果

提示：查询其他参数的方法和两个参数的查询方法相同。而且慢查询次数参数可以结合慢查询日志，找出慢查询语句，然后针对慢查询语句进行表结构优化或者查询语句优化。

17.2　查询速度的优化

在 MySQL 数据库中，对数据的查询操作是数据库中最频繁的操作，提高数据的查询速度可以有效地提高 MySQL 数据库的性能。

17.2.1　分析查询语句

通过分析查询语句，可以了解查询语句的执行情况，找出查询语句的不足之处，从而优化查询语句。在 MySQL 中，可以使用 EXPLAIN 和 DESCRIBE 语句来分析查询语句。

1. 使用 EXPLAIN 语句分析查询语句

EXPLAIN 语句的基本语法格式如下：

```
EXPLAIN [EXTENDED] SELECT select_options
```

主要参数介绍如下。

● EXTENDED 是关键字，EXPLAIN 语句将产生附加信息。

● select_options 参数是 SELECT 语句的查询选项，包括 FROM WHERE 子句等。

执行该语句，可以分析 EXPLAIN 后面的 SELECT 语句的执行情况，并且能够分析出所查询的表的一些特征。

【实例 3】使用 EXPLAIN 语句分析查询水果表 fruits 的语句，执行如下语句：

```
EXPLAIN SELECT * FROM fruits;
```

按 Enter 键，即可返回分析结果，如图 17-3 所示。

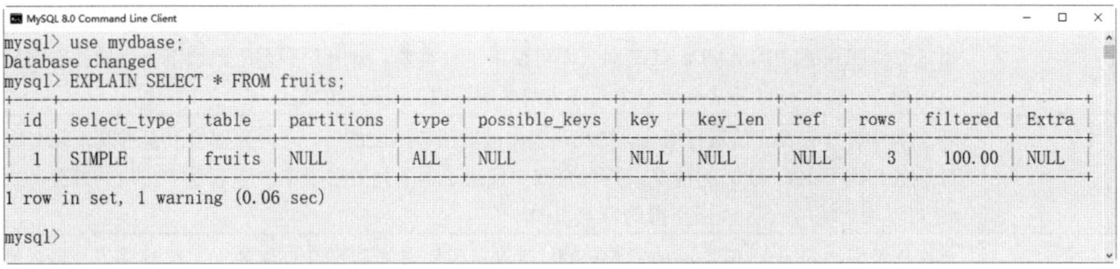

图 17-3　使用 EXPLAIN 语句分析

下面对查询结果中主要参数功能进行介绍。

（1）id：SELECT 识别符，这是 SELECT 的查询序列号。

（2）select_type：表示 SELECT 语句的类型。其主要取值如表 17-2 所示。

表 17-2　select_type 的取值

取　　值	取 值 介 绍
SIMPLE	表示简单查询，其中不包括连接查询和子查询
PRIMARY	表示主查询，或者是最外层的查询语句
UNION	表示连接查询的第 2 个或后面的查询语句
DEPENDENT UNION	连接查询中的第 2 个或后面的 SELECT 语句，取决于外面的查询
UNION RESULT	连接查询的结果
SUBQUERY	子查询中的第 1 个 SELECT 语句
DEPENDENT SUBQUERY	子查询中的第 1 个 SELECT 语句，取决于外面的查询
DERIVED	导出表的 SELECT 语句（FROM 子句的子查询）

（3）table：表示查询的表。

（4）type：表示表的连接类型，下面按照从最佳类型到最差类型的顺序给出各种连接类型，如表 17-3 所示。

（5）possible_keys：指出 MySQL 能使用哪个索引在该表中找到行。如果该列是 NULL，则没有相关的索引。在这种情况下，可以通过检查 WHERE 子句看它是否引用某些列或适合索引的列来提高查询性能。如果是这样，可以创建适合的索引来提高查询的性能。

（6）key：表示查询实际使用到的索引，如果没有选择索引，该列的值是 NULL。要想强制 MySQL 使用或忽视 possible_keys 列中的索引，在查询中使用 FORCE INDEX、USE INDEX 或者 IGNORE INDEX。参见 SELECT 语法。

（7）key_len：表示 MySQL 选择的索引字段按字节计算的长度，如果键是 NULL，则长度为 NULL。注意通过 key_len 值可以确定 MySQL 将实际使用一个多列索引中的几个字段。

（8）ref：表示使用哪个列或常数与索引一起来查询记录。

（9）rows：显示 MySQL 在表中进行查询时必须检查的行数。

（10）Extra：表示 MySQL 在处理查询时的详细信息。

表 17-3　表的连接类型

连 接 类 型	功 能 介 绍
system	该表是仅有一行的系统表。这是 const 连接类型的一个特例
const	数据表最多只有一个匹配行，它将在查询开始时被读取，并在余下的查询优化中作为常量对待。const 表查询速度很快，因为它们只读取一次。const 用于使用常数值比较 PRIMARY KEY 或 UNIQUE 索引的所有部分的场合
eq_ref	对于每个来自前面的表的行组合，从该表中读取一行。当一个索引的所有部分都在查询中使用并且索引是 UNIQUE 或 PRIMARY KEY 时，即可使用这种类型。eq_ref 可以用于使用"="操作符比较带索引的列。比较值可以为常量或一个在该表前面所读取的表的列的表达式
ref	对于来自前面的表的任意行组合，将从该表中读取所有匹配的行。这种类型用于索引既不是 UNIQUE 也不是 PRIMARY KEY 的情况，或者查询中使用了索引列的左子集，即索引中左边的部分列组合。ref 可以用于使用=或<=>操作符的带索引的列
ref_or_null	该连接类型如同 ref，但是添加了 MySQL 可以专门搜索包含 NULL 值的行。在解决子查询中经常使用该连接类型的优化
index_merge	该连接类型表示使用了索引合并优化方法。在这种情况下，key 列包含了使用的索引的清单，key_len 包含了使用的索引的最长的关键元素
unique_subquery	该类型替换了下面形式的 IN 子查询： value IN (SELECT primary_key FROM single_table WHERE some_expr) unique_subquery 是一个索引查找函数，可以完全替换子查询，效率更高
index_subquery	该连接类型类似于 unique_subquery，可以替换 IN 子查询，但只适合下列形式的子查询中的非唯一索引：value IN (SELECT key_column FROM single_table WHERE some_expr)
range	只检索给定范围的行，使用一个索引来选择行。当使用=、<>、>、>=、<、<=、IS NULL、<=>、BETWEEN 或者 IN 操作符，用常量比较关键字列时，类型为 range
index	该连接类型与 ALL 基本相同，不过 index 连接只扫描索引树，这通常比 ALL 快一些，因为索引文件通常比数据文件小
ALL	对于前面的表的任意行组合，进行完整的表扫描

2. 使用 DESCRIBE 语句分析查询语句

DESCRIBE 语句的使用方法与 EXPLAIN 语句是一样的，其语法形式如下：

```
DESCRIBE SELECT select_options
```

其中，DESCRIBE 可以缩写成 DESC。

【实例 4】使用 DESCRIBE 语句分析查询水果表 fruits 的语句，执行如下语句：

```
DESCRIBE SELECT * FROM fruits;
```

按 Enter 键，即可返回分析结果，如图 17-4 所示。从结果可以得出这两种方法的分析结果是一样的。

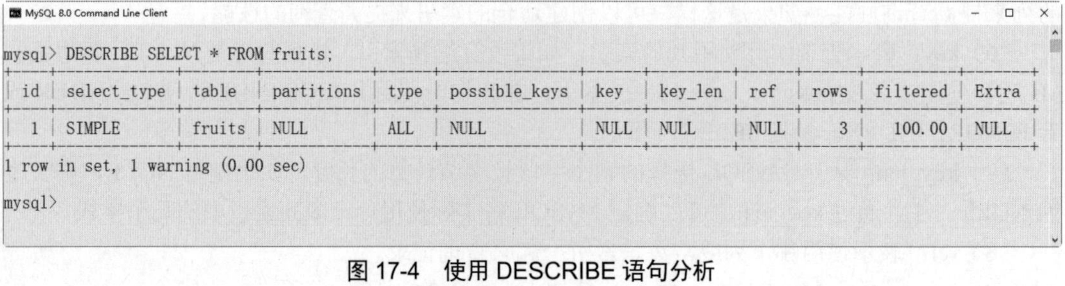

图 17-4　使用 DESCRIBE 语句分析

17.2.2　使用索引优化查询

索引可以快速地定位表中的某条记录，使用索引可以提高数据库的查询速度，从而提高数据库的性能。在数据量大的情况下，如果不使用索引，查询语句将扫描表中的所有记录，这样查询的速度会很慢。如果使用索引，查询语句可以根据索引快速定位到待查询记录，从而减少查询的记录数，达到提高查询速度的目的。

【**实例5**】下面是查询语句中不使用索引和使用索引的对比。首先，分析未使用索引时的查询情况，EXPLAIN 语句执行如下：

```
EXPLAIN SELECT * FROM fruits WHERE fruits_name='苹果';
```

按 Enter 键，即可返回查询结果，如图 17-5 所示。可以看到，rows 列的值是 3，说明"SELECT * FROM fruits WHERE fruits_name='苹果';" 这个查询语句扫描了表中的 3 条记录。

图 17-5　返回查询结果

下面在 fruits 表的 fruits_name 字段上加上索引，添加索引的语句如下：

```
CREATE INDEX index_name ON fruits(fruits_name);
```

按 Enter 键，即可完成添加索引的操作，如图 17-6 所示。

图 17-6　添加索引

现在，再分析上面的查询语句。执行的 EXPLAIN 语句如下：

```
EXPLAIN SELECT * FROM fruits WHERE fruits_name='苹果';
```

按 Enter 键，即可返回查询结果，如图 17-7 所示。从结果可以看出 rows 列的值为 1，这表示这个查询语句只扫描了表中的一条记录，其查询速度自然比扫描 3 条记录快。而且 possible_keys 和 key 的值都是 index_name，这说明查询时使用了 index_name 索引。

图 17-7　返回查询结果

17.2.3　使用索引查询的缺陷

索引可以提高查询的速度，但并不是使用带有索引的字段查询时，索引都会起作用。下面介绍使用索引的几种特殊情况，在这些情况下，有可能使用带有索引的字段查询时，索引并没有起作用。

1. 使用 LIKE 关键字的查询语句

在使用 LIKE 关键字进行查询的查询语句中，如果匹配字符串的第一个字符为"%"，索引不会起作用。只有"%"不在第一个位置，索引才会起作用。下面将举例说明。

【实例 6】查询语句中使用 LIKE 关键字，并且匹配的字符串中含有"%"字符，EXPLAIN 语句执行如下：

```
mysql> EXPLAIN SELECT * FROM fruits WHERE f_name like '%x';
+----+-------------+--------+-------+---------------+------+---------+------+------+-------------+
| id | select_type | table  | type  | possible_keys | key  | key_len | ref  | rows | Extra       |
+----+-------------+--------+-------+---------------+------+---------+------+------+-------------+
|  1 | SIMPLE      | fruits | ALL   | NULL          | NULL | NULL    | NULL |   16 | Using where |
+----+-------------+--------+-------+---------------+------+---------+------+------+-------------+
1 row in set (0.00 sec)

mysql> EXPLAIN SELECT * FROM fruits WHERE f_name like 'x%';
+----+-------------+--------+-------+---------------+------------+---------+------+------+-------------+
| id | select_type | table  | type  | possible_keys | key        | key_len | ref  | rows | Extra       |
+----+-------------+--------+-------+---------------+------------+---------+------+------+-------------+
|  1 | SIMPLE      | fruits | range | index_name    | index_name | 150     | NULL |    4 | Using where |
+----+-------------+--------+-------+---------------+------------+---------+------+------+-------------+
1 row in set (0.00 sec)
```

已知 f_name 字段上有索引 index_name。第 1 个查询语句执行后，rows 列的值为 16，表示这次查询过程中扫描了表中所有的 16 条记录；第 2 个查询语句执行后，rows 列的值为 4，表示这次查询过程扫描了 4 条记录。第 1 个查询语句索引没有起作用，因为第 1 个查询语句的 LIKE 关键字后的字符串以"%"开头，而第 2 个查询语句使用了索引 index_name。

2. 使用多列索引的查询语句

MySQL 可以为多个字段创建索引。一个索引可以包括 16 个字段。对于多列索引，只有查询条件中使用了这些字段中第 1 个字段时，索引才会被使用。

【实例 7】本例在表 fruits 中 f_id、f_price 字段创建多列索引，验证多列索引的使用情况。

```
mysql> CREATE INDEX index_id_price ON fruits(f_id, f_price);
Query OK, 0 rows affected (0.39 sec)
Records: 0  Duplicates: 0  Warnings: 0
mysql> EXPLAIN SELECT * FROM fruits WHERE f_id='12';
+----+-------------+--------+-------+----------------------+---------+---------+-------+------+-------+
| id | select_type | table  | type. | possible_keys        | key     | key_len | ref   | rows | Extra |
+----+-------------+--------+-------+----------------------+---------+---------+-------+------+-------+
|  1 | SIMPLE      | fruits | const | PRIMARY,index_id_price | PRIMARY | 20      | const |    1 |       |
+----+-------------+--------+-------+----------------------+---------+---------+-------+------+-------+
```

```
--------+-------+------+-------+
    1 row in set (0.00 sec)

mysql> EXPLAIN SELECT * FROM fruits WHERE f_price=5.2;
+----+-------------+--------+------+---------------+--------+---------+------+------+
--------------+
| id | select_type | table  | type | possible_keys | key    | key_len | ref  | rows | Extra
|
+----+-------------+--------+------+---------------+--------+---------+------+------+
--------------+
|  1 | SIMPLE      | fruits | ALL  | NULL          | NULL   | NULL    | NULL | 16   | Using where|
+----+-------------+--------+------+---------------+--------+---------+------+------+
--------------+
    1 row in set (0.00 sec)
```

从第 1 条语句查询结果可以看出，"f_id='12'"的记录有 1 条。第 1 条语句共扫描了 1 条记录，并且使用了索引 index_id_price。从第 2 条语句查询结果可以看出，rows 列的值是 16，说明查询语句共扫描了 16 条记录，并且 key 列值为 NULL，说明 "SELECT * FROM fruits WHERE f_price=5.2;" 语句并没有使用索引。因为 f_price 字段是多列索引的第 2 个字段，只有查询条件中使用了 f_id 字段才会使 index_id_price 索引起作用。

3. 使用 OR 关键字的查询语句

查询语句的查询条件中只有 OR 关键字，且 OR 前后的两个条件中的列都是索引时，查询中才使用索引。否则，查询将不使用索引。

【实例 8】查询语句使用 OR 关键字的情况。

```
mysql> EXPLAIN SELECT * FROM fruits WHERE f_name='apple' or s_id=101 \G
*** 1. row ***
          id: 1
 select_type: SIMPLE
       table: fruits
        type: ALL
possible_keys: index_name
         key: NULL
     key_len: NULL
         ref: NULL
        rows: 16
       Extra: Using where
1 row in set (0.00 sec)

mysql> EXPLAIN SELECT * FROM fruits WHERE f_name='apple' or f_id='12' \G
*** 1. row ***
          id: 1
 select_type: SIMPLE
       table: fruits
        type: index_merge
possible_keys: PRIMARY,index_name,index_id_price
         key: index_name,PRIMARY
     key_len: 510,20
         ref: NULL
        rows: 2
       Extra: Using union(index_name,PRIMARY); Using where
1 row in set (0.00 sec)
```

因为 s_id 字段上没有索引，第 1 条查询语句没有使用索引，总共查询了 16 条记录；第 2 条查询语句使用了 f_name 和 f_id 这两个索引，因为 id 字段和 name 字段上都有索引，查询的记录数为 2 条。

17.2.4　优化子查询

使用子查询可以进行 SELECT 语句的嵌套查询，即一个 SELECT 查询的结果作为另一个 SELECT 语句的条件。子查询可以一次性完成很多逻辑上需要多个步骤才能完成的 SQL 操作。子查询虽然可以使查询语句很灵活，但执行效率不高。执行子查询时，MySQL 需要为内层查询语句的查询结果建立一个临时表。然后外层查询语句从临时表中查询记录。查询完毕后，再撤销这些临时表。因此，子查询的速度会受到一定的影响。如果查询的数据量比较大，这种影响就会随之增大。

在 MySQL 中，可以使用连接（JOIN）查询来替代子查询。连接查询不需要建立临时表，其速度比子查询要快，如果查询中使用索引的话，性能会更好。连接查询之所以更有效率，是因为 MySQL 不需要在内存中创建临时表来完成查询工作。

17.3　数据库结构的优化

合理的数据库结构不仅可以使数据库占用更小的磁盘空间，而且能够使查询速度更快。数据库结构的设计，需要考虑数据冗余、查询和更新的速度、字段的数据类型是否合理等多方面的内容。

17.3.1　通过分解表来优化

对于字段较多的表，如果有些字段的使用频率很低，可以将这些字段分离出来形成新表。因为当一个表的数据量很大时，会由于使用频率低的字段的存在而变慢。

【实例 9】假设会员表存储会员登录认证信息，该表中有很多字段，如 id、姓名、密码、地址、电话、个人描述字段。其中地址、电话、个人描述等字段并不常用。可以将这些不常用字段分解出另外一个表。将这个表取名叫 members_detail。表中有 member_id、address、telephone、description 等字段。其中，member_id 是会员编号，address 字段存储地址信息，telephone 字段存储电话信息，description 字段存储会员个人描述信息。这样就把会员表分成两个表，分别为 members 表和 members_detail 表。

创建 members 表 SQL 语句如下：

```
CREATE TABLE members (
  Id int(11) NOT NULL AUTO_INCREMENT,
  username varchar(255) DEFAULT NULL ,
  password varchar(255) DEFAULT NULL ,
  last_login_time datetime DEFAULT NULL ,
  last_login_ip varchar(255) DEFAULT NULL ,
  PRIMARY KEY (Id)
) ;
```

创建 members_detail 表 SQL 语句如下：

```
CREATE TABLE members_detail (
  member_id int(11) NOT NULL DEFAULT 0,
  address varchar(255) DEFAULT NULL ,
  telephone varchar(16) DEFAULT NULL ,
  description text
);
```

下面查询 members 表结构，SQL 语句如下：

```
mysql>desc members;
```

按 Enter 键，即可返回 members 表的结构，如图 17-8 所示。

图 17-8　members 表结构

下面查询 members_detail 表结构，SQL 语句如下：

```
mysql> DESC members_detail;
```

按 Enter 键，即可返回 members_detail 表的结构，如图 17-9 所示。

图 17-9　members_detail 表结构

如果需要查询会员的详细信息，可以用会员的 id 来查询。如果需要将会员的基本信息和详细信息同时显示，可以将 members 表和 members_detail 表进行联合查询，查询语句如下：

```
SELECT * FROM members LEFT JOIN members_detail ON members.id=members_detail.
member_id;
```

通过这种分解，可以提高表的查询效率，对于字段很多且有些字段使用不频繁的表，可以通过这种分解的方式来优化数据库的性能。

17.3.2　通过中间表来优化

对于需要经常联合查询的表，可以建立中间表以提高查询效率。通过建立中间表，把需要经常联合查询的数据插入到中间表中，然后将原来的联合查询改为对中间表的查询，以此来提高查询效率。

【实例 10】会员信息表和会员组信息表的 SQL 语句如下：

```
CREATE TABLE vip(
  Id int(11) NOT NULL AUTO_INCREMENT,
  username varchar(255) DEFAULT NULL,
  password varchar(255) DEFAULT NULL,
  groupId INT(11) DEFAULT 0,
  PRIMARY KEY (Id)
);
CREATE TABLE vip_group (
  Id int(11) NOT NULL AUTO_INCREMENT,
  name varchar(255) DEFAULT NULL,
```

```
  remark varchar(255) DEFAULT NULL,
  PRIMARY KEY (Id)
) ;
```

查询会员信息表和会员组信息表。

```
mysql> DESC vip;
+----------+--------------+------+-----+---------+----------------+
| Field    | Type         | Null | Key | Default | Extra          |
+----------+--------------+------+-----+---------+----------------+
| Id       | int(11)      | NO   | PRI | NULL    | auto_increment |
| username | varchar(255) | YES  |     | NULL    |                |
| password | varchar(255) | YES  |     | NULL    |                |
| groupId  | int(11)      | YES  |     | 0       |                |
+----------+--------------+------+-----+---------+----------------+
4 rows in set (0.01 sec)

mysql> DESC vip_group;
+--------+--------------+------+-----+---------+----------------+
| Field  | Type         | Null | Key | Default | Extra          |
+--------+--------------+------+-----+---------+----------------+
| Id     | int(11)      | NO   | PRI | NULL    | auto_increment |
| name   | varchar(255) | YES  |     | NULL    |                |
| remark | varchar(255) | YES  |     | NULL    |                |
+--------+--------------+------+-----+---------+----------------+
3 rows in set (0.01 sec)
```

已知现在有一个模块需要经常查询带有会员组名称、会员组备注（remark）、会员用户名信息的会员信息。根据这种情况可以创建一个 temp_vip 表。temp_vip 表中存储用户名（user_name），会员组名称（group_name）和会员组备注（group_remark）信息。创建表的语句如下：

```
CREATE TABLE temp_vip (
  Id int(11) NOT NULL AUTO_INCREMENT,
  user_name varchar(255) DEFAULT NULL,
  group_name varchar(255) DEFAULT NULL,
  group_remark varchar(255) DEFAULT NULL,
  PRIMARY KEY (Id)
);
```

接下来，从会员信息表和会员组表中查询相关信息存储到临时表中：

```
mysql> INSERT INTO temp_vip(user_name, group_name, group_remark)
      SELECT v.username,g.name,g.remark
      FROM vip as v ,vip_group as g
      WHERE v.groupId =g.Id;
Query OK, 0 rows affected (0.95 sec)
Records: 0 Duplicates: 0 Warnings: 0
```

以后，可以直接从 temp_vip 表中查询会员名、会员组名称和会员组备注，而不用每次都进行联合查询。这样可以提高数据库的查询速度。

17.3.3 通过冗余字段优化

设计数据库表时应尽量遵循范式理论的规约，尽可能减少冗余字段，让数据库设计看起来精致、优雅。但是，合理地加入冗余字段可以提高查询速度。

表的规范化程度越高，表与表之间的关系就越多，需要连接查询的情况也就越多。例如，员工的信息存储在 staff 表中，部门信息存储在 department 表中。通过 staff 表中的 department_id 字段与 department 表建立关联关系。如果要查询一个员工所在部门的名称，必须从 staff 表中查找员工所在部门的编号（department_id），然后根据这个编号去 department 表查找部门的名称。

如果经常需要进行这个操作，连接查询会浪费很多时间。可以在 staff 表中增加一个冗余字段 department_name，该字段用来存储员工所在部门的名称，这样就不用每次都进行连接操作了。

不过，冗余字段会导致一些问题。比如，冗余字段的值在一个表中被修改了，就要想办法在其他表中更新该字段。否则就会使原本一致的数据变得不一致。

提示：分解表、中间表和增加冗余字段都浪费了一定的磁盘空间。从数据库性能来看，为了提高查询速度而增加少量的冗余大部分时候是可以接受的，而是否通过增加冗余来提高数据库性能，这要根据实际需求综合分析。

17.3.4　优化插入记录的速度

插入记录时，影响插入速度的主要是索引、唯一性校验、一次插入记录条数等，根据这些情况，可以分别进行优化。

1. 对于 MyISAM 引擎的表的优化

对于 MyISAM 引擎的表，常见的优化方法如下：

（1）禁用索引。

对于非空表，插入记录时，MySQL 会根据表的索引对插入的记录建立索引。如果插入大量数据，建立索引会降低插入记录的速度。为了解决这种情况，可以在插入记录之前禁用索引，数据插入完毕后再开启索引。禁用索引的语句如下：

```
ALTER TABLE table_name DISABLE KEYS;
```

其中 table_name 是禁用索引的表的表名。

重新开启索引的语句如下：

```
ALTER TABLE table_name ENABLE KEYS;
```

对于空表批量导入数据，则不需要进行此操作，因为 MyISAM 引擎的表是在导入数据之后才建立索引的。

（2）禁用唯一性检查。

插入数据时，MySQL 会对插入的记录进行唯一性校验。这种唯一性校验也会降低插入记录的速度。为了降低这种情况对查询速度的影响，可以在插入记录之前禁用唯一性检查，等到记录插入完毕后再开启。禁用唯一性检查的语句如下：

```
SET UNIQUE_CHECKS=0;
```

开启唯一性检查的语句如下：

```
SET UNIQUE_CHECKS=1;
```

（3）使用批量插入。

插入多条记录时，可以使用一条 INSERT 语句插入一条记录；也可以使用一条 INSERT 语句插入多条记录。插入一条记录的 INSERT 语句情形如下：

```
INSERT INTO score VALUES('A1','101','MySQL','89');
INSERT INTO score VALUES('A2','102','SQL Server','57')
INSERT INTO score VALUES('A3','103','Access','90')
```

使用一条 INSERT 语句插入多条记录的情形如下：

```
INSERT INTO score VALUES
('A1','101','MySQL','89'),
('A2','102','SQL Server','57'),
('A3','103','Access','90');
```

第 2 种情形的插入速度要比第 1 种情形快。

（4）使用 LOAD DATA INFILE 批量导入。

当需要批量导入数据时，如果能用 LOAD DATA INFILE 语句，就尽量使用。因为 LOAD DATA INFILE 语句导入数据的速度比 INSERT 语句快。

2. 对于 InnoDB 引擎的表的优化

对于 InnoDB 引擎的表，常见的优化方法如下：

（1）禁用唯一性检查。

插入数据之前执行 set unique_checks=0 来禁止对唯一索引的检查，数据导入完成之后再运行 set unique_checks=1。这个和 MyISAM 引擎的使用方法一样。

（2）禁用外键检查。

插入数据之前执行禁止对外键的检查，数据插入完成之后再恢复对外键的检查。禁用外键检查的语句如下：

```
SET foreign_key_checks=0;
```

恢复对外键的检查语句如下：

```
SET foreign_key_checks=1;
```

（3）禁止自动提交。

插入数据之前禁止事务的自动提交，数据导入完成之后，执行恢复自动提交操作。禁止自动提交的语句如下：

```
set autocommit=0;
```

恢复自动提交的语句如下：

```
set autocommit=1;
```

17.3.5 分析表、检查表和优化表

MySQL 提供了分析表、检查表和优化表的语句。分析表主要是分析关键字的分布；检查表主要是检查表是否存在错误；优化表主要是消除删除或者更新造成的空间浪费。

1. 分析表

MySQL 中提供了 ANALYZE TABLE 语句分析表，ANALYZE TABLE 语句的基本语法格式如下：

```
ANALYZE [LOCAL | NO_WRITE_TO_BINLOG] TABLE tbl_name[,tbl_name]…
```

主要参数介绍如下。

- LOCAL 关键字：是 NO_WRITE_TO_BINLOG 关键字的别名，二者都是执行过程不写入二进制日志。
- tbl_name：为分析的表的表名，可以有一个或多个。

使用 ANALYZE TABLE 分析表的过程中，数据库系统会自动对表加一个只读锁。在分析期间，只能读取表中的记录，不能更新和插入记录。ANALYZE TABLE 语句能够分析 InnoDB、BDB 和 MyISAM 类型的表。

【实例 11】使用 ANALYZE TABLE 来分析 fruits 表，SQL 语句如下：

```
ANALYZE TABLE fruits;
```

按 Enter 键，即可返回分析结果，如图 17-10 所示。

结果显示的信息说明如下。

（1）Table：表示分析的表的名称。

（2）Op：表示执行的操作。analyze 表示进行分析操作。

（3）Msg_type：表示信息类型，其值通常是状态（status）、信息（info）、注意（note）、

警告（warning）和错误（error）之一。

（4）Msg_text：显示信息。

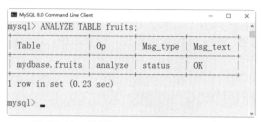

图 17-10 使用 ANALYZE TABLE 分析

2. 检查表

MySQL 中可以使用 CHECK TABLE 语句来检查表。CHECK TABLE 语句能够检查 InnoDB 和 MyISAM 类型的表是否存在错误。对于 MyISAM 类型的表，CHECK TABLE 语句还会更新关键字统计数据。而且，CHECK TABLE 也可以检查视图是否有错误，比如在视图定义中被引用的表已不存在。该语句的基本语法格式如下：

```
CHECK TABLE tbl_name [, tbl_name] … [option] …
option = {QUICK | FAST | MEDIUM | EXTENDED | CHANGED}
```

主要参数介绍如下。

● tbl_name：是表名。

● option：该参数有 5 个取值，分别是 QUICK、FAST、MEDIUM、 EXTENDED 和 CHANGED。各个选项的意义分别是：

（1）QUICK：不扫描行，不检查错误的连接。

（2）FAST：只检查没有被正确关闭的表。

（3）CHANGED：只检查上次检查后被更改的表和没有被正确关闭的表。

（4）MEDIUM：扫描行，以验证被删除的连接是有效的。也可以计算各行的关键字校验和，并使用计算出的校验和验证这一点。

（5）EXTENDED：对每行的所有关键字进行一个全面的关键字查找。这可以确保表是 100% 一致的，但是花的时间较长。

注意：option 只对 MyISAM 类型的表有效，对 InnoDB 类型的表无效。CHECK TABLE 语句在执行过程中也会给表加上只读锁。

3. 优化表

MySQL 中使用 OPTIMIZE TABLE 语句来优化表。该语句对 InnoDB 和 MyISAM 类型的表都有效。但是，OPTIMIZE TABLE 语句只能优化表中的 VARCHAR、BLOB 或 TEXT 类型的字段。OPTIMIZE TABLE 语句的基本语法如下：

```
OPTIMIZE [LOCAL | NO_WRITE_TO_BINLOG] TABLE tbl_name [, tbl_name] …
```

主要参数介绍如下。

● LOCAL | NO_WRITE_TO_BINLOG：该关键字的意义和分析表相同，都是指定不写入二进制日志。

● tbl_name：是表名。

通过 OPTIMIZE TABLE 语句可以消除删除和更新造成的文件碎片。OPTIMIZE TABLE 语句在执行过程中也会给表加上只读锁。

17.4 MySQL 服务器的优化

优化 MySQL 服务器主要从两个方面来优化，一方面是对硬件进行优化；另一方面是对 MySQL 服务的参数进行优化，对于可以定制参数的操作系统，也可以针对 MySQL 进行操作系统优化。

17.4.1 服务器硬件的优化

服务器的硬件性能直接决定着 MySQL 数据库的性能。硬件的性能瓶颈，直接决定 MySQL 数据库的运行速度和效率。对服务器硬件的优化，可以从以下几个方面进行。

（1）配置较大的内存。足够大的内存，是提高 MySQL 数据库性能的方法之一。内存的速度比磁盘 I/O 快得多，可以通过增加系统的缓冲区容量，使数据在内存停留的时间更长，以减少磁盘 I/O。

（2）配置高速磁盘系统，以减少读盘的等待时间，提高响应速度。

（3）合理分布磁盘 I/O，把磁盘 I/O 分散在多个设备上，以减少资源竞争，提高并行操作能力。

（4）配置多处理器，MySQL 是多线程的数据库，多处理器可同时执行多个线程。

17.4.2 MySQL 参数的优化

通过优化 MySQL 的参数可以提高资源利用率，从而达到提高 MySQL 服务器性能的目的。MySQL 服务的配置参数都在 my.cnf 或者 my.ini 文件的[MySQLd]组中。下面介绍几个对性能影响比较大的参数。

（1）key_buffer_size：表示索引缓冲区的大小。增加索引缓冲区可以得到更好处理的索引。当然，这个值也不是越大越好，它的大小取决于内存的大小。如果这个值太大，导致操作系统频繁换页，也会降低系统性能。

（2）table_cache：表示同时打开的表的个数。这个值越大，能够同时打开的表的个数越多。这个值不是越大越好，因为同时打开的表太多会影响操作系统的性能。

（3）query_cache_size：表示查询缓冲区的大小。该参数需要和 query_cache_type 配合使用。当 query_cache_type 值是 0 时，所有的查询都不使用查询缓冲区；当 query_cache_type=1 时，所有的查询都将使用查询缓冲区，除非在查询语句中指定 SQL_NO_CACHE，如 SELECT SQL_NO_CACHE * FROM tbl_name；当 query_cache_type=2 时，只有在查询语句中使用 SQL_CACHE 关键字，查询才会使用查询缓冲区。使用查询缓冲区可以提高查询的速度，这种方式只适用于修改操作少且经常执行相同的查询操作的情况。

（4）sort_buffer_size：表示排序缓存区的大小。这个值越大，进行排序的速度越快。

（5）read_buffer_size：表示每个线程连续扫描时为扫描的每个表分配的缓冲区的大小（字节）。当线程从表中连续读取记录时需要用到这个缓冲区。SET SESSION read_buffer_size=n 可以临时设置该参数的值。

（6）read_rnd_buffer_size：表示为每个线程保留的缓冲区的大小，与 read_buffer_size 相似，但主要用于存储按特定顺序读取出来的记录。也可以用 SET SESSION read_rnd_buffer_size=n 来临时设置该参数的值。如果频繁进行多次连续扫描，可以增加该值。

（7）innodb_buffer_pool_size：表示 InnoDB 类型的表和索引的最大缓存。这个值越大，查询的速度就会越快。但是这个值太大会影响操作系统的性能。

（8）max_connections：表示数据库的最大连接数。这个连接数不是越大越好，因为这些连接会浪费内存的资源。过多的连接可能会导致 MySQL 服务器僵死。

（9）interactive_timeout：表示服务器在关闭连接前等待行动的秒数。

（10）thread_cache_size：表示可以复用的线程的数量。如果有很多新的线程，为了提高性能可以增大该参数的值。

（11）wait_timeout：表示服务器在关闭一个连接时等待行动的秒数。默认数值是 28 800。

总之，合理地配置这些参数可以提高 MySQL 服务器的性能。除上述参数以外，还有 innodb_log_ buffer_size、innodb_log_file_size 等参数。配置完参数以后，需要重新启动 MySQL 服务才会生效。

17.5　课后习题与练习

一、填空题

1. 在 MySQL 中，可以使用_____和_____关键字来分析查询语句。

答案：EXPLAIN，DESCRIBE

2. 使用 EXPLAIN 分析数据表时，输出的分析结果中_____字段的值表示输出行所引用的表。

答案：table

3. 优化数据库结果时，使用_____语句来分析数据表。

答案：ANALYZE TABLE

二、选择题

1. 下面关于索引优化的描述正确的是_____。

A. 使用索引可以提高数据库的查询速度，因此索引越多越好

B. LIKE 关键字配置的字符串不能以符号"%"开头，否则索引不起作用

C. 使用多列索引，查询条件必须要使用索引的第一个字符，索引才会被使用

D. 以上都不对

答案：B

2. 在 MySQL 中使用_____语句来优化表。

A. OPTIMIZE TABLE　　　　　　　　B. ANALYZE TABLE

C. EXPLAIN TABLE　　　　　　　　 D. CHECK TABLE

答案：A

3. 优化 MySQL 服务器的配置参数时，_____参数表示查询缓存区的大小。

A. query_cache_size　B. key_buffer_size　　C. sort_buffer_size　　D. read_buffer_size

答案：A

三、简答题

1. 简述索引查询的缺陷。

2. 简述数据库结构优化的方法。

3. 简述 MySQL 服务器硬件和参数优化的方法。

17.6　新手疑难问题解答

疑问 1： 在数据表中，建立的索引是不是越多越好？

解答： 合理的索引可以提高查询的速度，但不是索引越多越好。在执行插入语句的时候，MySQL 要为新插入的记录建立索引，所以过多的索引会导致插入操作变慢。原则上是只有查询用的字段才建立索引。

疑问 2： 在分析表时，为什么不能执行添加或删除数据记录？

解答： 使用 ANALYZE TABLE 分析表的过程中，数据库系统会自动对表加一个只读锁。因此，在分析期间，只能读取表中的记录，不能执行添加、更新或删除数据记录。

17.7　实战训练

在 MySQL 中，针对数据库 Library 进行优化处理。

（1）查看 MySQL 服务器的连接数、查询次数和慢查询次数。

（2）分析数据库 Library 中读者信息表 Reader。

（3）检查数据库 Library 中读者信息表 Reader。

（4）优化数据库 Library 中读者信息表 Reader。

第18章

数据库的备份与还原

本章内容提要

保证数据安全最重要的一个措施就是定期对数据进行备份。如果数据库中的数据丢失或者出现错误，可以使用备份的数据进行还原。本章就来介绍数据的备份与还原，主要内容包括数据库的备份、数据库的还原、数据库的迁移以及数据表的导入与导出等。

本章知识点

- 数据库的备份方法。
- 数据库的恢复方法。
- 数据库的迁移方法。
- 数据表的导入和导出。

18.1　数据库的备份

数据备份是数据库管理员非常重要的工作之一。系统意外崩溃或者硬件的损坏都可能导致数据库的丢失，因此 MySQL 管理员应该定期地备份数据库，使得在意外情况发生时，尽可能减少损失。

18.1.1　使用 MySQLdump 工具备份

MySQLdump 是 MySQL 提供的一个非常有用的数据库备份工具。MySQLdump 命令执行时，可以将数据库备份成一个文本文件，该文件中实际上包含了多个 CREATE 和 INSERT 语句，使用这些语句可以重新创建表和插入数据。基本语法格式如下：

```
mysqldump -u user -h host -ppassword dbname[tbname, [tbname…]]> filename.sql
```

主要参数介绍如下。

- user：表示用户名称。
- host：表示登录用户的主机名称。
- password：为登录密码。
- dbname：为需要备份的数据库名称。

- tbname：为 dbname 数据库中需要备份的数据表，可以指定多个需要备份的表。
- 右箭头符号 ">"：告诉 MySQLdump 将备份数据表的定义和数据写入备份文件。
- filename.sql：为备份文件的名称。

1. 使用 MySQLdump 备份单个数据库中的所有表

【实例 1】使用 MySQLdump 命令备份数据库中的所有表，执行过程如下：

为了更好理解 MySQLdump 工具如何工作，本章给出一个完整的数据库例子。首先登录 MySQL，按下面数据库结构创建 booksDB 数据库和各个表，并插入数据记录。数据库和表定义如下：

```
CREATE DATABASE booksDB;
use booksDB;

CREATE TABLE books
(
bk_id INT NOT NULL PRIMARY KEY,
bk_title VARCHAR(50) NOT NULL,
copyright YEAR NOT NULL
);
INSERT INTO books
VALUES (11078, 'Learning MySQL', 2010),
(11033, 'Study Html', 2011),
(11035, 'How to use php', 2003),
(11072, 'Teach yourself javascript', 2005),
(11028, 'Learning C++', 2005),
(11069, 'MySQL professional', 2009),
(11026, 'Guide to MySQL 8.0', 2008),
(11041, 'Inside VC++', 2011);

CREATE TABLE authors
(
auth_id INT NOT NULL PRIMARY KEY,
auth_name VARCHAR(20),
auth_gender CHAR(1)
);
INSERT INTO authors
VALUES (1001, 'WriterX' ,'f'),
(1002, 'WriterA' ,'f'),
(1003, 'WriterB' ,'m'),
(1004, 'WriterC' ,'f'),
(1011, 'WriterD' ,'f'),
(1012, 'WriterE' ,'m'),
(1013, 'WriterF' ,'m'),
(1014, 'WriterG' ,'f'),
(1015, 'WriterH' ,'f');

CREATE TABLE authorbook
(
auth_id INT NOT NULL,
bk_id INT NOT NULL,
PRIMARY KEY (auth_id, bk_id),
FOREIGN KEY (auth_id) REFERENCES authors (auth_id),
FOREIGN KEY (bk_id) REFERENCES books (bk_id)
);

INSERT INTO authorbook
VALUES (1001, 11033), (1002, 11035), (1003, 11072), (1004, 11028),
(1011, 11078), (1012, 11026), (1012, 11041), (1014, 11069);
```

完成数据插入后打开操作系统命令行输入窗口，输入备份命令如下：

```
C:\ >mysqldump -u root -p booksdb > C:/backup/booksdb_20191011.sql
Enter password: **
```

提示：这里要保证 C 盘下 backup 文件夹存在，否则将提示错误信息"系统找不到指定的路径"。

输入密码之后，MySQL 便对数据库进行了备份，在 C:\backup 文件夹下面查看刚才备份过的文件，使用文本查看器打开文件可以看到其部分文件内容大致如下：

```
-- MySQL dump 10.13  Distrib 8.0.17, for Win64 (x86_64)
--
-- Host: localhost    Database: booksdb
-- -------------------------------------------------------
-- Server version  8.0.17

/*!40101 SET @OLD_CHARACTER_SET_CLIENT=@@CHARACTER_SET_CLIENT */;
/*!40101 SET @OLD_CHARACTER_SET_RESULTS=@@CHARACTER_SET_RESULTS */;
/*!40101 SET @OLD_COLLATION_CONNECTION=@@COLLATION_CONNECTION */;
 SET NAMES utf8mb4 ;
/*!40103 SET @OLD_TIME_ZONE=@@TIME_ZONE */;
/*!40103 SET TIME_ZONE='+00:00' */;
/*!40014 SET @OLD_UNIQUE_CHECKS=@@UNIQUE_CHECKS, UNIQUE_CHECKS=0 */;
/*!40014 SET @OLD_FOREIGN_KEY_CHECKS=@@FOREIGN_KEY_CHECKS, FOREIGN_KEY_CHECKS=0 */;
/*!40101 SET @OLD_SQL_MODE=@@SQL_MODE, SQL_MODE='NO_AUTO_VALUE_ON_ZERO' */;
/*!40111 SET @OLD_SQL_NOTES=@@SQL_NOTES, SQL_NOTES=0 */;


--
-- Table structure for table 'Authorbook'
--

DROP TABLE IF EXISTS 'authorbook';
/*!40101 SET @saved_cs_client     = @@character_set_client */;
 SET character_set_client = utf8mb4 ;
CREATE TABLE 'authorbook' (
  'auth_id' int(11) NOT NULL,
  'bk_id' int(11) NOT NULL,
  PRIMARY KEY ('auth_id', 'bk_id'),
  KEY 'bk_id' ('bk_id'),
  CONSTRAINT 'authorbook_ibfk_1' FOREIGN KEY ('auth_id') REFERENCES 'authors' ('auth_id'),
  CONSTRAINT 'authorbook_ibfk_2' FOREIGN KEY ('bk_id') REFERENCES 'books' ('bk_id')
) ENGINE=InnoDB DEFAULT CHARSET=utf8mb4 COLLATE=utf8mb4_0900_ai_ci;
/*!40101 SET character_set_client = @saved_cs_client */;


--
-- Dumping data for table 'authorbook'
--

LOCK TABLES 'authorbook' WRITE;
/*!40000 ALTER TABLE 'authorbook' DISABLE KEYS */;
INSERT INTO 'authorbook' VALUES (1012,11026),(1004,11028),(1001,11033),(1002,11035),
(1012,11041),(1014,11069),(1003,11072),(1011,11078);
/*!40000 ALTER TABLE 'authorbook' ENABLE KEYS */;
UNLOCK TABLES;


--
-- Table structure for table 'authors'
--

DROP TABLE IF EXISTS 'authors';
/*!40101 SET @saved_cs_client     = @@character_set_client */;
 SET character_set_client = utf8mb4 ;
CREATE TABLE 'authors' (
  'auth_id' int(11) NOT NULL,
  'auth_name' varchar(20) DEFAULT NULL,
  'auth_gender' char(1) DEFAULT NULL,
  PRIMARY KEY ('auth_id')
) ENGINE=InnoDB DEFAULT CHARSET=utf8mb4 COLLATE=utf8mb4_0900_ai_ci;
/*!40101 SET character_set_client = @saved_cs_client */;
```

```
--
-- Dumping data for table 'authors'
--

LOCK TABLES 'authors' WRITE;
/*!40000 ALTER TABLE 'authors' DISABLE KEYS */;
INSERT INTO 'authors' VALUES (1001,'WriterX','f'),(1002,'WriterA','f'),(1003,'WriterB',
'm'),(1004,'WriterC','f'),(1011,'WriterD','f'),(1012,'WriterE','m'),(1013,'WriterF','m'),(1
014,'WriterG','f'),(1015,'WriterH','f');
/*!40000 ALTER TABLE 'authors' ENABLE KEYS */;
UNLOCK TABLES;

--
-- Table structure for table 'books'
--

DROP TABLE IF EXISTS 'books';
/*!40101 SET @saved_cs_client     = @@character_set_client */;
 SET character_set_client = utf8mb4 ;
CREATE TABLE 'books' (
  'bk_id' int(11) NOT NULL,
  'bk_title' varchar(50) NOT NULL,
  'copyright' year(4) NOT NULL,
  PRIMARY KEY ('bk_id')
) ENGINE=InnoDB DEFAULT CHARSET=utf8mb4 COLLATE=utf8mb4_0900_ai_ci;
/*!40101 SET character_set_client = @saved_cs_client */;

--
-- Dumping data for table 'books'
--

LOCK TABLES 'books' WRITE;
/*!40000 ALTER TABLE 'books' DISABLE KEYS */;
INSERT  INTO  'books'  VALUES  (11026,'Guide  to  MySQL  8.0',2008),(11028,'Learning
C++',2005),(11033,'Study Html',2011),(11035,'How to use php',2003),(11041,'Inside VC++',2011),
(11069,'MySQL professional',2009),(11072,'Teach yourself javascript',2005),(11078,'Learning
MySQL',2010);
/*!40000 ALTER TABLE 'books' ENABLE KEYS */;
UNLOCK TABLES;
/*!40103 SET TIME_ZONE=@OLD_TIME_ZONE */;

/*!40101 SET SQL_MODE=@OLD_SQL_MODE */;
/*!40014 SET FOREIGN_KEY_CHECKS=@OLD_FOREIGN_KEY_CHECKS */;
/*!40014 SET UNIQUE_CHECKS=@OLD_UNIQUE_CHECKS */;
/*!40101 SET CHARACTER_SET_CLIENT=@OLD_CHARACTER_SET_CLIENT */;
/*!40101 SET CHARACTER_SET_RESULTS=@OLD_CHARACTER_SET_RESULTS */;
/*!40101 SET COLLATION_CONNECTION=@OLD_COLLATION_CONNECTION */;
/*!40111 SET SQL_NOTES=@OLD_SQL_NOTES */;

-- Dump completed on 2019-09-29 18:00:43
```

可以看到，备份文件包含了一些信息，文件开头首先表明了备份文件使用的 MySQLdump 工具的版本号；然后是备份账户的名称和主机信息，以及备份的数据库的名称，最后是 MySQL 服务器的版本号，在这里为 8.0.17。

备份文件接下来的部分是一些 SET 语句，这些语句将一些系统变量值赋给用户定义变量，以确保被恢复的数据库的系统变量和原来备份时的变量相同，例如：

```
/*!40101 SET @OLD_CHARACTER_SET_CLIENT=@@CHARACTER_SET_CLIENT */;
```

该 SET 语句将当前系统变量 character_set_client 的值赋给用户定义变量@old_character_set_client。其他变量与此类似。

备份文件的最后几行 MySQL 使用 SET 语句恢复服务器系统变量原来的值，例如：

```
/*!40101 SET CHARACTER_SET_CLIENT=@OLD_CHARACTER_SET_CLIENT */;
```

该语句将用户定义的变量@old_character_set_client 中保存的值赋给实际的系统变量 character_set_client。

备份文件中的"--"字符开头的行为注释语句；以"/*!"开头、"*/"结尾的语句为可执行的 MySQL 注释，这些语句可以被 MySQL 执行，但在其他数据库管理系统将被作为注释忽略，这可以提高数据库的可移植性。

另外注意到，备份文件开始的一些语句以数字开头，这些数字代表了 MySQL 版本号，表明这些语句只有在指定的 MySQL 版本或者比该版本高的情况下才能执行。例如 40101，表明这些语句只有在 MySQL 版本号为 4.01.01 或者更高的版本下才可以被执行。

2. 使用 MySQLdump 备份数据库中的某个表

在前面 MySQLdump 语法中介绍过，MySQLdump 还可以备份数据中的某个表，其语法格式为：

```
mysqldump -u user -h host -p dbname [tbname, [tbname…]] > filename.sql
```

其中，tbname 表示数据库中的表名，多个表名之间用空格隔开。

提示：备份表和备份数据库中所有表的语句中不同的地方在于，要在数据库名称 dbname 之后指定需要备份的表名称。

【实例 2】备份 booksDB 数据库中的 books 表，输入语句如下：

```
mysqldump -u root -p booksDB books > C:/backup/books_20191011.sql
```

该语句创建名称为 books_20191011.sql 的备份文件，文件中包含了前面介绍的 SET 语句等内容，不同的是，该文件只包含 books 表的 CREATE 和 INSERT 语句。

3. 使用 MySQLdump 备份多个数据库

如果要使用 MySQLdump 备份多个数据库，需要使用--databases 参数。备份多个数据库的语句格式如下：

```
mysqldump -u user -h host -p --databases [dbname, [dbname…]] > filename.sql
```

其中，使用--databases 参数之后，必须指定至少一个数据库的名称，多个数据库名称之间用空格隔开。

【实例 3】使用 MySQLdump 备份 booksDB 和 test_db 数据库，输入语句如下：

```
mysqldump -u root -p --databases booksDB test_db>C:\backup\books_testDB_20191011.sql
```

该语句创建名称为 books_testDB_20191011.sql 的备份文件，文件中包含了创建两个数据库 booksDB 和 test_db 所必须的所有语句。

4. 使用 MySQLdump 备份所有数据库

使用--all-databases 参数可以备份系统中所有的数据库，语句如下：

```
mysqldump -u user -h host -p --all-databases > filename.sql
```

当使用参数--all-databases 时，不需要指定数据库名称。

【实例 4】使用 MySQLdump 备份服务器中的所有数据库，输入语句如下：

```
mysqldump -u root -p --all-databases > C:/backup/alldbinMySQL.sql
```

该语句创建名称为 alldbinMySQL.sql 的备份文件，文件中包含了对系统中所有数据库的备份信息。

18.1.2　使用 MySQLhotcopy 工具快速备份

如果在服务器上进行备份，并且表均为 MyISAM 表，应考虑使用 MySQLhotcopy，以更快地进行备份和恢复。

MySQLhotcopy 是一个 Perl 脚本，它使用 LOCK TABLES、FLUSH TABLES 和 cp（或 scp）来快速备份数据库。它是备份数据库或单个表的最快的途径，但它只能运行在数据库目录所在的机器上，并且只能备份 MyISAM 类型的表。MySQLhotcopy 在 Unix 系统中运行。其语法格式如下：

```
mysqlhotcopy db_name_1, … db_name_n /path/to/new_directory
```

主要参数介绍如下。

● db_name_1,…,db_name_n：分别为需要备份的数据库的名称。

● /path/to/new_directory：指定备份文件目录。

【实例 5】使用 MySQLhotcopy 备份 testdb 数据库到/user/backup 目录下，输入语句如下：

```
mysqlhotcopy -u root -p testdb /user/backup
```

要想执行 MySQLhotcopy，必须可以访问备份的表文件，具有那些表的 SELECT 权限、RELOAD 权限（以便能够执行 FLUSH TABLES）和 LOCK TABLES 权限。

注意：MySQLhotcopy 只是将表所在的目录复制到另一个位置，只能用于备份 MyISAM 和 ARCHIVE 表。备份 InnoDB 类型的数据表时会出现错误信息。由于它复制本地格式的文件，故也不能移植到其他硬件或操作系统下。

18.1.3　直接复制整个数据库目录

因为 MySQL 表保存为文件方式，所以可以直接复制 MySQL 数据库的存储目录及文件进行备份。MySQL 的数据库目录位置不一定相同，在 Windows 平台下，MySQL 8.0 存放数据库的目录通常默认为 "C:\Documents and Settings\All Users\Application Data\MySQL\MySQL Server 8.0\data" 或者其他用户自定义目录；在 Linux 平台下，数据库目录位置通常为/var/lib/MySQL/，不同 Linux 版本下目录会有不同，读者应在自己使用的平台下查找该目录。

这是一种简单、快速、有效的备份方式。要想保持备份的一致性，备份前需要对相关表执行 LOCK TABLES 操作，然后对表执行 FLUSH TABLES。这样当复制数据库目录中的文件时，允许其他客户继续查询表。需要 FLUSH TABLES 语句来确保开始备份前将所有激活的索引页写入硬盘。当然，也可以停止 MySQL 服务再进行备份操作。

注意：直接复制整个数据库目录，这种方法虽然简单，但并不是最好的方法。因为这种方法对 InnoDB 存储引擎的表不适用。使用这种方法备份的数据最好恢复到相同版本的服务器中，不同的版本可能不兼容。

18.2　数据库的还原

管理人员操作的失误、计算机故障以及其他意外情况，都会导致数据的丢失和破坏。当数据丢失或意外破坏时，可以通过恢复已经备份的数据尽量减少数据丢失和破坏造成的损失。

18.2.1　使用 MySQL 命令还原

对于已经备份的包含 CREATE、INSERT 语句的文本文件，可以使用 MySQL 命令导入到数据库中。其语法格式如下：

```
mysql -u user -p [dbname] < filename.sql
```

主要参数介绍如下。

- user：是执行 backup.sql 中语句的用户名。
- -p：表示输入用户密码。
- dbname：是数据库名。如果 filename.sql 文件为 MySQLdump 工具创建的包含创建数据库语句的文件，执行的时候不需要指定数据库名。

【实例 6】使用 MySQL 命令将 C:\backup\booksdb_20191011.sql 文件中的备份导入到数据库中，输入语句如下：

```
mysql -u root -p booksDB < C:/backup/booksdb_20191011.sql
```

执行该语句前，必须先在 MySQL 服务器中创建 booksDB 数据库，如果不存在恢复过程将会出错。命令执行成功之后 booksdb_20191011.sql 文件中的语句就会在指定的数据库中恢复以前的表。

如果已经登录 MySQL 服务器，还可以使用 source 命令导入 sql 文件，语法格式如下：

```
source filename
```

【实例 7】使用 root 用户登录到服务器，然后使用 source 导入本地的备份文件 booksdb_20191011.sql，输入语句如下：

```
--选择要恢复到的数据库
mysql> use booksDB;
Database changed

--使用 source 命令导入备份文件
mysql> source C:\backup\booksdb_20191011.sql
```

命令执行后，会列出备份文件 booksdb_20191011.sql 中每一条语句的执行结果。source 命令执行成功后，booksdb_20191011.sql 中的语句会全部导入到现有数据库中。

注意：执行 source 命令前，必须使用 use 语句选择数据库。不然，恢复过程中会出现 "ERROR 1046 (3D000): No database selected" 的错误。

18.2.2　使用 MySQLhotcopy 工具快速还原

MySQLhotcopy 备份后的文件也可以用来还原数据库，在 MySQL 服务器停止运行时，将备份的数据库文件复制到 MySQL 存放数据的位置（MySQL 的 data 文件夹），重新启动 MySQL 服务即可。如果以根用户执行该操作，必须指定数据库文件的所有者，输入语句如下：

```
chown -R mysql.mysql /var/lib/mysql/dbname
```

【实例 8】从 MySQLhotcopy 复制的备份还原数据库，输入语句如下：

```
cp -R /usr/backup/test usr/local/mysql/data
```

执行完该语句，重启服务器，MySQL 将恢复到备份状态。

注意：如果需要恢复的数据库已经存在，则在使用 DROP 语句删除已经存在的数据库之后，恢复才能成功。另外 MySQL 不同版本之间必须兼容，恢复之后的数据才可以使用。

18.2.3　直接复制到数据库目录

如果数据库通过复制数据库文件备份，可以直接复制备份的文件到 MySQL 数据目录下实现恢复。通过这种方式恢复时，必须保存备份数据的数据库和待恢复的数据库服务器的主版本号相同。而且这种方式只对 MyISAM 引擎的表有效，对于 InnoDB 引擎的表不可用。

执行恢复以前关闭 MySQL 服务，将备份的文件或目录覆盖 MySQL 的 data 目录，启动 MySQL 服务。对于 Linux/Unix 操作系统来说，复制完文件需要将文件的用户和组更改为 MySQL 运行的用户和组，通常用户是 MySQL，组也是 MySQL。

18.3　数据库的迁移

当遇到需要安装新的数据库服务器、MySQL 版本更新、数据库管理系统变更时，这就需要数据库的迁移了，数据库迁移就是把数据从一个系统移动到另一个系统上。

18.3.1　相同版本之间的迁移

相同版本的 MySQL 数据库之间的迁移就是在主版本号相同的 MySQL 数据库之间进行数据库移动。迁移过程其实就是在源数据库备份和目标数据库恢复过程的组合。最常用和最安全的方式是使用 MySQLdump 命令导出数据，然后在目标数据库服务器使用 MySQL 命令导入来完成迁移操作。

【实例 9】将 www.webdb.com 主机上的 MySQL 数据库全部迁移到 www.web.com 主机上。在 www.webdb.com 主机上执行的命令如下：

```
mysqldump -h www.webdb.com -uroot -ppassword dbname |
mysql -h www.web.com -uroot -ppassword
```

MySQLdump 导入的数据直接通过管道符"｜"，传给 MySQL 命令导入到主机 www.web.com 数据库中，dbname 为需要迁移的数据库名称，如果要迁移全部的数据库，可使用参数 --all-databases。

18.3.2　不同版本之间的迁移

由于数据库升级等原因，需要将较旧版本 MySQL 数据库中的数据迁移到较新版本的数据库中。最简单快捷的方法就是 MySQL 服务器先停止服务，然后卸载旧版本，再安装新版的 MySQL。如果想保留旧版本中的用户访问控制信息，则需要备份 MySQL 中的 MySQL 数据库，在新版本 MySQL 安装完成之后，重新读入 MySQL 备份文件中的信息。

旧版本与新版本的 MySQL 可能使用不同的默认字符集，例如 MySQL 8.0 版本之前，默认字符集为 latin1，而 MySQL 8.0 版本默认字符集为 utf8mb4。如果数据库中有中文数据的，迁移过程中需要对默认字符集进行修改，不然可能无法正常显示结果。

新版本会对旧版本有一定兼容性。从旧版本的 MySQL 向新版本的 MySQL 迁移时，对于 MyISAM 引擎的表，可以直接复制数据库文件，也可以使用 MySQLhotcopy 工具、MySQLdump 工具。对于 InnoDB 引擎的表，一般只能使用 MySQLdump 将数据导出。然后使用 MySQL 命令导入到目标服务器上。从新版本向旧版本 MySQL 迁移数据时要特别小心，最好使用 MySQLdump 工具导出，然后导入目标数据库中。

18.3.3　不同数据库之间的迁移

不同类型的数据库之间的迁移，是指把 MySQL 的数据库转移到其他类型的数据库，例如从 MySQL 迁移到 Oracle，从 Oracle 迁移到 MySQL，从 MySQL 迁移到 SQL Server 等。

迁移之前，需要了解不同数据库的架构，比较它们之间的差异。不同数据库中定义相同类型的数据的关键字可能会不同。例如，MySQL 中日期字段分为 DATE 和 TIME 两种，而 Oracle 日期字段只有 DATE。另外，数据库厂商并没有完全按照 SQL 标准来设计数据库系统，导致不同的数据库系统的 SQL 语句有差别。例如，MySQL 几乎完全支持标准 SQL 语言，而 Microsoft SQL Server 使用的是 T-SQL 语言，T-SQL 中有一些非标准的 SQL 语句，因此在迁移时必须对这些语句进行语句映射处理。

数据库迁移可以使用一些工具，例如在 Windows 系统下，可以使用 MyODBC 实现 MySQL 和 SQL Server 之间的迁移。MySQL 官方提供的工具 MySQL Migration Toolkit 也可以在不同数据库间进行数据迁移。

18.4　数据表的导出和导入

有时会需要将 MySQL 数据库中的数据导出到外部存储文件中，MySQL 数据库中的数据可以导出成 sql 文本文件、xml 文件或者 html 文件。同样这些导出文件也可以导入到 MySQL 数据库中。

18.4.1　使用 MySQL 命令导出

MySQL 是一个功能丰富的工具命令，使用 MySQL 可以在命令行模式下执行 SQL 指令，将查询结果导入到文本文件中。相比 MySQLdump，MySQL 工具导出的结果可读性更强。

使用 MySQL 导出数据文本文件语句的基本格式如下：

```
mysql -u root -p --execute= "SELECT 语句" dbname > filename.txt
```

主要参数介绍如下。

● --execute 选项：表示执行该选项后面的语句并退出，后面的语句必须用双引号括起来。
● dbname：为要导出的数据库名称；导出的文件中不同列之间使用制表符分隔，第 1 行包含了各个字段的名称。

【实例 10】使用 MySQL 语句，导出 test_db 数据库中 person 表中的记录到文本文件，输入语句如下：

```
mysql -u root -p --execute="SELECT * FROM person;" test_db > D:\person3.txt
```

语句执行完毕之后，系统 D 盘目录下面将会有名称为 person3.txt 的文本文件，其内容如下：

```
id      name    age         info
1       Green   21          Lawyer
2       Suse    22          dancer
3       Mary    24          Musician
4       Willam  20          sports man
5       Laura   25          NULL
```

可以看到，person3.txt 文件中包含了每个字段的名称和各条记录，该显示格式与 MySQL 命令行下 SELECT 查询结果显示相同。

另外，使用 MySQL 命令还可以指定查询结果的显示格式，如果某行记录字段很多，可能一行不能完全显示，这时可以使用--vartical 参数，将每条记录分为多行显示。

【实例 11】使用 MySQL 命令导出 test_db 数据库中 person 表中的记录到文本文件，使用--vertical 参数显示结果，输入语句如下：

```
mysql -u root -p --vertical --execute="SELECT * FROM person;" test_db > D:\person4.txt
```

语句执行之后，D:\person4.txt 文件中的内容如下：

```
*** 1. row ***
   id: 1
name: Green
 age: 21
info: Lawyer
*** 2. row ***
   id: 2
name: Suse
 age: 22
info: dancer
*** 3. row ***
   id: 3
name: Mary
 age: 24
info: Musician
*** 4. row ***
   id: 4
name: Willam
 age: 20
info: sports man
*** 5. row ***
   id: 5
name: Laura
 age: 25
info: NULL
```

可以看到，SELECT 的查询结果导出到文本文件之后，显示格式发生了变化，如果 person 表中记录内容很长，这样显示将会更加容易阅读。

除将数据文件导出为文本文件外，还可以将查询结果导出到 html 文件中，这时需要使用 --html 选项。

【实例 12】使用 MySQL 命令导出 test_db 数据库中 person 表中的记录到 html 文件，输入语句如下：

```
mysql -u root -p --html --execute="SELECT * FROM person;" test_db > D:\person5.html
```

语句执行成功，将在 D 盘创建文件 person5.html，该文件在浏览器中显示如图 18-1 所示。

如果要将表数据导出到 xml 文件中，则可以使用 --xml 选项。

【实例 13】使用 MySQL 命令导出 test_db 数据库中 person 表中的记录到 xml 文件，输入语句如下：

```
mysql -u root -p --xml --execute="SELECT * FROM person;" test_db >D:\person6.xml
```

语句执行成功，将在 D 盘创建文件 person6.xml，该文件在浏览器中显示如图 18-2 所示。

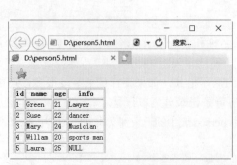

图 18-1　使用 MySQL 导出数据到 html 文件

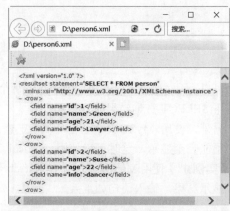

图 18-2　使用 MySQL 导出数据到 xml 文件

18.4.2　使用 MySQLdump 命令导出

使用 MySQLdump 不仅可以备份数据库，还可以将数据导出为包含 CREATE、INSERT 的 sql 文件以及纯文本文件。MySQLdump 导出文本文件的基本语法格式如下：

```
mysqldump -T path-u root -p dbname [tables] [OPTIONS]

--OPTIONS 选项
--fields-terminated-by=value
--fields-enclosed-by=value
--fields-optionally-enclosed-by=value
--fields-escaped-by=value
--lines-terminated-by=value
```

主要参数介绍如下。

- -T 参数：表示导出纯文本文件。
- path：表示导出数据的目录。
- tables：为指定要导出的表名称，如果不指定，将导出数据库 dbname 中所有的表。
- [OPTIONS]：为可选参数选项，这些选项需要结合-T 选项使用。OPTIONS 常见的取值如表 18-1 所示。

表 18-1　OPTIONS 常见的取值

参 数 名	功 能 介 绍
--fields-terminated-by=value	设置字段之间的分隔字符，可以为单个或多个字符，默认情况下为制表符 "\t"
--fields-enclosed-by=value	设置字段的包围字符
--fields-optionally-enclosed-by=value	设置字段的包围字符，只能为单个字符，只能包括 CHAR 和 VERCHAR 等字符数据字段
--fields-escaped-by=value	控制如何写入或读取特殊字符，只能为单个字符，即设置转义字符，默认值为反斜线 "\"
--lines-terminated-by=value	设置每行数据结尾的字符，可以为单个或多个字符，默认值为 "\n"

【实例 14】使用 MySQLdump 将 test_db 数据库中的 person 表中的记录导出到文本文件，执行的命令如下：

```
mysqldump -T D:\ test_db person -u root -p
```

语句执行成功，系统 D 盘目录下面将会有两个文件，分别为 person.sql 和 person.txt。person.sql 包含创建 person 表的 CREATE 语句，其内容如下：

```
-- MySQL dump 10.13  Distrib 8.0.17, for Win64 (x86_64)
--
-- Host: localhost    Database: test_db
-- ------------------------------------------------------
-- Server version   8.0.17

/*!40101 SET @OLD_CHARACTER_SET_CLIENT=@@CHARACTER_SET_CLIENT */;
/*!40101 SET @OLD_CHARACTER_SET_RESULTS=@@CHARACTER_SET_RESULTS */;
/*!40101 SET @OLD_COLLATION_CONNECTION=@@COLLATION_CONNECTION */;
 SET NAMES utf8mb4 ;
/*!40103 SET @OLD_TIME_ZONE=@@TIME_ZONE */;
/*!40103 SET TIME_ZONE='+00:00' */;
/*!40101 SET @OLD_SQL_MODE=@@SQL_MODE, SQL_MODE='' */;
/*!40111 SET @OLD_SQL_NOTES=@@SQL_NOTES, SQL_NOTES=0 */;


--
-- Table structure for table 'person'
--
```

```
DROP TABLE IF EXISTS 'person';
/*!40101 SET @saved_cs_client = @@character_set_client */;
/*!40101 SET character_set_client = utf8 */;
CREATE TABLE 'person' (
  'id' int(10) unsigned NOT NULL AUTO_INCREMENT,
  'name' char(40) NOT NULL DEFAULT '',
  'age' int(11) NOT NULL DEFAULT '0',
  'info' char(50) DEFAULT NULL,
  PRIMARY KEY ('id')
) ENGINE=InnoDB AUTO_INCREMENT=11 DEFAULT CHARSET=utf8;
/*!40101 SET character_set_client = @saved_cs_client */;

/*!40103 SET TIME_ZONE=@OLD_TIME_ZONE */;

/*!40101 SET SQL_MODE=@OLD_SQL_MODE */;
/*!40101 SET CHARACTER_SET_CLIENT=@OLD_CHARACTER_SET_CLIENT */;
/*!40101 SET CHARACTER_SET_RESULTS=@OLD_CHARACTER_SET_RESULTS */;
/*!40101 SET COLLATION_CONNECTION=@OLD_COLLATION_CONNECTION */;
/*!40111 SET SQL_NOTES=@OLD_SQL_NOTES */;

-- Dump completed on 2018-12-03 16:40:55
```

person.txt 包含数据包中的数据，其内容如下：

```
1    Green    21    Lawyer
2    Suse     22    dancer
3    Mary     24    Musician
4    Willam   20    sports man
5    Laura    25    \N
```

【实例 15】使用 MySQLdump 命令将 test_db 数据库中的 person 表中的记录导出到文本文件，使用 FIELDS 选项，要求字段之间使用逗号“，”间隔，所有字符类型字段值用双引号括起来，定义转义字符为问号“?”，每行记录以回车换行符“\r\n”结尾，执行的命令如下：

```
C:\>mysqldump -T D:\ test_db person -u root -p --fields-terminated-by=, --fields-optionally-
enclosed-by=\" --fields-escaped-by=? --lines-terminated-by=\r\n
Enter password: ******
```

上面语句要在一行中输入，语句执行成功，系统 D 盘目录下面将会有两个文件，分别为 person.sql 和 person.txt。person.sql 包含创建 person 表的 CREATE 语句，其内容与前面例子中的相同，person.txt 文件的内容与上一个例子不同，显示如下：

```
1,"Green",21,"Lawyer"
2,"Suse",22,"dancer"
3,"Mary",24,"Musician"
4,"Willam",20,"sports man"
5,"Laura",25,?N
```

可以看到，只有字符类型的值被双引号括了起来，而数值类型的值没有；第 5 行记录中的 NULL 值表示为“?N”，使用问号“?”替代了系统默认的反斜线转义字符“\”。

18.4.3　使用 SELECT…INTO OUTFILE 语句导出

MySQL 数据库导出数据时，允许使用包含导出定义的 SELECT 语句进行数据的导出操作。该文件被创建到服务器主机上，因此必须拥有文件写入权限（FILE 权限），才能使用此语法。SELECT…INTO OUTFILE 'filename' 形式的 SELECT 语句可以把被选择的行写入一个文件中，filename 不能是一个已经存在的文件。SELECT…INTO OUTFILE 语句基本格式如下：

```
SELECT columnlist  FROM table WHERE condition  INTO OUTFILE 'filename'  [OPTIONS]

--OPTIONS 选项
    FIELDS  TERMINATED BY 'value'
```

```
FIELDS  [OPTIONALLY] ENCLOSED BY 'value'
FIELDS  ESCAPED BY 'value'
LINES   STARTING BY 'value'
LINES   TERMINATED BY 'value'
```

主要参数介绍如下。

- SELECT columnlist FROM table WHERE condition：为一个查询语句，查询结果返回满足指定条件的一条或多条记录。
- INTO OUTFILE 语句：其作用就是把前面 SELECT 语句查询出来的结果导出到名称为"filename"的外部文件中。
- [OPTIONS]：为可选参数选项，OPTIONS 部分的语法包括 FIELDS 和 LINES 子句，其可能的取值如表 18-2 所示。

表 18-2　OPTIONS 可能的取值

参　数　名	功　能　介　绍
FIELDS TERMINATED BY 'value'	设置字段之间的分隔字符，可以为单个或多个字符，默认情况下为制表符'\t'
FIELDS [OPTIONALLY] ENCLOSED BY 'value'	设置字段的包围字符，只能为单个字符，如果使用了 OPTIONALLY 则只有 CHAR 和 VERCHAR 等字符数据字段被包括
FIELDS ESCAPED BY 'value'	设置如何写入或读取特殊字符，只能为单个字符，即设置转义字符，默认值为'\'
LINES STARTING BY 'value'	设置每行数据开头的字符，可以为单个或多个字符，默认情况下不使用任何字符
LINES TERMINATED BY 'value'	设置每行数据结尾的字符，可以为单个或多个字符，默认值为'\n'

【实例 16】使用 SELECT…INTO OUTFILE 将 test_db 数据库中的 person 表中的记录导出到文本文件，输入命令如下：

```
mysql> SELECT * FROM test_db.person INTO OUTFILE 'D:/person0.txt';
```

执行后报错信息如下：

```
ERROR 1290 (HY000): The MySQL server is running with the --secure-file-priv option so it
cannot execute this statement
```

这是因为 MySQL 默认对导出的目录有权限限制，也就是说使用命令行进行导出的时候，需要指定目录进行操作。那么指定的目录是什么呢？

查询指定目录的命令如下：

```
show global variables like '%secure%';
```

执行结果如下：

```
+--------------------------+-------------------------------------------+
| Variable_name            | Value                                     |
+--------------------------+-------------------------------------------+
| require_secure_transport | OFF                                       |
| secure_file_priv         | C:\ProgramData\MySQL\MySQL Server 8.0\Uploads\ |
+--------------------------+-------------------------------------------+
```

因为 secure_file_priv 配置的关系，所以必须导出到 C:\ProgramData\MySQL\MySQL Server 8.0\Uploads\ 目录下。如果想自定义导出路径，需要修改 my.ini 配置文件。打开路径 C:\ProgramData\MySQL\MySQL Server 8.0，用记事本打开 my.ini，然后搜索到以下代码：

```
secure-file-priv="C:/ProgramData/MySQL/MySQL Server 8.0/Uploads\"
```

在上述代码前添加#号，然后添加以下内容：

```
secure-file-priv="D:/"
```

运行结果如图 18-3 所示。

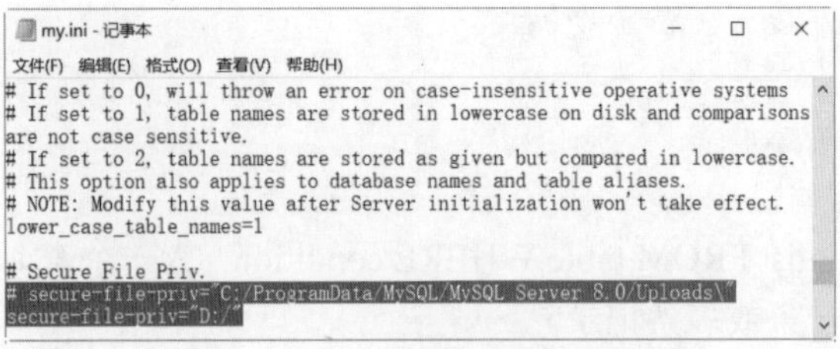

图 18-3 设置数据表的导出路径

再次使用 SELECT…INTO OUTFILE 将 test_db 数据库中的 person 表中的记录导出到文本文件，输入命令如下：

```
mysql>SELECT * FROM test_db.person INTO OUTFILE 'D:/person0.txt';
Query OK, 1 row affected (0.01 sec)
```

由于指定了 INTO OUTFILE 子句，SELECT 将查询出来的 3 个字段的值保存到 C:\person0.txt 文件中，打开文件内容如下：

```
1    Green    21    Lawyer
2    Suse     22    dancer
3    Mary     24    Musician
4    Willam   20    sports man
5    Laura    25    \N
```

可以看到默认情况下，MySQL 使用制表符"\t"分隔不同的字段，字段没有被其他字符括起来。另外，注意到第 5 行中有一个字段值为"\N"，这表示该字段的值为 NULL。默认情况下，如果遇到 NULL 值，将会返回"\N"代表空值，反斜线"\"表示转义字符，如果使用 ESCAPED BY 选项，则 N 前面为指定的转义字符。

【实例 17】使用 SELECT…INTO OUTFILE 将 test_db 数据库中的 person 表中的记录导出到文本文件，使用 FIELDS 选项和 LINES 选项，要求字段之间使用逗号","间隔，所有字段值用双引号括起来，定义转义字符为单引号"\"，执行的命令如下：

```
SELECT * FROM test_db.person INTO OUTFILE "D:/person1.txt"
FIELDS
TERMINATED BY ','
ENCLOSED BY '\"'
ESCAPED BY '\''
LINES
TERMINATED BY '\r\n';
```

该语句将把 person 表中所有记录导入到 D 盘目录下的 person1.txt 文本文件中。FIELDS TERMINATED BY ','表示字段之间用逗号分隔；ENCLOSED BY '\"'表示每个字段用双引号括起来；ESCAPED BY '\'表示将系统默认的转义字符替换为单引号；LINES TERMINATED BY '\r\n'表示每行以回车换行符结尾，保证每一条记录占一行。

执行成功后，在目录 D 盘下生成一个 person1.txt 文件，打开文件内容如下：

```
"1","Green","21","Lawyer"
"2","Suse","22","dancer"
"3","Mary","24","Musician"
"4","Willam","20","sports man"
"5","Laura","25",'N'
```

可以看到，所有的字段值都被双引号包括；第 5 条记录中空值的表示形式为"N"，即使用单引号替换了反斜线转义字符。

【实例 18】使用 SELECT…INTO OUTFILE 将 test_db 数据库中的 person 表中的记录导出到文本文件，使用 LINES 选项，要求每行记录以字符串">"开始，以"<end>"字符串结尾，执行的命令如下：

```
SELECT * FROM test_db.person INTO OUTFILE "D:/person2.txt"
LINES
STARTING BY '> '
TERMINATED BY '<end>';
```

执行成功后，在目录 D 盘下生成一个 person2.txt 文件，打开文件内容如下：

```
> 1  Green   21   Lawyer <end>> 2   Suse  22   dancer <end>> 3   Mary 24   Musician
<end>> 4 Willam   20   sports man <end>> 5   Laura   25   \N <end>>
```

可以看到，虽然将所有的字段值导出到文本文件中，但是所有的记录没有分行区分，出现
这种情况是因为 TERMINATED BY 选项替换了系统默认的 "\n" 换行符，如果希望换行显示，
则需要修改导出语句，输入下面语句：

```
SELECT * FROM test_db.person INTO OUTFILE "D:/person3.txt"
LINES
STARTING BY '> '
TERMINATED BY '<end>\r\n';
```

执行完语句之后，换行显示每条记录，结果如下：

```
> 1  Green   21   Lawyer <end>
> 2  Suse    22   dancer <end>
> 3  Mary    24   Musician <end>
> 4  Willam  20   sports man <end>
> 5  Laura   25   \N <end>
```

18.4.4　使用 LOAD DATA INFILE 语句导入

MySQL 允许将数据导出到外部文件，也可以从外部文件导入数据。MySQL 提供了一些导
入数据的工具，这些工具有 LOAD DATA 语句、source 命令和 MySQL 命令。其中，LOAD DATA
INFILE 语句用于高速地从一个文本文件中读取行，并装入一个表中。文件名称必须为文字字符
串。LOAD DATA 语句的基本格式如下：

```
LOAD DATA  INFILE 'filename.txt' INTO TABLE tablename [OPTIONS] [IGNORE number LINES]

-- OPTIONS 选项
    FIELDS  TERMINATED BY 'value'
FIELDS  [OPTIONALLY] ENCLOSED BY 'value'
FIELDS  ESCAPED BY 'value'
LINES  STARTING BY 'value'
LINES  TERMINATED BY 'value'
```

主要参数介绍如下。

- filename：关键字 INFILE 后面的 filename 文件为导入数据的来源。
- tablename：表示待导入的数据表名称。
- [OPTIONS]：为可选参数选项，OPTIONS 部分的语法包括 FIELDS 和 LINES 子句，
  其可能的取值如表 18-3 所示。

表 18-3　OPTIONS 可能的取值

参　数　名	功　能　介　绍
FIELDS　TERMINATED BY 'value'	设置字段之间的分隔字符，可以为单个或多个字符，默认情况下为制表符 "\t"
FIELDS [OPTIONALLY] ENCLOSED BY 'value'	设置字段的包围字符，只能为单个字符。如果使用了 OPTIONALLY，则只有 CHAR 和 VERCHAR 等字符数据字段被包括
FIELDS　ESCAPED BY 'value'	控制如何写入或读取特殊字符，只能为单个字符，即设置转义字符，默认值为 "\"
LINES　STARTING BY 'value'	设置每行数据开头的字符，可以为单个或多个字符，默认情况下不使用任何字符
LINES　TERMINATED BY 'value'	设置每行数据结尾的字符，可以为单个或多个字符，默认值为 "\n"

- IGNORE number LINES 选项：表示忽略文件开始处的行数，number 表示忽略的行数。
执行 LOAD DATA 语句需要 FILE 权限。

【实例 19】使用 LOAD DATA 命令将 D:\person0.txt 文件中的数据导入到 test_db 数据库中的 person 表，输入语句如下：

```
LOAD DATA  INFILE 'D:\person0.txt' INTO TABLE test_db.person;
```

恢复之前，将 person 表中的数据全部删除，登录 MySQL，使用 DELETE 语句，语句如下：

```
mysql> USE test_db;
Database changed;
mysql> DELETE FROM person;
Query OK, 5 rows affected (0.00 sec)
```

从 person0.txt 文件中恢复数据，语句如下：

```
mysql> LOAD DATA  INFILE 'D:\person0.txt' INTO TABLE test_db.person;
Query OK, 5 rows affected (0.00 sec)
Records: 5 Deleted: 0 Skipped: 0 Warnings: 0

mysql> SELECT * FROM person;
+----+---------+-----+------------+
| id | name    | age | info       |
+----+---------+-----+------------+
|  1 | Green   | 21  | Lawyer     |
|  2 | Suse    | 22  | dancer     |
|  3 | Mary    | 24  | Musician   |
|  4 | Willam  | 20  | sports man |
|  5 | Laura   | 25  | NULL       |
+----+---------+-----+------------+
5 rows in set (0.00 sec)
```

可以看到，语句执行成功之后，原来的数据重新恢复到了 person 表中。

【实例 20】使用 LOAD DATA 命令将 D:\person1.txt 文件中的数据导入到 test_db 数据库中的 person 表，使用 FIELDS 选项和 LINES 选项，要求字段之间使用逗号","间隔，所有字段值用双引号括起来，定义转义字符为单引号"\"，每行记录以回车换行符"\r\n"结尾，输入语句如下：

```
LOAD DATA INFILE 'D:\person1.txt' INTO TABLE test_db.person
FIELDS
TERMINATED BY ','
ENCLOSED BY '\"'
ESCAPED BY '\''
LINES
TERMINATED BY '\r\n';
```

恢复之前，将 person 表中的数据全部删除，使用 DELETE 语句，执行过程如下：

```
mysql> DELETE FROM person;
Query OK, 5 rows affected (0.00 sec)
```

从 person1.txt 文件中恢复数据，执行过程如下：

```
mysql> LOAD DATA  INFILE 'D:\person1.txt' INTO TABLE test_db  .person
    -> FIELDS
    -> TERMINATED BY ','
    -> ENCLOSED BY '\"'
    -> ESCAPED BY '\''
    -> LINES
    -> TERMINATED BY '\r\n';
Query OK, 5 rows affected (0.00 sec)
Records: 5 Deleted: 0 Skipped: 0 Warnings: 0
```

语句执行成功，使用 SELECT 语句查看 person 表中的记录，结果与前一个例子相同。

18.4.5　使用 MySQLimport 命令导入

使用 MySQLimport 可以导入文本文件，并且不需要登录 MySQL 客户端。MySQLimport 命令提供许多与 LOAD DATA INFILE 语句相同的功能，大多数选项直接对应 LOAD DATA INFILE 子句。使用 MySQLimport 语句需要指定所需的选项、导入的数据库名称以及导入的数据文件的路径和名称。MySQLimport 命令的基本语法格式如下：

```
mysqlimport -u root-p dbname filename.txt [OPTIONS]

--OPTIONS 选项
--fields-terminated-by=value
--fields-enclosed-by=value
--fields-optionally-enclosed-by=value
--fields-escaped-by=value
--lines-terminated-by=value
--ignore-lines=n
```

主要参数介绍如下。

- dbname：为导入的表所在的数据库名称。注意，MySQLimport 命令不指定导入数据库的表名称，数据表的名称由导入文件名称确定，即文件名作为表名，导入数据之前该表必须存在。
- [OPTIONS]：为可选参数选项，其常见的取值如表 18-4 所示。

表 18-4　[OPTIONS]选项的取值

参　数　名	功　能　介　绍
--fields-terminated-by= 'value'	设置字段之间的分隔字符，可以为单个或多个字符，默认情况下为制表符"\t"
--fields-enclosed-by= 'value'	设置字段的包围字符
--fields-optionally-enclosed-by= 'value'	设置字段的包围字符，只能为单个字符，包括 CHAR 和 VERCHAR 等字符数据字段
--fields-escaped-by= 'value'	控制如何写入或读取特殊字符，只能为单个字符，即设置转义字符，默认值为反斜线"\"
--lines-terminated-by= 'value'	设置每行数据结尾的字符，可以为单个或多个字符，默认值为 "\n"
--ignore-lines=n	忽视数据文件的前 n 行

【实例 21】使用 MySQLimport 命令将 D 盘目录下的 person.txt 文件内容导入到 test_db 数据库中，字段之间使用逗号"，"间隔，字符类型字段值用双引号括起来，将转义字符定义为问号"？"，每行记录以回车换行符 "\r\n" 结尾，执行的命令如下：

```
C:\ >mysqlimport -u root -p test_db D:\person.txt --fields-terminated-by=,
--fields-optionally-enclosed-by=\"--fields-escaped-by=?--lines-terminated-by=\r\n
```

上面语句要在一行中输入，语句执行成功，将把 person.txt 中的数据导入到数据库。除了前面介绍的几个选项之外，MySQLimport 支持许多选项，常见的选项有。

（1）--columns=column_list, -c column_list：该选项采用逗号分隔的列名作为其值。列名的顺序指示如何匹配数据文件列和表列。

（2）--compress, -C：压缩在客户端和服务器之间发送的所有信息（如果二者均支持压缩）。

（3）-d, --delete：导入文本文件前清空表。

（4）--force, -f：忽视错误。例如，如果某个文本文件的表不存在，继续处理其他文件。不使用--force，如果表不存在，则 MySQLimport 退出。

（5）--host=host_name, -h host_name：将数据导入给定主机上的 MySQL 服务器。默认主机是 localhost。

（6）--ignore-lines=n：忽视数据文件的前 n 行。

（7）--local，-L：从本地客户端读入输入文件。

（8）--lock-tables，-l：处理文本文件前锁定所有表以便写入。这样可以确保所有表在服务器上保持同步。

（9）--password[=password]，-p[password]：当连接服务器时使用的密码。如果使用短选项形式（-p），选项和密码之间不能有空格。如果在命令行中--password 或-p 选项后面没有密码值，则提示输入一个密码。

（10）--port=port_num，-P port_num：用于连接的 TCP/IP 端口号。

（11）--protocol={TCP | SOCKET | PIPE | MEMORY}：使用的连接协议。

（12）--user=user_name，-u user_name：当连接服务器时 MySQL 使用的用户名。

（13）--version，-V：显示版本信息并退出。

18.5　课后习题与练习

一、填充题

1. _____是 MySQL 提供的一个非常有用的数据库备份工具。

答案：MySQLdump

2. MySQLhotcopy 是一个 Perl 脚本，该工具可以快速备份数据，但只能备份_____类型的表。

答案：MyISAM

3. 数据库迁移可以在相同版本之间、_____、不同数据库之间进行。

答案：不同版本之间

二、选择题

1. 下面有关数据备份的描述错误的是_____。

A. 使用 MySQLdump 一次只能备份一个数据库

B. 使用 MySQLdump 可以一次备份所有数据库

C. 使用 MySQLdump 可以备份数据库中的某个表

D. 使用 MySQLdump 可以备份单个数据库中的所有表

答案：A

2. 下面与 SELECT…INTO OUTFILE 语句功能相反的语句是_____。

A. LOAD DATA INFILE　　　　　　B. SELECT…INTO INFILE

C. BACKUP TABLE　　　　　　　　D. BACK TABLE

答案：A

3. 下面有关数据还原的描述错误的是_____。

A. 在还原数据之前，首先要创建还原数据存在的数据库。

B. 如果需要恢复的数据库已经存在，也可以直接进行恢复操作来覆盖原来的数据库。

C. 使用 MySQLhotcopy 还原数据库后，需要重启 MySQL 服务器，才能恢复成功。

D. 使用直接复制到数据库目录的方法来恢复数据时，需要先关闭 MySQL 服务。

答案：B

三、简答题

1. 简述数据库备份与还原的方法。

2. 简述数据库迁移的方法。

3. 简述数据表导出和导入的方法。

18.6 新手疑难问题解答

疑问 1：在还原数据库备份时，提示"数据库正在使用，还原失败"，如何才能解决这个问题？

解答：出现这种情况，说明系统正在使用要还原的数据库，需要在还原数据库之前先停止正在使用的数据库。

疑问 2：MySQLdump 备份的文件只能在 MySQL 中使用吗？

解答：MySQLdump 备份的文本文件实际是数据库的一个副本，使用该文件不仅可以在 MySQL 中恢复数据库，而且通过对该文件的简单修改，可以使用该文件在 SQL Server 或者 Sybase 等其他数据库中恢复数据库，这在某种程度上实现了数据库之间的迁移。

18.7 实战训练

对图书管理数据库 Library 进行备份与还原操作。

（1）对数据库 Library 中的 reader 数据表进行数据备份，生成文件 reader.txt。

（2）删除表中的数据，使用 reader.txt 文件来恢复表 reader。

（3）查询数据表 reader 中的数据，查看恢复后的数据与原表 reader 是否一致。

（4）将数据表 reader 中的数据以 xml 文件导出，并查看该文件。

（5）将数据表 reader 中的数据以 txt 文件导出，并查看该文件。

（6）将数据表 reader 导出的 txt 文件导入到数据库 Library 中。